计算机科学与技术丛书

C++实践

手把手教你掌握300个精彩案例

李永华 乔飞 朱玥 王宣◎编著

清华大学出版社
北京

内容简介

本书匠心独运,以问题描述、问题示例、代码实现和运行结果四大模块为框架,精心挑选了300个引人入胜的编程案例。在问题描述部分,深入探讨每个问题的背景和挑战,确保读者能够全面把握问题的本质。问题示例部分则通过具体的输入和预期输出,形象地阐述具体要求,让读者对目标结果一目了然。代码实现部分是本书的精髓所在,为每个案例提供高效且精准的C++代码解决方案。代码配有详尽的注释,引导读者逐步理解每一步骤的原理和逻辑。运行结果部分展示代码执行的结果,为读者提供一个验证和比较的平台,能够对照预期结果,进一步加深对问题解决过程的理解。

本书不仅是程序开发人员提升C++编程技能的得力助手,也是科研机构研究人员和企业工程师不可或缺的技术参考书。通过300个精彩案例的深入学习,读者能够从中获得宝贵的编程经验和启示,在C++编程的征途上稳步前行。

版权所有,侵权必究。举报:010-62782989,beiqinquan@tup.tsinghua.edu.cn。

图书在版编目(CIP)数据

C++实践:手把手教你掌握300个精彩案例/李永华等编著. -- 北京:清华大学出版社,2025.3. -- (计算机科学与技术丛书). -- ISBN 978-7-302-68713-9

Ⅰ.TP312.8

中国国家版本馆CIP数据核字第2025RK9100号

责任编辑:崔 彤
封面设计:李召霞
责任校对:申晓焕
责任印制:丛怀宇

出版发行:清华大学出版社
网　　址:https://www.tup.com.cn,https://www.wqxuetang.com
地　　址:北京清华大学学研大厦A座　邮　编:100084
社 总 机:010-83470000　邮　购:010-62786544
投稿与读者服务:010-62776969,c-service@tup.tsinghua.edu.cn
质量反馈:010-62772015,zhiliang@tup.tsinghua.edu.cn
课件下载:https://www.tup.com.cn,010-83470236

印 装 者:涿州汇美亿浓印刷有限公司
经　　销:全国新华书店
开　　本:186mm×240mm　印　张:23.5　字　数:528千字
版　　次:2025年5月第1版　印　次:2025年5月第1次印刷
印　　数:1~1500
定　　价:99.00元

产品编号:107674-01

前言
PREFACE

  C++作为一种多范式、静态类型的编程语言，以其卓越的性能和强大的抽象能力在软件开发及计算机科学的广阔天地中占据了举足轻重的地位。它巧妙地融合了C语言的高效性与面向对象编程的灵活性，成为横跨系统软件开发和复杂应用程序开发领域的得力助手。

  本书的问世，旨在响应当代教育改革的呼声，强调实践教学的重要性，并致力于培养读者的创新能力。作者汇集了众多优秀教材之精华，精心挑选了300个充满趣味且实用性强的编程实例，期望能够激发教育领域的新思路，引领读者进入更深层次的探索。

  书中内容的灵感和素材主要汲取自九章算法、LintCode 和 LeetCode 等知名编程平台，确保了案例的实用性和前瞻性。

  本书不仅为广大渴望提升C++编程技能的开发者提供了宝贵的学习资源，也为科研机构的研究人员和企业界的工程师提供了实用的技术参考。我们坚信，通过这300个精彩案例的深入学习，读者将在C++编程的征途上迈出坚实的步伐，无论是在学术探索还是在工业实践中，都能够更加自信地迎接和克服编程中的各种挑战。

  本书的编写得到了信息工程专业国家第一类特色专业建设项目、信息工程专业国家第二类特色专业建设项目、教育部CDIO工程教育模式研究与实践项目、教育部本科教学工程项目、信息工程专业北京市特色专业建设、北京市教育教学改革项目的大力支持，在此表示感谢！

  鉴于作者的经验和水平有限，书中难免存在疏漏和不足之处。我们诚挚地欢迎广大读者提出宝贵的意见和建议，以及具体的改进措施，以便我们能够不断修正和完善本书，共同推动C++编程教育的发展。

李永华于北京邮电大学

2025年3月

目 录
CONTENTS

【实例 001】 反转一个 3 位整数 ·················· 1
【实例 002】 合并排序数组 ························ 1
【实例 003】 旋转字符串 ···························· 3
【实例 004】 相对排名 ································ 4
【实例 005】 二分查找 ································ 6
【实例 006】 下一个更大的数 ···················· 7
【实例 007】 字符串中的单词数 ················ 8
【实例 008】 勒索信 ···································· 9
【实例 009】 不重复的两个数 ·················· 10
【实例 010】 双胞胎字符串 ························ 11
【实例 011】 最接近 target 的值 ················ 12
【实例 012】 点积 ······································ 13
【实例 013】 函数运行时间 ······················ 14
【实例 014】 查询区间 ······························ 15
【实例 015】 两数之和 ······························ 17
【实例 016】 二进制求和 ·························· 18
【实例 017】 数组剔除元素后的乘积 ······ 19
【实例 018】 键盘的一行 ·························· 20
【实例 019】 第 n 个数位 ·························· 21
【实例 020】 找不同 ·································· 23
【实例 021】 第 k 个排列 ·························· 24
【实例 022】 平面列表 ······························ 25
【实例 023】 子域名访问计数 ·················· 26
【实例 024】 最长 AB 子串 ······················ 27
【实例 025】 删除字符 ······························ 28
【实例 026】 字符串写入的行数 ·············· 29
【实例 027】 独特的莫尔斯码 ·················· 30
【实例 028】 比较字符串 ·························· 32

【实例 029】	最长公共前缀	33
【实例 030】	经典二分查找问题	34
【实例 031】	判别首字母缩写	35
【实例 032】	排序数组	36
【实例 033】	构造矩形	37
【实例 034】	数组的相对排序	38
【实例 035】	两数相除	39
【实例 036】	文件组合	41
【实例 037】	最长连续递增序列	43
【实例 038】	首字母大写	44
【实例 039】	七进制	44
【实例 040】	查找数组中未出现的所有数字	45
【实例 041】	回旋镖的数量	46
【实例 042】	合并排序数组	47
【实例 043】	最小路径和	49
【实例 044】	大小写转换	50
【实例 045】	最后一个单词的长度	51
【实例 046】	矩阵中的最长递增路径	52
【实例 047】	统计结果概率	54
【实例 048】	水仙花数	55
【实例 049】	余弦相似度	56
【实例 050】	链表节点计数	58
【实例 051】	最高频的 k 个单词	59
【实例 052】	多数元素	60
【实例 053】	石子归并	61
【实例 054】	简单计算器	63
【实例 055】	寻找数组第二大的数	64
【实例 056】	寻找二叉搜索树中的目标节点	65
【实例 057】	二叉树的层平均值	66
【实例 058】	阶乘尾数	67
【实例 059】	两个字符串是变位词	68
【实例 060】	最长单词	69
【实例 061】	机器人能否返回原点	70
【实例 062】	链表倒数第 n 个节点	71
【实例 063】	链表求和	73
【实例 064】	删除元素	74

【实例 065】	判断一个数是否迷人	75
【实例 066】	合并两个排序链表	76
【实例 067】	反转整数	78
【实例 068】	报数	79
【实例 069】	完全二叉树的节点个数	80
【实例 070】	对称二叉树	82
【实例 071】	二叉树的坡度	83
【实例 072】	岛屿的个数	84
【实例 073】	判断是否为平方数之和	86
【实例 074】	滑动窗口内数的和	87
【实例 075】	棒球游戏	88
【实例 076】	硬币摆放	90
【实例 077】	字母大小写转换	90
【实例 078】	二进制表示中质数个计算置位	92
【实例 079】	最少费用的爬台阶方法	93
【实例 080】	中心索引	94
【实例 081】	词典中最长的单词	95
【实例 082】	重复字符串匹配	97
【实例 083】	不下降数组	99
【实例 084】	最大的回文数乘积	100
【实例 085】	补数	101
【实例 086】	加热器	102
【实例 087】	将火柴摆放成正方形	103
【实例 088】	可怜的小动物	105
【实例 089】	循环数组中的环	107
【实例 090】	分饼干	108
【实例 091】	翻转字符串中的元音字母	109
【实例 092】	翻转字符串	110
【实例 093】	使数组元素相同的最少步数	112
【实例 094】	加油站	113
【实例 095】	春游	114
【实例 096】	合法数组	116
【实例 097】	删除排序数组中的重复数字	117
【实例 098】	字符串的不同排列	119
【实例 099】	全排列	120
【实例 100】	带重复元素的排列	122

【实例 101】	插入区间	124
【实例 102】	N 皇后问题	126
【实例 103】	主元素	128
【实例 104】	字符大小写排序	129
【实例 105】	上一个排列	130
【实例 106】	下一个排列	131
【实例 107】	二叉树的层次遍历	133
【实例 108】	最长公共子串	135
【实例 109】	最近公共祖先	136
【实例 110】	k 数和	137
【实例 111】	删除排序链表中的重复元素	139
【实例 112】	最长连续序列	140
【实例 113】	背包问题	141
【实例 114】	二叉树的最大深度	142
【实例 115】	合并两个有序数组	143
【实例 116】	不同的二叉查找树	144
【实例 117】	单值二叉树	145
【实例 118】	文物朝代判断	146
【实例 119】	丢失的第 1 个正整数	147
【实例 120】	寻找缺失的数	148
【实例 121】	排列序号Ⅰ	149
【实例 122】	排列序号Ⅱ	150
【实例 123】	最多有 k 个不同字符的最长子字符串	152
【实例 124】	第 k 个排列	153
【实例 125】	数飞机	155
【实例 126】	动态口令	156
【实例 127】	二叉树的最小深度	157
【实例 128】	二叉搜索树的范围和	158
【实例 129】	栅栏染色	159
【实例 130】	房屋染色	161
【实例 131】	存在重复元素	162
【实例 132】	重新排列数组	163
【实例 133】	数组序号转换	164
【实例 134】	稀疏数组搜索	165
【实例 135】	打劫房屋	166
【实例 136】	左旋右旋迭代器	167

【实例 137】	数组第 k 大元素	168
【实例 138】	前 k 大数	170
【实例 139】	排列构建数组	171
【实例 140】	有效的山脉数组	172
【实例 141】	最长重复子序列	173
【实例 142】	僵尸矩阵	174
【实例 143】	摊平二维向量	176
【实例 144】	第 k 大元素	177
【实例 145】	两数和小于或等于目标值	178
【实例 146】	两数差等于目标值	179
【实例 147】	骑士的最短路线	180
【实例 148】	k 个最近的点	182
【实例 149】	统计目标成绩的出现次数	184
【实例 150】	二叉树的最长连续子序列	185
【实例 151】	查找总价格为目标值的两个商品	186
【实例 152】	课程表	187
【实例 153】	课程安排	189
【实例 154】	单词表示数字	190
【实例 155】	长度为 k 的最大子数组	191
【实例 156】	移除子串	193
【实例 157】	数组划分	194
【实例 158】	矩形重叠	195
【实例 159】	最长回文串	196
【实例 160】	子数组最小乘积的最大值	197
【实例 161】	删除子数组的最大得分	198
【实例 162】	长度为 k 子数组中的最大和	199
【实例 163】	矩阵中的局部最大值	200
【实例 164】	二叉树的直径	202
【实例 165】	寻找重复的数	203
【实例 166】	有序数组中的单一元素	204
【实例 167】	132 模式识别	205
【实例 168】	检查缩写字	206
【实例 169】	一次编辑距离	207
【实例 170】	数据流滑动窗口平均值	209
【实例 171】	长度最小的子数组	210
【实例 172】	乘积小于 k 的子数组	211

【实例 173】 漂亮数组 ······ 212
【实例 174】 等差子数组 ······ 214
【实例 175】 数组拆分 ······ 215
【实例 176】 通过翻转子数组使两个数组相等 ······ 216
【实例 177】 二叉树垂直遍历 ······ 217
【实例 178】 因式分解 ······ 219
【实例 179】 将一维数组转变成二维数组 ······ 221
【实例 180】 下载插件 ······ 222
【实例 181】 能否连接形成数组 ······ 223
【实例 182】 数 1 的个数 ······ 224
【实例 183】 平面范围求和——不可变矩阵 ······ 225
【实例 184】 对数组执行操作 ······ 226
【实例 185】 按符号重排数组 ······ 228
【实例 186】 1 和 0 ······ 229
【实例 187】 搜索旋转排序数组 ······ 230
【实例 188】 区间子数组个数 ······ 231
【实例 189】 最大子数组之和为 k ······ 232
【实例 190】 等差切片 ······ 234
【实例 191】 2D 战舰 ······ 236
【实例 192】 连续数组 ······ 237
【实例 193】 买卖股票最佳时间 ······ 238
【实例 194】 小行星的碰撞 ······ 239
【实例 195】 扩展弹性词 ······ 241
【实例 196】 找到最终的安全状态 ······ 242
【实例 197】 使序列递增的最小交换次数 ······ 244
【实例 198】 所有可能的路径 ······ 245
【实例 199】 合法的井字棋状态 ······ 246
【实例 200】 满足要求的子串个数 ······ 248
【实例 201】 多米诺和三格骨牌铺砖问题 ······ 249
【实例 202】 逃离幽灵 ······ 250
【实例 203】 图是否可以被二分 ······ 251
【实例 204】 寻找最便宜的航行旅途 ······ 253
【实例 205】 森林中的兔子 ······ 254
【实例 206】 最大分块排序 ······ 255
【实例 207】 分割标签 ······ 256
【实例 208】 网络延迟时间 ······ 257

【实例 209】 洪水填充 ………………………………………………… 258
【实例 210】 二倍数对数组 ……………………………………………… 260
【实例 211】 最长升序子序列的个数 …………………………………… 261
【实例 212】 最大的交换 ………………………………………………… 262
【实例 213】 分割数组为连续子序列 …………………………………… 263
【实例 214】 数组美丽值求和 …………………………………………… 264
【实例 215】 合法的三角数 ……………………………………………… 266
【实例 216】 删除最短的子数组使剩余数组有序 ……………………… 267
【实例 217】 两个字符串的删除操作 …………………………………… 268
【实例 218】 下一个更大的元素 ………………………………………… 269
【实例 219】 最优除法 …………………………………………………… 270
【实例 220】 通过删除字母匹配到字典里最长单词 …………………… 271
【实例 221】 寻找树中最左下节点的值 ………………………………… 272
【实例 222】 出现频率最高的子树和 …………………………………… 273
【实例 223】 寻找二叉搜索树中的元素 ………………………………… 275
【实例 224】 对角线遍历 ………………………………………………… 276
【实例 225】 提莫攻击 …………………………………………………… 278
【实例 226】 目标和 ……………………………………………………… 279
【实例 227】 升序子序列 ………………………………………………… 280
【实例 228】 神奇字符串 ………………………………………………… 282
【实例 229】 爆破气球的最小箭头数 …………………………………… 283
【实例 230】 查找数组中的所有重复项 ………………………………… 284
【实例 231】 最小基因变化 ……………………………………………… 285
【实例 232】 替换后的最长重复字符 …………………………………… 287
【实例 233】 从英文中重建数字 ………………………………………… 288
【实例 234】 数组中两个数字的最大异或 ……………………………… 289
【实例 235】 根据身高重排队列 ………………………………………… 290
【实例 236】 左叶子的和 ………………………………………………… 291
【实例 237】 移除 k 位 …………………………………………………… 292
【实例 238】 轮转函数 …………………………………………………… 293
【实例 239】 字符至少出现 k 次的最长子串 …………………………… 294
【实例 240】 消除游戏 …………………………………………………… 296
【实例 241】 有序矩阵中的第 k 小元素 ………………………………… 297
【实例 242】 超级幂次 …………………………………………………… 298
【实例 243】 水罐问题 …………………………………………………… 299
【实例 244】 计算不同数字整数的个数 ………………………………… 300

【实例 245】	找出数组的串联值	301
【实例 246】	矩阵中的幸运数	302
【实例 247】	不同路径	303
【实例 248】	移除元素	304
【实例 249】	找出数组中最大数和最小数的最大公约数	305
【实例 250】	查找子数组	306
【实例 251】	非递增顺序的最小子序列	307
【实例 252】	判断矩阵是不是 X 矩阵	308
【实例 253】	矩阵中的局部最大值	309
【实例 254】	转置矩阵	311
【实例 255】	破冰游戏	312
【实例 256】	和相等的子数组	313
【实例 257】	最长优雅子数组	314
【实例 258】	替换数组中的元素	315
【实例 259】	最大三角形面积	316
【实例 260】	有效三角形的个数	318
【实例 261】	三角形的最大周长	319
【实例 262】	完成面试题目	320
【实例 263】	爬楼梯	321
【实例 264】	最小展台数量	322
【实例 265】	使用最小花费爬楼梯	323
【实例 266】	最小时间差	324
【实例 267】	无重复字符的最长子串	325
【实例 268】	最小数字游戏	326
【实例 269】	最长和谐子序列	327
【实例 270】	最长公共子序列	328
【实例 271】	最长重复子数组	329
【实例 272】	最长递增子序列	330
【实例 273】	最长奇偶子数组	331
【实例 274】	最长的美好子字符串	332
【实例 275】	统计二进制子串的数量	333
【实例 276】	最长回文子序列	334
【实例 277】	回文子串数目	335
【实例 278】	子串的最大出现次数	336
【实例 279】	最长合法子字符串的长度	337
【实例 280】	最长递增子序列的个数	338

【实例281】 寻找文件副本 ··· 339
【实例282】 最小覆盖子串 ··· 340
【实例283】 数组的最大值 ··· 341
【实例284】 寻找峰值 ··· 342
【实例285】 寻找数组的中心下标 ··· 343
【实例286】 连接两字母单词得到的最长回文串 ······························· 344
【实例287】 最长等差数列 ··· 345
【实例288】 替换子串得到平衡字符串 ······································· 346
【实例289】 最短超级串 ··· 347
【实例290】 绝对差不超过限制的最长连续子数组 ····························· 349
【实例291】 仅含1的子串数 ·· 350
【实例292】 反转字符串 ··· 351
【实例293】 最长数对链 ··· 352
【实例294】 数组中的最长山脉 ··· 353
【实例295】 寻找比目标字母大的最小字母 ··································· 354
【实例296】 有效的括号 ··· 355
【实例297】 不同的平均值数目 ··· 356
【实例298】 字符串轮转 ··· 357
【实例299】 缺失的第一个素数 ··· 358
【实例300】 搜索插入位置 ··· 359

【实例 001】 反转一个 3 位整数

1. 问题描述

反转一个三位数。

2. 问题示例

输入 number=123,输出 321。

3. 代码实现

相关代码如下:

```cpp
#include <iostream>
using namespace std;
class Solution {
public:
    //定义一个反转整数的函数,输入为一个三位数,输出为反转后的数
    int reverseInteger(int number) {
        int a, b, c, m;
        a = number/100;                    //获取百位数字
        b = (number - a * 100)/10;         //获取十位数字
        c = number - a * 100 - b * 10;     //获取个位数字
        m = a + b * 10 + c * 100;          //将百位、十位、个位数字组合成一个新的整数
        return m;
    }
};
int main() {
    int a = 123, b = 0;
    cout << "输入:" << a << endl;
    Solution solution;
    b = solution.reverseInteger(a);
    cout << "输出:" << b << endl;
    return 0;
}
```

4. 运行结果

输入:123

输出:321

【实例 002】 合并排序数组

1. 问题描述

合并两个升序的整数数组 A 和 B,形成一个新的数组,新数组也要有序。

2. 问题示例

输入 arr1=[1 2 3],arr2=[4 5 6],输出[1 2 3 4 5 6],返回合并所有元素后的数组。

3. 代码实现

相关代码如下：

```cpp
#include <iostream>
#include <vector>
using namespace std;
class Solution {
public:
    vector<int> mergeSortedArray(vector<int> &a, vector<int> &b) {
        //初始化两个数组的指针和结果数组的指针
        int i = 0, j = 0, k = 0, l, n;
        //获取两个数组的长度
        l = a.size();
        n = b.size();
        //创建一个新的数组,长度为两个输入数组之和
        vector<int> c(n + l);
        //合并两个有序数组
        while (i < l && j < n) {
            if (a[i] <= b[j]) {
                c[k++] = a[i++];
            } else {
                c[k] = b[j];
                k++;
                j++;
            }
        }
        //如果数组 A 还有剩余元素,将其添加到结果数组中
        while (i < l) {
            c[k] = a[i];
            k++;
            i++;
        }
        //如果数组 B 还有剩余元素,将其添加到结果数组中
        while (j < n) {
            c[k] = b[j];
            k++;
            j++;
        }
        return c;
    }
};
int main() {
    //初始化两个有序数组
    vector<int> arr1 = {1, 2, 3};            //修改为实际元素值
    vector<int> arr2 = {4, 5, 6};
    Solution solution;
    //调用合并函数,得到合并后的有序数组
    vector<int> arr3 = solution.mergeSortedArray(arr1, arr2);
    cout << "输入:[";
    for (int i = 0; i < arr1.size(); i++) {
        cout << arr1[i] << " ";
    }
    cout << "],[";
    for (int i = 0; i < arr2.size(); i++) {
```

```
            cout << arr2[i] << " ";
        }
        cout << "]" << endl;
        cout << "输出:[" ;
        for (int i = 0; i < arr3.size(); i++) {
            cout << arr3[i] << " ";
        }
        cout << "]" << endl;
        return 0;
}
```

4. 运行结果

输入:[1 2 3],[4 5 6]

输出:[1 2 3 4 5 6]

【实例003】 旋转字符串

1. 问题描述

给定一个字符串(以字符数组的形式)和一个偏移量,根据偏移量从左向右原地旋转字符串。

2. 问题示例

输入str="abcdefg",offset=3,输出"efgabcd"。输入str="abcdefg",offset=0,输出"abcdefg"。输入str="abcdefg",offset=1,输出"gabcdef",返回旋转后的字符串。输入str="abcdefg",offset=2,输出"fgabcde",返回旋转后的字符串。

3. 代码实现

相关代码如下:

```
#include <iostream>
#include <string>
using namespace std;
class Solution {
public:
    void reverse(string &str, int start, int end) {
        while (start < end) {
            char temp = str[start];
            str[start] = str[end];
            str[end] = temp;
            start++;
            end--;
        }
    }
    string rotate_string(string str, int offset) {
        int len = str.size();
        if (offset == 0 || offset >= len) {
            return str;
        }
        reverse(str, 0, len - 1);                        //旋转整个字符串
```

```cpp
            reverse(str, 0, offset - 1);         //旋转前offset个字符
            reverse(str, offset, len - 1);       //旋转剩余字符
            return str;
        }
};
int main() {
    string str = "abcdefg";
    Solution solution;
    int offset = 0;
    cout << "输入:";
    cout << "str = \"" << str << "\", offset = " << offset << endl;
    cout << "输出:";
    cout << "\"" << solution.rotate_string(str, offset) << "\"" << endl;
    offset = 1;
    cout << "输入:";
    cout << "str = \"" << str << "\", offset = " << offset << endl;
    cout << "输出:";
    cout << "\"" << solution.rotate_string(str, offset) << "\"" << endl;
    offset = 2;
    cout << "输入:";
    cout << "str = \"" << str << "\", offset = " << offset << endl;
    cout << "输出:";
    cout << "\"" << solution.rotate_string(str, offset) << "\"" << endl;
    offset = 3;
    cout << "输入:";
    cout << "str = \"" << str << "\", offset = " << offset << endl;
    cout << "输出:";
    cout << "\"" << solution.rotate_string(str, offset) << "\"" << endl;
    return 0;
}
```

4. 运行结果

输入：str="abcdefg",offset=0

输出："abcdefg"

输入：str="abcdefg",offset=1

输出："gabcdef"

输入：str="abcdefg",offset=2

输出："fgabcde"

输入：str="abcdefg",offset=3

输出："efgabcd"

【实例004】 相对排名

1. 问题描述

根据N名运动员的得分，找到相对等级和获得最高分前三名的人，分别获得金牌、银牌和铜牌。N是正整数，并且不超过10000，所有运动员的成绩都保证是独一无二的。

2. 问题示例

输入[5,4,3,2,1],输出["Gold Medal","Silver Medal","Bronze Medal","4","5"],前三名运动员得分较高,根据得分依次获得金牌、银牌和铜牌。对于后两名运动员,根据分数输出相对等级。

3. 代码实现

相关代码如下:

```cpp
#include <iostream>
#include <algorithm>
#include <vector>
using namespace std;
int main() {
    //创建一个整数向量 arr,并初始化为{5, 4, 3, 2, 1}
    vector<int> arr = {5, 4, 3, 2, 1};
    int n = arr.size();
    cout << "输入:" << endl;
    cout << "[";
    for (int i = 0; i < n; i++) {
        cout << arr[i] << " ";
    }
    cout << "]" << endl;
    sort(arr.begin(), arr.end(), greater<int>());
    //输出排序后的数组及对应的奖牌
    cout << "输出:" << endl;
    for (int i = 0; i < n; i++) {
        string medal;
        if (i == 0) {
            medal = "金牌";
        } else if (i == 1) {
            medal = "银牌";
        } else if (i == 2) {
            medal = "铜牌";
        } else {
            medal = "第" + to_string(i + 1) + "名";
        }
        cout << medal << ",得分:" << arr[i] << endl;
    }
    return 0;
}
```

4. 运行结果

输入:[5 4 3 2 1]

输出:金牌,得分:5

银牌,得分:4

铜牌,得分:3

第 4 名,得分:2

第 5 名,得分:1

【实例005】 二分查找

1. 问题描述

给定一个排序的整数数组（升序）和一个要查找的目标整数 target，请查找 target 第 1 次出现的下标（从 0 开始），如果 target 不存在于数组中，返回 -1。

2. 问题示例

输入数组[1,4,4,5,7,7,8,9,9,10]和 target=1，输出其所在的位置 0。

3. 代码实现

相关代码如下：

```cpp
#include <iostream>
#include <vector>
using namespace std;
class Solution {
public:
    //二分查找函数,返回目标值在数组中的第一个位置
    int binarySearch(vector<int> &nums, int target) {
        int low = 0, high = nums.size();
        while (low < high) {
            int mid = low + (high - low)/2;
            if (target == nums[mid]) {              //如果中间位置的值等于目标值
                high = mid;                         //将high指针移动到mid位置
            } else if (target < nums[mid]) {        //如果目标值小于中间位置的值
                high = mid;
            } else {
                low = mid + 1;
            }
        }
        return (low < nums.size() && nums[low] == target) ? low : -1;
        //如果找到目标值,返回其位置,否则返回-1
    }
};
int main() {
    Solution solution;                              //创建Solution类的对象
    vector<int> nums = {1, 4, 4, 5, 7, 7, 8, 9, 9, 10};  //定义整数数组
    int target = 1;
    cout << "输入:[";
    for (int i = 0; i < nums.size(); i++) {
        cout << nums[i] << " ";
    }
    cout << "],target = 1" << endl;
    int result = solution.binarySearch(nums, target);   //调用函数,获取结果
    cout << "输出:" << result << endl;
    return 0;
}
```

4. 运行结果

输入：[1 4 4 5 7 7 8 9 9 10],target=1
输出：0

【实例006】 下一个更大的数

1. 问题描述

给定两个不重复的数组 nums1 和 nums2,其中 nums1 是 nums2 的子集。在 nums2 的相应位置找到 nums1 所有元素的下一个更大数字。

nums1 中数字的下一个更大数字是 nums2 中右边第 1 个更大的数字。如果它不存在,则为此数字输出 -1。nums1 和 nums2 中的所有数字都是唯一的,nums1 和 nums2 的长度均不超过 1000。

2. 问题示例

输入 nums1=[4,1,2],nums2=[1,3,4,2],输出[-1,3,-1],对于第 1 个数组中的数字 4,在第 2 个数组中找不到下一个更大的数字,因此输出 -1;对于第 1 个数组中的数字 1,第 2 个数组中的下一个更大数字是 3,则输出 3;对于第一个数组中的数字 2,第 2 个数组中没有下一个更大的数字,因此输出 -1。

3. 代码实现

相关代码如下:

```cpp
#include <iostream>
#include <vector>
#include <unordered_map>
#include <algorithm>
using namespace std;
class Solution {
public:
    vector<int> nextGreaterElement(vector<int> &nums1, vector<int> &nums2) {
        unordered_map<int, int> mp;          //创建哈希表,用于存储 nums2 中每个元素的索引
        vector<int> ans;                      //创建一个向量,用于存储结果
        for (int i = 0; i < nums2.size(); i++) {
            mp[nums2[i]] = i;                 //将 nums2 中的元素及其索引存入哈希表
        }
        for (int i = 0; i < nums1.size(); i++) {
            int j = mp[nums1[i]];             //获取 nums1 中元素在 nums2 中的索引
            auto it = find_if(nums2.begin() + j, nums2.end(), [&](int x) {
                return x > nums1[i];          //查找 nums2 中下一个大于 nums1 中当前元素的值
            });
            if (it != nums2.end()) {
                ans.emplace_back(*it);        //如果找到元素值,将其添加到结果向量中
            } else {
                ans.emplace_back(-1);         //如果没找到元素值,添加 -1 到结果向量中
            }
        }
        return ans;
    }
};
int main() {
    Solution solution;                        //创建一个 Solution 对象
    vector<int> nums1 = {4, 1, 2};            //定义 nums1 向量
```

```cpp
    vector<int> nums2 = {1, 3, 4, 2};      //定义 nums2 向量
    cout << "输入:[";
    for (int num : nums1) {
        cout << num << " ";                //输出 nums1 向量的元素
    }
    cout << "],[";
    for (int num : nums2) {
        cout << num << " ";                //输出 nums2 向量的元素
    }
    cout << "]" << endl;
    vector<int> result = solution.nextGreaterElement(nums1, nums2);
    cout << "输出:[";
    for (int num : result) {
        cout << num << " ";
    }
    cout << "]" << endl;
    return 0;
}
```

4．运行结果

输入：[4 1 2],[1 3 4 2]

输出：[-1 3 -1]

【实例 007】 字符串中的单词数

1．问题描述

计算字符串中的单词数，其中一个单词定义为不含空格的连续字符串。

2．问题示例

输入"Hello, my name is John"，输出 5。

3．代码实现

相关代码如下：

```cpp
#include <iostream>
using namespace std;
class Solution {
public:
    int countSegments(string &s) {
        int res = 0;
        for (int i = 0; i < s.length(); i++) {
            //如果当前字符不是空格,前一个字符是空格或者是字符串的第一个字符,则计数器加 1
            if (s[i] != ' ' && (i == 0 || s[i - 1] == ' ')) {
                res++;
            }
        }
        return res;
    }
};
int main() {
    Solution solution;
```

```cpp
        string input = "Hello, my name is John";
        cout << "输入:" << input << endl;
        int segments = solution.countSegments(input);
        cout << "输出: " << segments << endl;
        return 0;
}
```

4. 运行结果

输入：Hello, my name is John

输出：5

【实例008】 勒索信

1. 问题描述

给定一个表示勒索信内容的字符串和一个表示杂志内容的字符串，写一个方法判断能否通过剪下杂志中的内容构造出这封勒索信，若可以，返回 True,否则返回 False。注：杂志字符串中的每个字符仅能在勒索信中使用一次。

2. 问题示例

输入 ransomNote＝"aa",magazine＝"aab",输出 True。勒索信的内容可以从杂志内容中构造出来。

3. 代码实现

相关代码如下：

```cpp
#include <iostream>
#include <unordered_map>
using namespace std;
class Solution {
public:
    bool canConstruct(string &ransomNote, string &magazine) {
        int n = ransomNote.size(), m = magazine.size();
        if (n == 0)
            return true;
        if (n > m)
            return false;
        unordered_map<char, int> charCount;
        for (char ch : magazine)
            charCount[ch]++;
        for (char ch : ransomNote) {
            if (charCount[ch] == 0)
                return false;
            else
                charCount[ch]--;
        }
        return true;
    }
};
int main() {
    Solution solution;
```

```cpp
    string ransomNote = "aa";
    string magazine = "aab";
    cout << "输入:" << ransomNote << "," << magazine << endl;
    bool result = solution.canConstruct(ransomNote, magazine);
    cout << "输出:" << (result ? "True" : "False") << endl;
    return 0;
}
```

4. 运行结果

输入:ransomNote="aa",magazine="aab"

输出:True

【实例009】 不重复的两个数

1. 问题描述

给定一个数组,其中除了2个数,其他数均出现2次,请找到不重复的2个数并返回。

2. 问题示例

给出 a=[1,2,5,5,6,6],返回 [1,2],除1和2外其他数都出现了2次,因此返回[1,2]。

3. 代码实现

相关代码如下:

```cpp
#include <iostream>
#include <vector>
#include <unordered_map>
using namespace std;
std::vector<int> findUniqueNumbers(const std::vector<int> &a) {
    std::unordered_map<int, int> countMap;        //创建哈希表,存储每个数字出现的次数
    for (int num : a) {                            //遍历数组中的每个数字
        countMap[num]++;                           //将数字添加到哈希表中,并更新其出现次数
    }
    std::vector<int> result;
    for (const auto &pair : countMap) {            //遍历哈希表中的每个键值对
        if (pair.second == 1) {                    //如果某个数字出现次数为1,说明它是唯一的
            result.push_back(pair.first);          //将该数字添加到结果向量中
        }
    }
    return result;
}
int main() {
    std::vector<int> a = {1, 2, 5, 5, 6, 6};       //定义一个数组
    cout << "输入:[";
    for (int num : a) {                            //遍历数组中的每个数字
        cout << num << " ";
    }
    cout << "]";
    std::vector<int> uniqueNumbers = findUniqueNumbers(a);
    cout << "输出:[";
    for (int num : uniqueNumbers) {                //遍历结果向量中的每个数字
        std::cout << num << " ";
```

```
        cout << "]" << endl;
        return 0;
}
```

4. 运行结果

输入：[1 2 5 5 6 6]
输出：[1 2]

【实例010】 双胞胎字符串

1. 问题描述

给定两个字符串 s 和 t，每次可以任意交换 s 的奇数位或偶数位上的字符，即奇数位上的字符能与其他奇数位的字符互换，偶数位上的字符也能与其他偶数位的字符互换，问能否经过若干次交换，使 s 变成 t？

2. 问题示例

输入 s="abcd",t="cdab",输出"Yes",第一次 a 与 c 交换,第二次 b 与 d 交换。输入 s="abcd",t="bcda",输出"No",无论如何交换,都无法得到 bcda。

3. 代码实现

相关代码如下：

```cpp
#include <iostream>
#include <string>
using namespace std;
bool canSwapToEqual(string s, string t) {
    int n = s.size();
    if (n != t.size())
        return false;
    int odd_cnt[26] = {0}, even_cnt[26] = {0};
    for (int i = 0; i < n; i++) {
        if (i % 2 == 0) {
            even_cnt[s[i] - 'a']++;
            even_cnt[t[i] - 'a']--;
        } else {
            odd_cnt[s[i] - 'a']++;
            odd_cnt[t[i] - 'a']--;
        }
    }
    for (int i = 0; i < 26; i++) {
        if (odd_cnt[i] != 0 || even_cnt[i] != 0)
            return false;
    }
    return true;
}
int main() {
    string s = "abcd", t = "cdab";
    cout << "输入:" << s << "," << t << endl;
    //cin >> s >> t;
```

```cpp
        if (canSwapToEqual(s, t)) {
            cout << "输出:Yes" << endl;
        } else {
            cout << "输出:No" << endl;
        }
        return 0;
    }
```

4. 运行结果

输入:s=abcd,t=cdab

输出:Yes

【实例 011】 最接近 target 的值

1. 问题描述

给出一个数组,在数组中找到两个数,使得它们的和最接近但不超过目标值,返回它们的和。

2. 问题示例

输入 array=[1,3,5,11,7],target=15,输出 14。

3. 代码实现

相关代码如下:

```cpp
#include <iostream>
#include <vector>
#include <algorithm>
#include <climits>
using namespace std;
int closestSum(vector<int> &nums, int target) {
    sort(nums.begin(), nums.end());                         //对 nums 进行排序
    int left = 0, right = nums.size() - 1;                  //初始化左右指针
    int closestSum = INT_MIN;                               //初始化最接近的和为最小整数
    while (left < right) {                                  //当左指针小于右指针时,继续循环
        int currentSum = nums[left] + nums[right];          //左右指针指向两个数的和
        if (currentSum <= target) {                         //如果当前和小于或等于 target
            closestSum = max(closestSum, currentSum);       //更新最接近的和
            left++;                                         //左指针向右移动
        } else {
            right--;
        }
    }
    return closestSum;
}
int main() {
    vector<int> nums = {1, 3, 5, 11, 7};
    int target = 15;
    cout << "输入:[1, 3, 5, 11, 7], target = 15" << endl;
    int result = closestSum(nums, target);                  //调用 closestSum 函数,得到结果
    cout << "输出: " << result << endl;
    return 0;
}
```

4. 运行结果

输入：[1,3,5,11,7],target=15

输出：14

【实例012】 点积

1. 问题描述

给出两个数组，求它们的点积。

2. 问题示例

输入 array1=[1,1,1],array2=[2,2,2],输出 6，即 $1\times2+1\times2+1\times2=6$。

3. 代码实现

相关代码如下：

```cpp
#include <iostream>
#include <vector>
using namespace std;
int dotProduct(const vector<int> &array1, const vector<int> &array2) {
    if (array1.size() != array2.size()) {
        cerr << "Arrays must have the same length." << endl;
        return 0;              //返回 0 或者其他错误标识
    }
    int result = 0;
    for (size_t i = 0; i < array1.size(); ++i) {
        result += array1[i] * array2[i];
    }
    return result;
}
int main() {
    vector<int> array1 = {1, 1, 1};
    vector<int> array2 = {2, 2, 2};
    cout << "输入:[";
    for (int num : array1) {
        cout << num << " ";
    }
    cout << "], [";
    for (int num : array2) {
        cout << num << " ";
    }
    cout << "]" << endl;
    int result = dotProduct(array1, array2);
    cout << "输出: " << result << endl;
    return 0;
}
```

4. 运行结果

输入：[1,1,1],[2,2,2]

输出：6

【实例 013】 函数运行时间

1. 问题描述
给定一系列描述函数进入和退出的时间,求每个函数的运行时间。

2. 问题示例
输入 s=["F1 Enter 10","F2 Enter 18","F2 Exit 19","F1 Exit 20"],输出["F1|10","F2|1"],即 F1 在 10 时刻进入,20 时刻退出,运行时长为 10,F2 在 18 时刻进入,19 时刻退出,运行时长为 1。

输入 s=["F1 Enter 10","F1 Exit 18","F1 Enter 19","F1 Exit 20"],输出["F1|9"],即 F1 在 10 时刻进入,18 时刻退出;又在 19 时刻进入,20 时刻退出,总运行时长为 9。

3. 代码实现
相关代码如下:

```cpp
#include <iostream>
#include <vector>
#include <unordered_map>
#include <sstream>
using namespace std;
vector<string> calculateRuntime(const vector<string> &logs) {
    unordered_map<string, int> entryTimes;      //存储任务的进入时间
    unordered_map<string, int> totalRuntime;
    for (const string &log : logs) {
        istringstream iss(log);
        string task, action;
        int time;
        iss >> task >> action >> time;
        if (action == "Enter") {
            entryTimes[task] = time;
        } else {
            //如果动作是"Exit",则计算任务的运行时间并累加到总运行时间中
            int entryTime = entryTimes[task];
            totalRuntime[task] += (time - entryTime);
        }
    }
    vector<string> result;
    for (const auto &entry : totalRuntime) {
        const string &task = entry.first;
        int runtime = entry.second;
        result.push_back(task + "|" + to_string(runtime));
    }
    return result;
}
int main() {
    vector<string> logs1 = {"F1 Enter 10", "F2 Enter 18", "F2 Exit 19", "F1 Exit 20"};
    cout << "输入:[";
    for (size_t i = 0; i < logs1.size(); ++i) {
        cout << "\"" << logs1[i] << "\"";
```

```cpp
            if (i < logs1.size() - 1) {
                cout << ", ";
            }
        }
        cout << "]" << endl;
        vector<string> result1 = calculateRuntime(logs1);
        cout << "输出:[";
        for (size_t i = 0; i < result1.size(); ++i) {
            cout << "\"" << result1[i] << "\"";
            if (i < result1.size() - 1) {
                cout << ", ";
            }
        }
        cout << "]" << endl;
        vector<string> logs2 = {"F1 Enter 10", "F1 Exit 18", "F1 Enter 19", "F1 Exit 20"};
        cout << "输入:[";
        for (size_t i = 0; i < logs2.size(); ++i) {
            cout << "\"" << logs2[i] << "\"";
            if (i < logs2.size() - 1) {
                cout << ", ";
            }
        }
        cout << "]" << endl;
        vector<string> result2 = calculateRuntime(logs2);
        cout << "输出:[";
        for (size_t i = 0; i < result2.size(); ++i) {
            cout << "\"" << result2[i] << "\"";
            if (i < result2.size() - 1) {
                cout << ", ";
            }
        }
        cout << "]" << endl;
        return 0;
    }
```

4. 运行结果

输入:["F1 Enter 10","F2 Enter 18","F2 Exit 19","F1 Exit 20"]

输出:["F1|10","F2|1"]

输入:["F1 Enter 10","F1 Exit 18","F1 Enter 19","F1 Exit 20"]

输出:["F1|9"]

【实例014】 查询区间

1. 问题描述

给定一个包含若干区间的 List 数组,长度是 1000,如[500,1500]、[2100,3100]。给定一个 number,判断 number 是否在这些区间内,如是则返回 True,否则返回 False。

2. 问题示例

输入 List=[[100,1100],[1000,2000],[5500,6500]]和 number=6000,输出 True,因

为 6000 在区间[5500,6500]。输入 List＝[[100,1100],[2000,3000]]和 number＝3500,输出 False,3500 不在 list 的任何一个区间中。

3. 代码实现

相关代码如下：

```cpp
#include <iostream>
#include <vector>
using namespace std;
bool isNumberInIntervals(const vector<vector<int>> &intervals, int number) {
    for (const auto &interval : intervals) {
        if (number >= interval[0] && number <= interval[1]) {
            return true;
        }
    }
    return false;
}
int main() {
    vector<vector<int>> intervals1 = {{100, 1100}, {1000, 2000}, {5500, 6500}};
    int number1 = 6000;
    cout << "输入:[";
    for (size_t i = 0; i < intervals1.size(); ++i) {
        cout << "[";
        for (size_t j = 0; j < intervals1[i].size(); ++j) {
            cout << intervals1[i][j];
            if (j < intervals1[i].size() - 1) {
                cout << ", ";
            }
        }
        cout << "]";
        if (i < intervals1.size() - 1) {
            cout << ", ";
        }
    }
    cout << "]," << number1 << endl;
    bool result1 = isNumberInIntervals(intervals1, number1);
    cout << "输出: " << (result1 ? "True" : "False") << endl;
    vector<vector<int>> intervals2 = {{100, 1100}, {2000, 3000}};
    int number2 = 3500;
    cout << "输入:[";
    for (size_t i = 0; i < intervals2.size(); ++i) {
        cout << "[";
        for (size_t j = 0; j < intervals2[i].size(); ++j) {
            cout << intervals2[i][j];
            if (j < intervals2[i].size() - 1) {
                cout << ", ";
            }
        }
        cout << "]";
        if (i < intervals2.size() - 1) {
            cout << ", ";
        }
    }
    cout << "]," << number2 << endl;
```

```cpp
    bool result2 = isNumberInIntervals(intervals2, number2);
    cout << "输出: " << (result2 ? "True" : "False") << endl;
    return 0;
}
```

4. 运行结果

输入：[[100,1100],[1000,2000],[5500,6500]],6000

输出：True

输入：[[100,1100],[2000,3000]],3500

输出：False

【实例015】 两数之和

1. 问题描述

给定一个整数数组 nums 和一个整数目标值，请在该数组中找出和为目标值的两个整数，并返回它们的数组下标。可以假设每种输入只对应一个答案，但是数组中同一个元素在答案中不能重复出现，可以按任意顺序返回答案。

2. 问题示例

输入 nums=[2,7,11,15]，target=9，输出[0,1]。

注：因为 nums[0]+nums[1]=9，所以返回[0, 1]。

3. 代码实现

相关代码如下：

```cpp
#include <iostream>
#include <vector>
using namespace std;
class Solution {
public:
    //定义一个名为 twoSum 的成员函数，接收一个整数向量 nums 和一个整数 target 作为参数
    vector<int> twoSum(vector<int> &nums, int target) {
        int n = nums.size();                    //获取 nums 的大小
        //使用两层循环遍历 nums 中的元素
        for (int i = 0; i < n; ++i) {
            for (int j = i + 1; j < n; ++j) {
                //如果找到了和为 target 的两个整数,返回这两个数的下标
                if (nums[i] + nums[j] == target) {
                    return {i, j};
                }
            }
        }
        return {};
    }
};
int main() {
    Solution solution;                          //创建一个 Solution 类的实例
    vector<int> nums = {2, 7, 11, 15};          //定义一个整数向量 nums
    int target = 9;                             //定义一个整数 target
```

```cpp
    vector<int> result = solution.twoSum(nums, target);
    cout << "输入:[2, 7, 11, 15], target = 9\n输出:";
    cout << "[" << result[0] << ", " << result[1] << "]" << endl;
    return 0;
}
```

4. 运行结果

输入:[2,7,11,15],target=9

输出:[0,1]

【实例 016】 二进制求和

1. 问题描述

给定两个二进制字符串 a 和 b,以二进制字符串的形式返回它们的和。

2. 问题示例

输入 a=11,b=1,输出 100。

3. 代码实现

相关代码如下:

```cpp
#include <iostream>
#include <string>
#include <algorithm>
using namespace std;
class Solution {
public:
    string addBinary(string a, string b) {
        string ans;
        reverse(a.begin(), a.end());           //反转字符串 a,方便从低位开始相加
        reverse(b.begin(), b.end());           //反转字符串 b,方便从低位开始相加
        int n = max(a.size(), b.size()), carry = 0;
        for (size_t i = 0; i < n; ++i) {       //遍历每一位然后相加
            carry += i < a.size() ? (a.at(i) == '1') : 0;
            //如果当前位在字符串 a 中,则加上对应的值(0 或 1),否则不加
            carry += i < b.size() ? (b.at(i) == '1') : 0;
            //如果当前位在字符串 b 中,则加上对应的值(0 或 1),否则不加
            ans.push_back((carry % 2) ? '1' : '0');
            //将当前位的结果添加到结果字符串中
            carry /= 2;
        }
        if (carry) {                           //如果最后还有进位,则将其添加到结果字符串中
            ans.push_back('1');
        }
        reverse(ans.begin(), ans.end());       //反转结果字符串,使其恢复原来的顺序
        return ans;                            //返回结果字符串
    }
};
int main() {
    Solution solution;
    string a = "11";                           //定义字符串 a
```

```cpp
        string b = "1";                         //定义字符串 b
        string result = solution.addBinary(a, b);
        cout << "输入:a = " << a << ", b = " << b << endl;
        cout << "输出:" << result << endl;
        return 0;
    }
```

4. 运行结果

输入：a=11,b=1
输出：100

【实例017】 数组剔除元素后的乘积

1. 问题描述

给定一个整数数组 A。定义 B[i]=A[0]×…*×A[i-1]*×A[i+1]×…×A[n-1]，即 B[i]为剔除 A[i]元素之后所有数组元素之积，计算数组 B 时不要使用除法，输出数组 B。

2. 问题示例

输入 A=[1,2,3]，输出[6,3,2]，即 B[0]=A[1]×A[2]=6；B[1]=A[0]×A[2]=3；B[2]=A[0]×A[1]=2。

3. 代码实现

相关代码如下：

```cpp
#include <iostream>
#include <vector>
using namespace std;
class Solution {
public:
    vector<long long> productExcludeItself(vector<int> &nums) {
        int iSize = nums.size();                //获取数组长度
        vector<long long> multiRet;             //存储结果的向量
        long long multi = 1;                    //用于计算乘积的变量
        int i = 0, j = 0, k = 0;
        for (i = 0; i < iSize; i++) {
            multi = 1;
            for (j = 0; j < i; j++) {
                multi *= nums[j];
            }
            for (k = i + 1; k < iSize; k++) {
                multi *= nums[k];
            }
            //将当前元素的乘积添加到结果向量中
            multiRet.push_back(multi);
        }
        return multiRet;                        //返回结果向量
    }
};
int main() {
    Solution solution;
```

```cpp
        vector<int> nums = {1, 2, 3};
        vector<long long> result = solution.productExcludeItself(nums);
        cout << "输入:[";
        for (int num : nums) {
            cout << num << " ";
        }
    cout << "]\n输出:[";
    for (int num : result) {
        cout << num << " ";
    }
    cout << "]" << endl;
    return 0;
}
```

4. 运行结果

输入:[1 2 3]

输出:[6 3 2]

【实例 018】 键盘的一行

1. 问题描述

给定一个单词列表,返回可以在键盘上使用字母键输入的单词。可以多次使用键盘中的一个字符,输入字符串仅包含字母表中的字母。

2. 问题示例

输入["Hello","Alaska","Dad","Peace"],输出["Alaska","Dad"],即这 2 个单词可以在键盘的第 3 行输出。

3. 代码实现

相关代码如下:

```cpp
#include <iostream>
#include <vector>
using namespace std;
class Solution {
public:
    vector<string> findWords(vector<string> &words) {
        //定义 3 个字符串,分别表示键盘上的 3 行字符
        vector<string> s = {"qwertyuiopQWERTYUIOP",
                            "asdfghjklASDFGHJKL",
                            "ZXCVBNMzxcvbnm"
                           };
        vector<string> res;                              //存储向量
        for (int i = 0; i < words.size(); i++) {         //遍历输入的单词列表
            for (int j = 0; j < s.size(); j++) {         //遍历键盘上的 3 行字符
                int pos = s[j].find(words[i][0]);
                if (pos == -1)
                    continue;                            //如果找不到,跳过当前行
                int k = 1;
                for (k = 1; k < words[i].size(); k++) {  //遍历当前单词的剩余字符
```

```cpp
                if (s[j].find(words[i][k]) == -1)
                //如果某个字符不在当前行,跳出循环
                    break;
            }
            if (k == words[i].size()) {
            //如果所有字符都在当前行,将当前单词添加到结果向量中
                res.push_back(words[i]);
                break;
            }
        }
    }
    return res;                                          //返回结果向量
    }
};
int main() {
    Solution solution;
    vector<string> words = {"Hello", "Alaska", "Dad", "Peace"};
    //定义输入的单词列表
    vector<string> result = solution.findWords(words);
    //调用findWords函数,获取结果
    cout << "输入:[";
    for (size_t i = 0; i < words.size(); ++i) {
        cout << "\"" << words[i] << "\"";
        if (i < words.size() - 1) {
            cout << ", ";
        }
    }
    cout << "]" << endl;
    cout << "输出:[";
    for (size_t i = 0; i < result.size(); ++i) {
        cout << "\"" << result[i] << "\"";
        if (i < result.size() - 1) {
            cout << ", ";
        }
    }
    cout << "]" << endl;
    return 0;
}
```

4. 运行结果

输入:["Hello","Alaska","Dad","Peace"]

输出:["Alaska","Dad"]

【实例019】 第n个数位

1. 问题描述

找出无限正整数数列 1,2,… 中的第 n 个数位。

2. 问题示例

输入 11,输出 0,表示数字序列 1,2,… 中的第 11 位是 0。

3. 代码实现

相关代码如下:

```cpp
#include <iostream>
#include <cmath>
using namespace std;
class Solution {
public:
    int findNthDigit(int n) {
        int low = 1, high = 9;
        while (low < high) {                        //二分查找,找到满足条件的数位长度
            int mid = (high - low) / 2 + low;
            if (totalDigits(mid) < n) {
                //如果当前数位长度的位数之和小于 n,说明目标数在更大的数位长度中
                low = mid + 1;
            } else {
                high = mid;
            }
        }
        int d = low;                                //找到满足条件的数位长度
        int prevDigits = totalDigits(d-1);          //计算前 d-1 位数字的总位数
        int index = n - prevDigits - 1;             //计算目标数字在当前数位长度中的索引
        int start = static_cast<int>(pow(10, d-1)); //计算第一个数字
        int num = start + index / d;                //计算目标数字所在的位置
        int digitIndex = index % d;
        int digit = (num/static_cast<int>(pow(10, d-digitIndex-1))) % 10;
        return digit;
    }
    int totalDigits(int length) {                   //计算长度为 length 的数字的总位数
        int digits = 0;
        int curLength = 1, curCount = 9;
        while (curLength <= length) {
            digits += curLength * curCount;
            curLength++;
            curCount *= 10;
        }
        return digits;
    }
};
int main() {
    Solution solution;
    int n = 11;
    int result = solution.findNthDigit(n);
    cout << "输入:" << n << endl;
    cout << "输出:" << result << endl;
    return 0;
}
```

4. 运行结果

输入:11

输出:0

【实例020】 找不同

1. 问题描述

给定两个只包含小写字母的字符串 s 和 t。字符串 t 由随机打乱字符顺序的字符串 s 在随机位置添加一个字符生成,找出在 t 中添加的字符。

2. 问题示例

例如,输入 s="abcd",t="abcde",输出 e,e 是加入的字符。

3. 代码实现

相关代码如下:

```cpp
#include <iostream>
#include <vector>
using namespace std;
class Solution {
public:
    //在字符串 t 中找出与字符串 s 不同的字符
    char findTheDifference(string &s, string &t) {
        vector<int> cnt(26,0);        //创建一个大小为 26 的向量,用于存储每个字母出现的次数
        for (char ch : s) {           //遍历字符串 s 中的每个字符
            cnt[ch - 'a']++;          //将对应字母的计数加 1
        }
        for (char ch : t) {           //遍历字符串 t 中的每个字符
            cnt[ch - 'a']--;          //将对应字母的计数减 1
            if (cnt[ch - 'a'] < 0) {
                //如果某个字母的计数小于 0,说明该字母在 t 中出现了,但在 s 中未出现
                return ch;
            }
        }
        return ' ';                   //如果未找到不同的字母,返回空格
    }
};
int main() {
    Solution solution;
    string s = "abcd";
    string t = "abcde";
    char result = solution.findTheDifference(s, t);
    cout << "输入:" << s << "," << t << endl;
    cout << "输出:" << result << endl;
    return 0;
}
```

4. 运行结果

输入:abcd,abcde
输出:e

【实例 021】 第 k 个排列

1. 问题描述
给定 n 和 k,求 1~n 组成排列中的第 k 个排列,范围为 1≤n≤9。

2. 问题示例
对于 n=3,k=4,所有的排列如下:123,132,213,231,312,321,返回 231。

3. 代码实现
相关代码如下:

```cpp
#include <iostream>
#include <vector>
#include <string>
using namespace std;
class Solution {
public:
    string getPermutation(int n, int k) {
        vector<int> factorial(n);                       //存储阶乘的数组
        factorial[0] = 1;
        for (int i = 1; i < n; ++i) {
            factorial[i] = factorial[i - 1] * i;        //计算阶乘
        }
        --k;                                            //将 k 减 1,方便后续计算
        string ans;
        vector<int> valid(n + 1, 1);                    //标记数字是否已经被使用过
        for (int i = 1; i <= n; ++i) {
            int order = k/factorial[n - i] + 1;         //计算当前位置的数字
            for (int j = 1; j <= n; ++j) {
                order -= valid[j];                      //减去已经使用过的数字
                if (!order) {            //如果 order 为 0,说明找到了当前位置的数字
                    ans += (j + '0');                   //将数字添加到结果字符串中
                    valid[j] = 0;                       //标记数字被使用过
                    break;
                }
            }
            k %= factorial[n - i];                      //更新 k 的值
        }
        return ans;
    }
};
int main() {
    Solution solution;
    int n = 3, k = 4;
    std::cout << "输入:n = " << n << ", k = " << k << std::endl;
    std::string result = solution.getPermutation(n, k);
    std::cout << "输出:" << result << std::endl;
    return 0;
}
```

4. 运行结果

输入：n=3,k=4

输出：231

【实例022】 平面列表

1. 问题描述

给定一个列表，该列表中有的元素是列表，有的元素是整数。将其变成一个只包含整数的简单列表。

2. 问题示例

输入[[1,1],[2],[1,1]],输出[1,1,2,1,1],将其变成一个只包含整数的简单列表。

3. 代码实现

相关代码如下：

```cpp
#include<iostream>
#include<vector>
using namespace std;
//定义一个函数，将嵌套的整数列表扁平化为一个整数列表
std::vector<int> flatten(const std::vector<std::vector<int>> &nestedList) {
    std::vector<int> result;                              //创建一个空的结果列表
    for (const auto &innerList : nestedList) {            //遍历嵌套列表中的每个子列表
        for (int value : innerList) {                     //遍历子列表中的每个整数
            result.push_back(value);                      //将整数添加到结果列表中
        }
    }
    return result;                                        //返回扁平化后的整数列表
}
int main() {
    std::vector<std::vector<int>> nestedList = {{1, 1}, {2}, {1, 1}};
    //定义一个嵌套的整数列表
    std::vector<int> flattenedList = flatten(nestedList);
    //调用flatten函数,将嵌套列表扁平化
    std::cout << "输入:[";
    for (const auto &innerList : nestedList) {
        std::cout << "[ ";
        for (int value : innerList) {
            std::cout << value << " ";
        }
        std::cout << "]";
    }
    std::cout << "]" << std::endl;
    //输出扁平化后的列表
    std::cout << "输出:";
    std::cout << "[ ";
    for (int value : flattenedList) {
        std::cout << value << " ";
    }
    std::cout << "]" << std::endl;
    return 0;
}
```

4. 运行结果

输入：[[1 1][2][1 1]]

输出：[1 1 2 1 1]

【实例 023】 子域名访问计数

1. 问题描述

假设 school.bupt.edu 的域名由各种子域名构成，顶层是 edu，下一层是 bupt.edu，底层是 school.bupt.edu。当访问 school.bupt.edu 时，会隐式访问子域名 bupt.edu 和 edu。给出域名的访问计数格式为计数地址和计数列表，返回每个子域名（包含父域名）的访问次数（与输入格式相同，顺序随机）。

2. 问题示例

输入["9001 school.bupt.edu"]，输出["9001 school.bupt.edu" "9001 edu" "9001 bupt.edu"]。

3. 代码实现

相关代码如下：

```cpp
#include <iostream>
#include <vector>
#include <unordered_map>
using namespace std;
class Solution {
public:
    vector<string> subdomainVisits(vector<string> &cpdomains) {
        //哈希表，用于记录域名及其访问次数
        unordered_map<string, int> m;
        //遍历输入的计数列表
        for (auto &cpdomain : cpdomains) {
            int cur = 0;                              //记录前面的数
            for (int i = 0; cpdomain[i] != ' '; i++)
                cur = cur * 10 + int(cpdomain[i] - '0');
            int j = cpdomain.size() - 1;
            for (; cpdomain[j] != ' '; j--)
                if (cpdomain[j] == '.')
                    m[cpdomain.substr(j + 1)] += cur;
            m[cpdomain.substr(j + 1)] += cur;
        }
        //将结果格式化为输出格式
        vector<string> res;
        for (auto& [k, v] : m)
            res.emplace_back(to_string(v) + " " + k);
        return res;
    }
};
int main() {
    Solution solution;
    vector<string> cpdomains = {"9001 school.bupt.edu"};
```

```cpp
    cout << "输入:[";
    for (const string &str : cpdomains) {
        cout << "\"" << str << "\" ";
    }
    cout << "]" << endl;
    //调用函数获取结果
    vector<string> result = solution.subdomainVisits(cpdomains);
    cout << "输出:[";
    for (const string &str : result) {
        cout << "\"" << str << "\" ";
    }
    cout << "]" << endl;
    return 0;
}
```

4. 运行结果

输入:["9001 school.bupt.edu"]

输出:["9001 school.bupt.edu" "9001 edu" "9001 bupt.edu"]

【实例024】 最长 AB 子串

1. 问题描述

给出一个只由字母 A 和 B 组成的字符串 s,找一个最长的子串,要求这个子串中 A 和 B 的数目相等,输出该子串的长度。

2. 问题示例

输入 s= "ABAAABBBA",输出 8,因为子串 s[0,7]和子串 s[1,8]满足条件,长度为 8。
输入 s= "AAAAAA",输出 0,因为 s 中除了空字串,不存在 A 和 B 数目相等的子串。

3. 代码实现

相关代码如下:

```cpp
#include <iostream>
#include <string>
#include <algorithm>
using namespace std;
int longestEqualABSubstring(const std::string &s) {
    int n = s.length();                              //获取字符串长度
    int countA = 0, countB = 0;                      //初始化计数器
    for (int i = 0; i < n; i++) {                    //遍历字符串
        if (s[i] == 'A') {                           //如果当前字符是 A
            countA++;                                //A 计数器加 1
        } else if (s[i] == 'B') {                    //如果当前字符是 B
            countB++;                                //B 计数器加 1
        }
    }
    return 2 * min(countA, countB);                  //返回 A 和 B 计数器中的较小值的 2 倍
}
int main() {
    std::string s1 = "ABAAABBBA";                    //定义字符串 s1
```

```cpp
    std::string s2 = "AAAAA";
    std::cout << "输入: " << s1 << endl << "输出: " << longestEqualABSubstring(s1) << std::endl;
    std::cout << "输入: " << s2 << endl << "输出: " << longestEqualABSubstring(s2) << std::endl;
    return 0;
}
```

4. 运行结果

输入：ABAAABBBA

输出：8

输入：AAAAA

输出：0

【实例 025】 删除字符

1. 问题描述

输入两个字符串 s 和 t，判断 s 能否在删除一些字符后得到 t。

2. 问题示例

输入 s="abc",t="c",输出 True,s 删除 a 和 b 可以得到 t。输入 s="a",t="c",输出 False,s 无法在删除一些字符后得到 t。

3. 代码实现

相关代码如下：

```cpp
#include <iostream>
#include <string>
using namespace std;
bool canTransformTo(const std::string &s, const std::string &t) {
    int i = 0, j = 0;
    while (i < s.length() && j < t.length()) {
        if (s[i] == t[j]) {
            i++;
            j++;
        } else {
            //如果不相等,只移动 s 的指针
            i++;
        }
    }
    return j == t.length();
}
int main() {
    std::string s1 = "abc";
    std::string t1 = "c";
    std::cout << "输入: s = \"" << s1 << "\", t = \"" << t1 << "\" " << std::endl;
    bool result1 = canTransformTo(s1, t1);
    cout << "输出:" << (result1 ? "True" : "False") << endl;
    std::string s2 = "a";
    std::string t2 = "c";
    bool result2 = canTransformTo(s2, t2);
    std::cout << "输入: s = \"" << s2 << "\", t = \"" << t2 << "\", " << std::endl;
```

```
    cout << "输出:" << (result2 ? "True" : "False") << endl;
    return 0;
}
```

4．运行结果

输入：s="abc",t="c"

输出：True

输入：s="a",t="c",

输出：False

【实例026】 字符串写入的行数

1．问题描述

把字符串 S 中的字符从左到右写入行中，每行最大宽度为 100，如果往后新写一个字符导致该行宽度超过 100，则写入下一行。

其中，一个字符的宽度由给定数组 widths 决定，widths[0]是字符 a 的宽度，widths[1]是字符 b 的宽度，以此类推，widths[25]是字符 z 的宽度。

把字符串 S 全部写完，至少需要多少行？最后一行用去的宽度是多少？将结果作为整数列表返回。

2．问题示例

输入：

widths=[10,10,10,10,10,10,10,10,10,10,10,10,10,10,10,10,10,10,10,10,10,10,10,10,10,10]

S="abcdefghijklmnopqrstuvwxyz"

输出：[3 60]

每个字符的宽度都是 10，为了把这 26 个字符都写进去，需要 3 行，即两个整行和一个用去宽度为 60 的行。

3．代码实现

相关代码如下：

```
#include <iostream>
#include <string>
#include <vector>
using namespace std;
class Solution {
public:
    vector<int> numberOfLines(vector<int> &widths, string &S) {
        int lines = 1;                          //初始化行数为 1
        int lastLength = 0;                     //初始化最后一行的宽度为 0
        int index = 0;                          //初始化字符在 widths 数组中的索引
        int len = S.size();                     //获取字符串 S 的长度
        for (int i = 0; i < len; i++) {         //遍历字符串 S 中的每个字符
```

```cpp
            index = S[i] - 'a';                    //计算字符在 widths 数组中的索引
            lastLength += widths[index];           //累加当前字符的宽度到 lastLength
            if (lastLength > 100) {                //如果 lastLength 超过 100,说明需要换行
                lines++;
                lastLength = widths[index];        //重置 lastLength 为当前字符的宽度
            }
        }
        vector<int> ans;                           //创建一个结果向量
        ans.push_back(lines);                      //将行数添加到结果向量中
        ans.push_back(lastLength);                 //将最后一行的宽度添加到结果向量中
        return ans;
    }
};
int main() {
    Solution solution;
    vector<int> widths = {10, 10, 10, 10, 10, 10, 10, 10, 10, 10, 10, 10, 10, 10, 10, 10, 10, 10, 10, 10, 10, 10, 10, 10, 10, 10};   //定义 widths 数组
    string S = "abcdefghijklmnopqrstuvwxyz";
    vector<int> result = solution.numberOfLines(widths,S);
    cout << "输入:" << S << endl;
    cout << "输出:[";
    for (int num : result) {
        cout << num << " ";
    }
    cout << "]";
    return 0;
}
```

4. 运行结果

输入:abcdefghijklmnopqrstuvwxyz

输出:[3 60]

【实例 027】 独特的莫尔斯码

1. 问题描述

莫尔斯码定义了一种标准编码,把每个字母映射到一系列点和短画线,例如:a→.—,b→—...,c→—.—.。26 个字母的完整编码表格如下:[".—","—...","—.—.","—..",".","..—.","——.","....","..",".———","—.—",".—..","——","—.","———",".——.","——.—",".—.","...","—","..—","...—",".——","—..—","—.——","——.."]。

给定一个单词列表,单词中每个字母可以写成莫尔斯码。例如,将 cab 可以写成—.—.—....—(将 c,a,b 的莫尔斯码串接起来),即为一个词的转换,返回所有单词中不同变换的数量。

2. 问题示例

例如,输入 words=["gin","zen","gig","msg"],输出 2,每个单词的变换如下:

"gin"→"——...—."

"zen"→"——...—."
"gig"→"——...——."
"msg"→"——...——."

即有两种不同的变换结果："——...—."和"——...——."。

3. 代码实现

相关代码如下：

```cpp
#include <iostream>
#include <string>
#include <vector>
#include <unordered_set>
using namespace std;
class Solution {
public:
    int uniqueMorseRepresentations(vector<string> &words) {
        if (words.size() < 1)
            return 0;
        unordered_set<string> uniqStr;                  //用于存储不同的莫尔斯码表示
        string morsecode[] = {".—", "—...", "—.—.", "—..", ".", "..—.", "——.",
"....", "..", ".———", "—.—", ".—..", "——", "—.", "———", ".——.", "——.—",
".—.", "...", "—", "..—", "...—", ".——", "—..—", "—.——", "——.."};
        for (int i = 0; i < words.size(); i++) {
            string m;
            for (auto &c : words[i]) {
                m.append(morsecode[c - 'a']);           //将单词转换为莫尔斯码表示
            }
            uniqStr.insert(m);                          //将莫尔斯码表示插入集合中,自动去重
        }
        return uniqStr.size();                          //返回不同莫尔斯码表示的数量
    }
};
int main() {
    Solution solution;
    vector<string> words = {"gin", "zen", "gig", "msg"};
    int result = solution.uniqueMorseRepresentations(words);
    cout << "输入:[" ;
    for (const auto &word : words) {
        cout << word << " ";
    }
    cout << "]" << endl ;
    cout << "输出:" << result << endl;
    return 0;
}
```

4. 运行结果

输入：[gin zen gig msg]
输出：2

【实例 028】 比较字符串

1. 问题描述

比较两个字符串 A 和 B,字符串 A 和 B 中的字符都是大写字母,确定 A 中是否包含 B 中所有的字符。

2. 问题示例

输入 A= "ABCD",B= "ACD",输出 True。

3. 代码实现

相关代码如下:

```cpp
#include <iostream>
#include <string>
#include <vector>
using namespace std;
class Solution {
public:
    //比较字符串 A 是否包含字符串 B 的所有字符
    bool compareStrings(string &A, string &B) {
        //如果 B 为空字符串,则返回 true
        if (B == "") {
            return true;
        }
        //如果 A 为空字符串,则返回 false
        if (A == "") {
            return false;
        }
        //遍历字符串 B 的每个字符
        for (int i = 0; i < B.size(); ++i) {
            string::iterator it = A.begin();
            int ans = A.find(B[i]);
            if (ans >= 0) {
                A.erase(it + ans);
            } else {
                return false;
            }
        }
        //如果成功删除了 B 中的所有字符,返回 true
        return true;
    }
};
int main() {
    Solution solution;
    string A = "ABCD";
    string B = "ACD";
    cout << "输入:" << A << ", " << B << endl;
    bool result = solution.compareStrings(A, B);
    cout << "输出:" << (result ? "True" : "False") << endl;
    return 0;
}
```

4. 运行结果

输入：ABCD，ACD

输出：True

【实例029】 最长公共前缀

1. 问题描述

编写一个函数查找字符串数组中的最长公共前缀，如果不存在公共前缀，返回空字符串。

2. 问题示例

输入[flower,flow,flight]，输出 fl。

3. 代码实现

相关代码如下：

```cpp
#include <iostream>
#include <vector>
#include <string>
using namespace std;
class Solution {
public:
    //计算字符串数组中的最长公共前缀
    string longestCommonPrefix(vector<string> &strs) {
        if (!strs.size()) {
            return "";
        }
        string prefix = strs[0];                    //初始化为第一个字符串
        int count = strs.size();
        for (int i = 1; i < count; ++i) {
            prefix = longestCommonPrefix(prefix, strs[i]);
            if (!prefix.size()) {
                break;
            }
        }
        return prefix;
    }
    //计算两个字符串的最长公共前缀
    string longestCommonPrefix(const string &str1, const string &str2) {
        int length = min(str1.size(), str2.size());   //取两个字符串中的较小长度
        int index = 0;
        while (index < length && str1[index] == str2[index]) {
            //逐个字符比较，直到不相等或达到最小长度
            ++index;
        }
        return str1.substr(0, index);                //返回公共前缀
    }
};
int main() {
    Solution solution;
```

```cpp
    vector<string> strs = {"flower", "flow", "flight"};
    string result = solution.longestCommonPrefix(strs);
    cout << "输入:flower, flow, flight";
    cout << "输出:" << result << endl;
    return 0;
}
```

4. 运行结果

输入：flower,flow,flight

输出：fl

【实例030】 经典二分查找问题

1. 问题描述

在排序数组中找目标数,返回该目标数出现的任意一个位置,如果不存在,则返回-1。

2. 问题示例

输入 nums＝[1,2,2,4,5,5],目标数 target＝4,输出 3。

3. 代码实现

相关代码如下：

```cpp
#include <iostream>
#include <string>
#include <vector>
using namespace std;
class Solution {
public:
    //在有序数组中查找目标值的位置
    int findPosition(vector<int> &nums, int target) {
        //如果数组为空,返回-1
        if (nums.size() < 1) {
            return -1;
        }
        //如果目标值小于数组最小值或大于数组最大值,返回-1
        if (target < nums[0] || target > nums[nums.size() - 1]) {
            return -1;
        }
        int leftId = 0;
        int rightId = nums.size() - 1;
        while (leftId + 1 < rightId) {
            int mid = int((rightId - leftId) / 2) + leftId;
            if (nums[mid] == target) {
                return mid;
            } else if (nums[mid] < target) {
                leftId = mid;
            } else {
                rightId = mid;
            }
        }
        if (nums[leftId] == target) {
```

```cpp
            return leftId;
        } else if (nums[rightId] == target) {
            return rightId;
        } else {
            return -1;
        }
    }
};
int main() {
    Solution solution;
    vector<int> nums = {1, 2, 2, 4, 5, 5};
    int target = 4;
    cout << "输入:[";
    for (int num : nums) {
        cout << num << " ";
    }
    cout << "], target = 4\n输出:";
    int result = solution.findPosition(nums, target);
    cout << result << endl;
    return 0;
}
```

4. 运行结果

输入：[1 2 2 4 5 5]，target=4

输出：3

【实例 031】 判别首字母缩写

1. 问题描述

给定一个字符串数组 words 和一个字符串 s，请判断 s 是否为 words 中的单词首字母缩写。如果可以按顺序串联 words 中每个字符串的第一个字符形成字符串 s，则认为 s 是 words 的首字母缩写。例如，ab 可以由["apple","banana"]形成，但是无法由["bear","aardvark"]形成。如果 s 是 words 的首字母缩写，则返回 True；否则，返回 False。

2. 问题示例

输入 words=["alice","bob","charlie"]，s="abc"，输出 True。

注：words 中 alice、bob 和 charlie 的第一个字符分别是 a、b 和 c。因此，s=abc 是首字母缩写。

3. 代码实现

相关代码如下：

```cpp
#include <iostream>
#include <vector>
#include <string>
using namespace std;
class Solution {
public:
    //判断字符串 s 是否为 words 中的单词首字母缩写
```

```cpp
    bool isAcronym(vector<string> &words, string s) {
        if (s.size() != words.size()) {           //如果 s 与 words 的长度不同,返回 false
            return false;
        }
        for (int i = 0; i < s.size(); i++) {      //遍历 s 的每个字符
            if (words[i][0] != s[i]) {
                //如果 words 中对应位置的单词首字母不等于 s 中的字符,返回 false
                return false;
            }
        }
        return true;                              //如果所有条件都满足,返回 true
    }
};
int main() {
    vector<string> words = {"alice", "bob", "charlie"};   //定义包含三个单词的向量
    string s = "abc";                                     //定义一个字符串 s
    Solution solution;                                    //创建一个 Solution 对象
    bool result = solution.isAcronym(words, s);
    cout << "输入:words = [alice, bob, charlie], s = abc\n";
    cout << "输出:" << (result ? "True" : "False") << endl;
    return 0;
}
```

4. 运行结果

输入:words=[alice,bob,charlie],s=abc

输出:True

【实例 032】 排序数组

1. 问题描述

给定一个整数数组,将该数组升序排列。

2. 问题示例

输入[5,2,3,1],输出[1,2,3,5]。

3. 代码实现

相关代码如下:

```cpp
#include <iostream>
#include <vector>
#include <ctime>
using namespace std;
class Solution {
    int partition(vector<int> &nums, int l, int r) {
        int pivot = nums[r];                //选择最右边的元素作为主元
        int i = l - 1;
        for (int j = l; j <= r - 1; ++j) {
            if (nums[j] <= pivot) {         //如果当前元素小于或等于主元,将其放到左边
                i = i + 1;
                swap(nums[i], nums[j]);
            }
```

```cpp
            }
            swap(nums[i + 1], nums[r]);                    //将主元放到正确的位置
            return i + 1;
        }
        int randomized_partition(vector<int> &nums, int l, int r) {
            int i = rand() % (r - l + 1) + l;              //随机选一个作为主元
            swap(nums[r], nums[i]);                         //将主元放到最右边
            return partition(nums, l, r);
        }
        void randomized_quicksort(vector<int> &nums, int l, int r) {
            if (l < r) {
                int pos = randomized_partition(nums, l, r); //获取分区后的索引
                randomized_quicksort(nums, l, pos - 1);
                //对左半部分进行随机化快速排序
                randomized_quicksort(nums, pos + 1, r);
                //对右半部分进行随机化快速排序
            }
        }
    public:
        vector<int> sortArray(vector<int> &nums) {
            srand((unsigned)time(NULL));
            randomized_quicksort(nums, 0, (int)nums.size() - 1);
            return nums;                                   //返回排序后的数组
        }
};
int main() {
    Solution solution;
    vector<int> nums = {5, 2, 3, 1};
    vector<int> result = solution.sortArray(nums);         //对数组进行排序
    cout << "输入:[5,2,3,1]\n输出:[";
    for (int i = 0; i < result.size(); ++i) {
        cout << result[i];                                 //输出排序后的数组元素
        if (i != result.size() - 1) {
            cout << ",";
        }
    }
    cout << "]" << endl;
    return 0;
}
```

4. 运行结果

输入：[5,2,3,1]

输出：[1,2,3,5]

【实例033】 构造矩形

1. 问题描述

给定一个矩形大小，设计其长(L)、宽(W)，使其满足如下要求：矩形区域大小需要和给定的目标相等；宽 W 不大于长 L，即 L≥W；长和宽的差异尽可能小；返回设计好的长 L 和宽 W。

2. 问题示例

输入为 4，输出为 [2,2]，目标面积为 4，所有可能的组合有 [1,4]，[2,2]，[4,1]，[2,2]，其中，L=2，W=2。

给定区域面积不超过 10 000 000，而且是正整数，界面宽和长必须是正整数。

3. 代码实现

相关代码如下：

```cpp
#include <iostream>
#include <cmath>
#include <vector>
using namespace std;
class Solution {
public:
    //根据给定的面积，构造一个矩形，返回矩形的长和宽
    vector<int> constructRectangle(int area) {
        int W = (int)sqrt(area);              //计算宽 W 为面积的平方根
        while (area % W != 0)                 //如果面积不能被宽整除，则减小宽
            W--;
        return vector<int> {area / W, W};     //返回长和宽的向量
    }
};
int main() {
    Solution solution;                         //创建 Solution 对象
    int area = 4;                              //定义面积
    vector<int> result = solution.constructRectangle(area);
    //调用 constructRectangle 方法，得到长和宽的向量
    cout << "输入:" << area << endl;
    cout << "输出:[" << result[0] << ", " << result[1] << "]" << endl;
    return 0;
}
```

4. 运行结果

输入：4
输出：[2,2]

【实例 034】 数组的相对排序

1. 问题描述

给定两个数组 arr1 和 arr2，arr2 中的元素各不相同，arr2 中的每个元素都出现在 arr1 中，对 arr1 中的元素进行排序，使 arr1 中的相对顺序和 arr2 中的相对顺序相同。未在 arr2 中出现过的元素需要按照升序放在 arr1 的末尾。

2. 问题示例

输入 arr1=[2,3,1,3,2,4,6,7,9,2,19]，arr2=[2,1,4,3,9,6]，输出[2,2,2,1,4,3,3,9,6,7,19]。

3. 代码实现

相关代码如下：

```cpp
#include <iostream>
#include <vector>
#include <unordered_map>
#include <algorithm>
using namespace std;
class Solution {
public:
    //相对排序函数,根据 arr2 中的元素顺序对 arr1 进行排序
    vector<int> relativeSortArray(vector<int> &arr1, vector<int> &arr2) {
        unordered_map<int, int> rank;          //创建哈希表,用于存储 arr2 中元素的顺序
        for (int i = 0; i < arr2.size(); ++i) {
            rank[arr2[i]] = i;                 //将 arr2 中的元素及其对应的顺序存入哈希表中
        }
        sort(arr1.begin(), arr1.end(), [&](int x, int y) {
            if (rank.count(x)) {
                return rank.count(y) ? rank[x] < rank[y] : true;
            } else {
                return rank.count(y) ? false : x < y;
            }
        });
        return arr1;                           //返回排序后的 arr1
    }
};
int main() {
    Solution solution;
    vector<int> arr1 = {2, 3, 1, 3, 2, 4, 6, 7, 9, 2, 19};
    vector<int> arr2 = {2, 1, 4, 3, 9, 6};
    vector<int> result = solution.relativeSortArray(arr1, arr2);   //调用排序函数
    cout << "输入:[2,3,1,3,2,4,6,7,9,2,19], [2,1,4,3,9,6]\n输出:[";
    for (int i = 0; i < result.size(); ++i) {
        cout << result[i];                     //输出排序后的结果
        if (i != result.size() - 1) {
            cout << ",";                       //如果不是最后一个元素,输出逗号分隔符
        }
    }
    cout << "]" << endl;
    return 0;
}
```

4. 运行结果

输入:[2,3,1,3,2,4,6,7,9,2,19],[2,1,4,3,9,6]

输出:[2,2,2,1,4,3,3,9,6,7,19]

【实例 035】 两数相除

1. 问题描述

给定两个整数 a 和 b,求它们的商 a/b,要求不得使用乘号×、除号/以及求余符号%。

整数除法的结果应当截去(truncate)其小数部分。

2. 问题示例

输入 a=15,b=2,输出 7。

解释：15/2=truncate(7.5)=7

3. 代码实现

相关代码如下：

```cpp
#include <iostream>
#include <climits>
class Solution {
public:
    int divide(int a, int b) {
        if (a == INT_MIN) {
            if (b == 1) {
                return INT_MIN;
            }
            if (b == -1) {
                return INT_MAX;
            }
        }
        if (b == INT_MIN) {
            return a == INT_MIN ? 1 : 0;
        }
        if (a == 0) {
            return 0;
        }
        bool rev = false;
        if (a > 0) {
            a = -a;
            rev = !rev;
        }
        if (b > 0) {
            b = -b;
            rev = !rev;
        }
        auto quickAdd = [](int y, int z, int x) {
            int result = 0, add = y;
            while (z) {
                if (z & 1) {
                    if (result < x - add) {
                        return false;
                    }
                    result += add;
                }
                if (z != 1) {
                    if (add < x - add) {
                        return false;
                    }
                    add += add;
                }
                z >>= 1;
            }
```

```
            return true;
        };
        int left = 1, right = INT_MAX, ans = 0;
        while (left <= right) {
            int mid = left + ((right - left) >> 1);
            bool check = quickAdd(b, mid, a);
            if (check) {
                ans = mid;
                if (mid == INT_MAX)
                    break;
                }
                left = mid + 1;
            } else {
                right = mid - 1;
            }
        }
        return rev ? -ans : ans;
    }
};
int main() {
    Solution solution;
    int a = 15, b = 2;
    std::cout << "输入:a = " << a << ", b = " << b << std::endl;
    int output = solution.divide(a, b);
    std::cout << "输出:" << output << std::endl;
    return 0;
}
```

4. 运行结果

输入：a=15,b=2

输出：7

【实例036】 文件组合

1. 问题描述

待传输文件被切分成多部分，按照原排列顺序，每部分文件编号均为一个正整数（至少含有两个文件）。传输要求如下：连续文件编号总和为接收方指定数字。请返回所有符合这个要求的文件传输组合列表。注意，返回时需遵循以下规则：每种组合按照文件编号升序排列；不同组合按照第一个文件编号升序排列。

2. 问题示例

输入 target=12，输出[[3,4,5]]。

3. 代码实现

相关代码如下：

```
#include <iostream>
#include <vector>
using namespace std;
class Solution {
```

```cpp
    public:
        vector<vector<int>> fileCombination(int target) {
            vector<vector<int>> vec;                    //存储结果的二维向量
            vector<int> res;                            //存储当前满足条件的连续正整数序列
            int sum = 0, limit = (target - 1)/2;
            //计算limit,用于控制外层循环的次数
            for (int i = 1; i <= limit; ++i) {          //外层循环,从1开始遍历到limit
                for (int j = i;; ++j) {                 //内层循环,从i开始遍历,直到满足条件
                    sum += j;
                    if (sum > target) {
                        sum = 0;
                        break;
                    } else if (sum ==
                            target) {
                        res.clear();
                        for (int k = i; k <= j; ++k) {
                            res.emplace_back(k);
                        }
                        vec.emplace_back(res);
                        sum = 0;
                        break;
                    }
                }
            }
            return vec;
        }
};
int main() {
    Solution solution;
    int target = 12;                                    //设置目标值
    vector<vector<int>> result = solution.fileCombination(target);
    cout << "输入:target = 12\n输出:[";
    for (int i = 0; i < result.size(); i++) {
        cout << "[";
        for (int j = 0; j < result[i].size(); j++) {
            cout << result[i][j];
            if (j != result[i].size() - 1) {
                cout << ",";
            }
        }
        cout << "]";
        if (i != result.size() - 1) {
            cout << ",";
        }
    }
    cout << "]";
    return 0;
}
```

4. 运行结果

输入:target=12

输出:[[3,4,5]]

【实例037】 最长连续递增序列

1. 问题描述

给定一个未经排序的整数数组,找到最长且连续递增的子序列,并返回该序列的长度。连续递增的子序列可以由下标 l 和 r(l>r) 确定,如果对于每个 l≤i<r,都有 nums[i]<nums[i+1],那么子序列 [nums[l],nums[l+1],…,nums[r-1],nums[r]就是连续递增子序列。

2. 问题示例

输入 nums=[1,3,5,4,7],输出 3。注:最长连续递增序列是 [1,3,5],长度是 3。尽管 [1,3,5,7] 也是升序的子序列,但它不是连续的,因为 5 和 7 在原数组里被 4 隔开。

3. 代码实现

相关代码如下:

```cpp
#include <iostream>
#include <vector>
using namespace std;
class Solution {
public:
    int findLengthOfLCIS(vector<int> &nums) {
        int ans = 0;                          //初始化最长连续递增子序列的长度为 0
        int n = nums.size();                  //获取数组长度
        int start = 0;                        //初始化连续递增子序列的起始位置为 0
        for (int i = 0; i < n; i++) {         //遍历数组
            if (i > 0 && nums[i] <= nums[i - 1]) {
                //如果当前元素小于或等于前一个元素,说明连续递增子序列结束
                start = i;                    //更新连续递增子序列的起始位置
            }
            ans = max(ans, i - start + 1);    //更新最长连续递增子序列的长度
        }
        return ans;                           //返回最长连续递增子序列的长度
    }
};
int main() {
    vector<int> nums = {1, 3, 5, 4, 7};
    Solution solution;
    int result = solution.findLengthOfLCIS(nums);
    cout << "输入:[1, 3, 5, 4, 7]\n";
    cout << "输出:" << result << endl;       //输出最长连续递增子序列的长度
    return 0;
}
```

4. 运行结果

输入:[1,3,5,4,7]
输出:3

【实例038】 首字母大写

1. 问题描述
输入一个英文句子,将每个单词的首字母改成大写。

2. 问题示例
输入 s=i want to get an accepted,输出 I Want To Get An Accepted。

3. 代码实现
相关代码如下:

```cpp
#include <iostream>
#include <string>
using namespace std;
class Solution {
public:
    string capitalizesFirst(string &s) {
        for (int i = 0; i < s.size(); i++) {
            if (i == 0 || s[i - 1] == ' ') {
                if (s[i] >= 'a' && s[i] <= 'z') {     //当前字符是小写字母
                    s[i] -= 32;                        //转换为大写字母
                }
            }
        }
        return s;
    }
};
int main() {
    Solution solution;
    string s = "i want to get an accepted";
    cout << "输入:" << s << endl;
    string result = solution.capitalizesFirst(s);
    cout << "输出:" << result << endl;
    return 0;
}
```

4. 运行结果
输入:i want to get an accepted

输出:I Want To Get An Accepted

【实例039】 七进制

1. 问题描述
给定一个整数,返回其七进制的字符串表示。

2. 问题示例
输入 num=100,输出 202。

3. 代码实现

相关代码如下：

```cpp
#include <iostream>
#include <string>
#include <algorithm>
using namespace std;
class Solution {
public:
    //将十进制数转换为七进制数
    string convertToBase7(int num) {
        string res;
        if (num == 0)
            return "0";
        const bool isNeg = (num < 0);              //判断是否为负数
        if (isNeg)
            num = - num;                           //如果是负数,取绝对值
        while (num) {
            res.append(1, '0' + num % 7);
            num /= 7;
        }
        if (isNeg)
            res.append(1, '-');                    //如果是负数,添加负号
        reverse(res.begin(), res.end());
        return res;
    }
};
int main() {
    Solution solution;
    int num = 100;
    string result = solution.convertToBase7(num);
    cout << "输入:" << num << endl;
    cout << "输出:" << result << endl;
    return 0;
}
```

4. 运行结果

输入：100
输出：202

【实例 040】 查找数组中未出现的所有数字

1. 问题描述

给定一个整数数组,其中 1≤a[i]≤n(n 为数组的大小),一些元素出现两次,其他元素出现一次。找到[1,n]中所有未出现在此数组中的元素。

2. 问题示例

输入[4,3,2,7,8,2,3,1],输出[5,6]。

3. 代码实现

相关代码如下:

```cpp
#include <iostream>
#include <vector>
using namespace std;
class Solution {
public:
    //寻找缺失的数字
    vector<int> findDisappearedNumbers(vector<int> &nums) {
        vector<int> vis(nums.size() + 1);
//创建一个大小为 nums.size()+1 的向量,用于标记数字是否出现
        for (auto num : nums)
            vis[num] = 1;                    //将出现过的数字对应的位置标记为1
        vector<int> ans;                     //存储缺失的数字
        for (int i = 1; i <= nums.size(); i++)
            if (!vis[i])                     //如果数字 i 未出现过,将其添加到结果向量中
                ans.push_back(i);
        return ans;
    }
};
int main() {
    Solution solution;
    vector<int> nums = {4, 3, 2, 7, 8, 2, 3, 1};
    vector<int> result = solution.findDisappearedNumbers(nums);
    cout << "输入:[";
    for (int i = 0; i < nums.size(); i++) {
        cout << nums[i] << " ";
    }
    cout << "]" << endl;
    cout << "输出:[";
    for (int i = 0; i < result.size(); i++) {
        cout << result[i] << " ";
    }
    cout << "]" << endl;
    return 0;
}
```

4. 运行结果

输入:[4,3,2,7,8,2,3,1]

输出:[5,6]

【实例 041】 回旋镖的数量

1. 问题描述

在平面中给定 n 个点,回旋镖是点的元组(i,j,k)。其中,点 i 和点 j 之间的距离与点 i 和点 k 之间的距离相同(i,j,k 的顺序不同,为不同元组)。找到回旋镖的数量。n 最多为 500,并且点的坐标范围都在[−10000,10000]。

2. 问题示例

输入[[0,0],[1,0],[2,0]],输出 2,两个回旋镖是[[1,0],[0,0],[2,0]]和[[1,0],[2,0],[0,0]]。

3. 代码实现

相关代码如下:

```cpp
#include <iostream>
#include <vector>
#include <unordered_map>
using namespace std;
class Solution {
public:
    //计算回旋镖的数量
    int numberOfBoomerangs(vector<vector<int>> &points) {
        int ans = 0;
        for (auto &p : points) {                          //遍历所有点
            unordered_map<int, int> cnt;                  //存储距离出现的次数
            for (auto &q : points) {                      //再次遍历所有点,计算距离
                int dis = (p[0] - q[0]) * (p[0] - q[0]) + (p[1] - q[1]) * (p[1] - q[1]);
                ++cnt[dis];                               //更新距离出现的次数
            }
            for (auto &[_, m] : cnt) {                    //遍历距离出现的次数
                ans += m * (m - 1);                       //计算回旋镖的数量
            }
        }
        return ans;
    }
};
int main() {
    vector<vector<int>> points = {{0, 0}, {1, 0}, {2, 0}};
    Solution solution;
    int result = solution.numberOfBoomerangs(points);
    cout << "输入:[[0, 0], [1, 0], [2, 0]]\n";
    cout << "输出:" << result << endl;
    return 0;
}
```

4. 运行结果

输入:[[0,0],[1,0],[2,0]]

输出:2

【实例 042】 合并排序数组

1. 问题描述

将按升序排序的整数数组 A 和 B 合并,变成一个新的排序数组。

2. 问题示例

输入 A=[2],B=[1,3],输出[1,2,3]。

3. 代码实现

相关代码如下：

```cpp
#include <iostream>
#include <vector>
using namespace std;
class Solution {
public:
    //合并两个有序数组的函数
    vector<int> mergeSortedArray(vector<int> &a, vector<int> &b) {
        int i = 0, j = 0, k = 0, l, n;
        l = a.size();                    //获取数组a的长度
        n = b.size();                    //获取数组b的长度
        vector<int> c(n + l);            //创建一个新的数组c,长度是a和b的长度之和
        //当i和j都没有遍历完时,比较a[i]和b[j]的大小,将较小的值放入数组c中
        while (i < l && j < n) {
            if (a[i] <= b[j]) {
                c[k++] = a[i++];
            } else {
                c[k] = b[j];
                k++;
                j++;
            }
        }
        while (i < l) {
            c[k] = a[i];
            k++;
            i++;
        }
        while (j < n) {
            c[k] = b[j];
            k++;
            j++;
        }
        return c;
    }
};
int main() {
    Solution solution;
    vector<int> A = {2};
    vector<int> B = {1, 3};
    vector<int> result = solution.mergeSortedArray(A, B);
    cout << "输入:[";
    for (int i = 0; i < A.size(); i++) {
        cout << A[i];
        if (i != A.size() - 1) {
            std::cout << ", ";
        }
    }
    cout << "],[";
    for (int i = 0; i < B.size(); i++) {
        cout << B[i];
        if (i != B.size() - 1) {
```

```cpp
            std::cout << ", ";
        }
    }
    cout << "]" << endl;
    cout << "输出:[";
    for (int i = 0; i < result.size(); i++) {
        cout << result[i] ;
        if (i != result.size() - 1) {
            std::cout << ", ";
        }
    }
    cout << "]" << endl;
    return 0;
}
```

4. 运行结果

输入:[2],[1,3]
输出:[1,2,3]

【实例043】 最小路径和

1. 问题描述

给定一个只含非负整数的 m×n 网格,找到一条从左上角到右下角的路径,使数字和最小。

2. 问题示例

输入[[1,3,1],[1,5,1],[4,2,1]],输出 7,路线为 1→3→1→1→1。

3. 代码实现

相关代码如下:

```cpp
#include <iostream>
#include <vector>
using namespace std;
class Solution {
public:
    //计算从左上角到右下角的最小路径和
    int minPathSum(vector<vector<int>> &grid) {
        int row = grid.size();
        int col = grid[0].size();
        vector<vector<int>> dp(row);
        for (int i = 0; i < row; ++i) {
            dp[i].resize(col);
        }
        for (int i = 0; i < row; ++i) {
            for (int j = 0; j < col; ++j) {
                if (i == 0 && j == 0) {                    //左上角的位置
                    dp[i][j] = grid[i][j];
                } else if (i == 0) {                       //第一行的位置
                    dp[i][j] = dp[i][j - 1] + grid[i][j];
```

```cpp
            } else if (j == 0) {                              //第一列的位置
                dp[i][j] = dp[i - 1][j] + grid[i][j];
            } else {
                dp[i][j] = (dp[i][j - 1] < dp[i - 1][j] ? dp[i][j - 1] : dp[i - 1][j]) + grid[i][j];
            }
        }
    }
    return dp[row - 1][col - 1];                              //返回右下角的最小路径和
    }
};
int main() {
    Solution solution;
    vector< vector< int >> grid = {{1, 3, 1}, {1, 5, 1}, {4, 2, 1}};
    int result = solution.minPathSum(grid);
    cout << "输入:[";
    for (auto it = grid.begin(); it != grid.end(); ++it) {
        if (!it->empty()) {
            cout << "[";
        }
        for (auto inner_it = it->begin();inner_it != it->end();++inner_it) {
            cout << *inner_it;
            if (inner_it != it->end() - 1) {
                cout << ",";
            }
        }
        if (!it->empty()) {
            cout << "]";
        }
        if (it != grid.end() - 1) {
            cout << ",";
        }
    }
    cout << "]" << endl;
    cout << "输出:" << result << endl;
    return 0;
}
```

4. 运行结果

输入:[[1,3,1],[1,5,1],[4,2,1]]

输出:7

【实例044】 大小写转换

1. 问题描述

将一个字符由小写字母转换为大写字母。

2. 问题示例

输入'a',输出'A'。

3. 代码实现

相关代码如下：

```cpp
#include <iostream>
using namespace std;
class Solution {
    public:
        char lowercaseToUppercase(char character) {
            //如果输入的字符是小写字母，则将其转换为大写字母
            if (character <= 'z' && character >= 'a') {
                character -= 32;            //ASCII 码中，大写字母比小写字母小 32
                return character;
            }
        }
};
int main() {
    Solution solution;
    char input = 'a';
    char result = solution.lowercaseToUppercase(input);
    cout << "输入:" << input << endl;
    cout << "输出:" << result << endl;
    return 0;
}
```

4. 运行结果

输入：a

输出：A

【实例 045】 最后一个单词的长度

1. 问题描述

给定一个由若干单词组成的字符串 s，单词前后用一些空格字符隔开。返回字符串中最后一个单词的长度。单词是指仅由字母组成、不包含任何空格字符的最大子字符串。

2. 问题示例

输入 Hello World，输出 5。注：最后一个单词是 World，长度为 5。

3. 代码实现

相关代码如下：

```cpp
#include <iostream>
#include <string>
using namespace std;
class Solution {
    public:
        //计算字符串 s 中最后一个单词的长度
        int lengthOfLastWord(string s) {
            int index = s.size() - 1;
            //从字符串末尾开始，跳过空格
            while (s[index] == ' ') {
```

```cpp
                    index--;
                }
                int wordLength = 0;
                //计算最后一个单词的长度
                while (index >= 0 && s[index] != ' ') {
                    wordLength++;
                    index--;
                }
                return wordLength;
            }
    };
    int main() {
        Solution solution;
        string input = "Hello World";
        int result = solution.lengthOfLastWord(input);
        cout << "输入:Hello World" << endl;
        cout << "输出:" << result << endl;
        return 0;
    }
```

4．运行结果

输入：Hello World

输出：5

【实例 046】 矩阵中的最长递增路径

1．问题描述

给出一个矩阵,矩阵内的元素都是整数。需要找出矩阵中的最长递增路径,并返回它的长度。路径可以是矩阵中任何一个坐标作为起点,每次向上、下、左、右四个方向移动,并保证移动路线上的数字递增。不可以走出这个矩阵。保证矩阵的行数和列数不超过 200。

2．问题示例

输入[[1,2,3],[6,5,4],[7,8,9]],输出 9。注：1→2→3→4→5→6→7→8→9。

3．代码实现

相关代码如下：

```cpp
#include <iostream>
#include <vector>
using namespace std;
class Solution {
    public:
        //dfs 函数:深度优先搜索,用于寻找从(i, j)出发的最长递增路径
        int dfs(vector<vector<int> > &vis, vector<vector<int> > &matrix, int i, int j) {
            //如果该点被访问过,直接返回该点的最长路径
            if (vis[i][j] != 0) {
                return vis[i][j];
            }
            vis[i][j]++;
            if (i - 1 >= 0 && matrix[i - 1][j] > matrix[i][j]) {
```

```cpp
                vis[i][j] = max(vis[i][j], dfs(vis, matrix, i - 1, j) + 1);
            }
            if (i + 1 < matrix.size() && matrix[i + 1][j] > matrix[i][j]) {
                vis[i][j] = max(vis[i][j], dfs(vis, matrix, i + 1, j) + 1);
            }
            if (j - 1 >= 0 && matrix[i][j - 1] > matrix[i][j]) {
                vis[i][j] = max(vis[i][j], dfs(vis, matrix, i, j - 1) + 1);
            }
            if (j + 1 < matrix[0].size() && matrix[i][j + 1] > matrix[i][j]) {
                vis[i][j] = max(vis[i][j], dfs(vis, matrix, i, j + 1) + 1);
            }
            return vis[i][j];
        }
        int longestIncreasingPath(vector<vector<int>> &matrix) {
            if (matrix.size() == 0)
                return 0;
            int ans = 0;
    vector<vector<int>> vis(matrix.size(), vector<int>(matrix[0].size(), 0));
            for (int i = 0; i < matrix.size(); i++) {
                for (int j = 0; j < matrix[i].size(); j++) {
                    vis[i][j] = 0;
                }
            }
            for (int i = 0; i < matrix.size(); i++) {
                for (int j = 0; j < matrix[i].size(); j++) {
                    ans = max(ans, dfs(vis, matrix, i, j));
                }
            }
            return ans;
        }
};
int main() {
    Solution solution;
    vector<vector<int>> matrix = {{1, 2, 3}, {6, 5, 4}, {7, 8, 9}};
    int result = solution.longestIncreasingPath(matrix);
    cout << "输入:[";
    for (auto it = matrix.begin(); it != matrix.end(); ++it) {
        if (not it->empty()) {
            cout << "[";
        }
        for(auto inner_it = it->begin(); inner_it != it->end(); ++inner_it){
            cout << *inner_it;
            if (inner_it != it->end() - 1) {
                cout << ",";
            }
        }
        if (not it->empty()) {
            cout << "]";
        }
        if (it != matrix.end() - 1) {
            cout << ",";
        }
    }
    cout << "]" << endl;
    cout << "输出:" << result << endl;
```

```
        return 0;
}
```

4. 运行结果

输入：[[1,2,3],[6,5,4],[7,8,9]]
输出：9

【实例 047】 统计结果概率

1. 问题描述

选择掷出 num 个骰子,请返回所有点数总和的概率。需要用一个浮点数数组返回答案,其中第 i 个元素代表 num 个骰子所能掷出的点数集合中第 i 小的概率。

2. 问题示例

输入 num = 2,输出[0.0277778, 0.0555556, 0.0833333, 0.111111, 0.138889, 0.166667, 0.138889, 0.111111, 0.0833333, 0.0555556, 0.0277778,]。

3. 代码实现

相关代码如下：

```cpp
#include <iostream>
#include <vector>
using namespace std;
class Solution {
 public:
    vector<double> statisticsProbability(int num) {
        //初始化 dp 数组,表示掷一次骰子的概率分布
        vector<double> dp(6, 1.0/6.0);
        for (int i = 2; i <= num; i++) {
            //初始化临时数组 tmp,用于存储掷 i 次骰子的概率分布
            vector<double> tmp(5 * i + 1, 0);
            for (int j = 0; j < dp.size(); j++) {
                for (int k = 0; k < 6; k++) {
                    //更新 tmp 数组中对应位置的概率值
                    tmp[j + k] += dp[j] / 6.0;
                }
            }
            dp = tmp;
        }
        return dp;
    }
};
int main() {
 Solution solution;
 int num = 2;
 cout << "输入:num = 2" << endl;
 cout << "输出:[";
 vector<double> result = solution.statisticsProbability(num);
 for (double prob : result) {
    cout << prob << ",";
```

```
    }
    cout << "]" << endl;
    return 0;
}
```

4. 运行结果

输入：num=2

输出：

[0.0277778,0.0555556,0.0833333,0.111111,0.138889,0.166667,0.138889,0.111111,0.0833333,0.0555556,0.0277778,]

【实例048】 水仙花数

1. 问题描述

水仙花数是指一个 N 位正整数（N≥3），每位数字的 N 次幂之和等于它本身。例如，一个 3 位的十进制整数 153 就是一个水仙花数。因为 $153=1^3+5^3+3^3$。而一个 4 位的十进制数 1634 也是一个水仙花数，因为 $1634=1^4+6^4+3^4+4^4$。现在给出 N，找到所有的 N 位十进制水仙花数。

2. 问题示例

输入 3，输出[153,370,371,407]，有 4 个三位水仙花数。

3. 代码实现

相关代码如下：

```cpp
#include <iostream>
#include <vector>
#include <cmath>
using namespace std;
class Solution {
public:
    vector<int> getNarcissisticNumbers(int n) {
        int tem, m;
        vector<int> pos;
        if (n == 1) {
            for (int i = 0; i < 10; i++) {
                int flag = i;
                vint tem1 = 0;
                for (int j = 1; j <= n; j++) {
                    m = pow(10, n - j);
                    tem = flag / m;
                    tem1 += pow(tem, n);
                    flag = flag % m;
                }
                if (tem1 == i)
                    pos.push_back(tem1);
            }
        } else {
```

```cpp
        for (int i = pow(10, (n - 1)); i < pow(10, n); i++) {
            int flag = i;
            int tem1 = 0;
            for (int j = 1; j <= n; j++) {
                m = pow(10, n - j);
                tem = flag / m;           //从高位依次获取该位以上的数字
                tem1 += pow(tem, n);      //依次相加
                flag = flag % m;          //获取该位以下的数字
            }
            if (tem1 == i)
                pos.push_back(tem1);
        }
        return pos;
    }
};
int main() {
    Solution solution;
    int n = 3;
    vector < int > result = solution.getNarcissisticNumbers(n);
    cout << "输入:" << n << endl << "输出:";
    for (int i = 0; i < result.size(); i++) {
        cout << result[i] << " ";
    }
    cout << endl;
    return 0;
}
```

4．运行结果

输入：3

输出：153　370　371　407

【实例 049】 余弦相似度

1．问题描述

余弦相似度是内积空间两个向量之间的相似性度量，计算它们之间角度的余弦。0°的余弦为1，对于任何其他角度，余弦小于1。用公式表示如下：

$$\text{similarity} = \cos(\theta) = \frac{\boldsymbol{A} \cdot \boldsymbol{B}}{\|\boldsymbol{A}\|\|\boldsymbol{B}\|} = \frac{\sum_{i=1}^{n} A_i \times B_i}{\sqrt{\sum_{i=1}^{n}(A_i)^2 \times \sum_{i=1}^{n}(B_i)^2}}$$

给定两个向量 A 和 B，求出它们的余弦相似度。如果余弦相似不合法（例如 A=[0]，B=[0]），返回 2。

2．问题示例

输入 A=[1,4,0]，B=[1,2,3]，输出 0.583383。

3. 代码实现

相关代码如下:

```cpp
#include <iostream>
#include <vector>
#include <cmath>
using namespace std;
class Solution {
public:
    //计算两个向量的余弦相似度
    double cosineSimilarity(vector<int> &A, vector<int> &B) {
        int lenA = A.size();
        if (lenA == 0 || B.empty())
            return 2.0000;                              //如果有一个向量为空,返回一个较大的值
//表示相似度较低
        double numerator = 0;
        double denominatorA = 0;                        //A 向量的模长分母
        for (int i = 0; i < lenA; ++i) {
            numerator += A[i] * B[i];
            denominatorA += A[i] * A[i];
        }
        double denominatorB = 0;
        for (const auto &n : B)
            denominatorB += n * n;
        if (denominatorA == 0 || denominatorB == 0)
            return 2.0000;      //如果有一个向量的模长为 0,返回一个较大的值表示相似度较低
        return numerator / sqrt(denominatorA * denominatorB);
        //计算余弦相似度并返回
    }
};
int main() {
    Solution solution;
    vector<int> A = {1, 4, 0};
    vector<int> B = {1, 2, 3};
    double result = solution.cosineSimilarity(A, B);
    cout << "输入:[";
    for (int i = 0; i < A.size(); i++) {
        cout << A[i];
        if (i != A.size() - 1) {
            cout << ",";
        }
    }
    cout << "],[";
    for (int i = 0; i < B.size(); i++) {
        cout << B[i];
        if (i != B.size() - 1) {
            cout << ",";
        }
    }
    cout << "]" << endl;
    cout << "输出:" << result << endl;
    return 0;
}
```

4. 运行结果

输入：[1,4,0],[1,2,3]

输出：0.583383

【实例 050】 链表节点计数

1. 问题描述

计算链表中有多少个节点。

2. 问题示例

输入 1→3→5→null，输出 3，返回链表中节点个数，也就是链表的长度为 3。

3. 代码实现

相关代码如下：

```cpp
#include <iostream>
#include <vector>
#include <cmath>
using namespace std;
class ListNode {
public:
    int val;
    ListNode *next;
    ListNode(int val) {
        this->val = val;
        this->next = NULL;
    }
};
class Solution {
public:
    //计算链表中节点的数量
    int countNodes(ListNode *head) {
        int count = 0;                              //初始化计数器
        while (head != nullptr) {                   //遍历链表
            count++;                                //为每个节点增加计数器
            head = head->next;                      //移动到下一个节点
        }
        return count;                               //返回节点数量
    }
    void printLinkedList(ListNode *head) {
        ListNode *current = head;
        while (current != NULL) {
            cout << current->val << "->";
            current = current->next;                //移动到下一个节点
        }
        cout << "null" << endl;
    }
};
int main() {
    Solution solution;                              //创建解决方案对象
    ListNode *head = new ListNode(1);
```

```cpp
    head->next = new ListNode(3);
    head->next->next = new ListNode(5);
    head->next->next->next = nullptr;          //设置链表结束标志
    int result = solution.countNodes(head);    //计算链表中节点的数量
    cout << "输入:";
    solution.printLinkedList(head);
    cout << "输出:" << result << endl;
    return 0;
}
```

4. 运行结果

输入：1→3→5→null

输出：3

【实例051】 最高频的 k 个单词

1. 问题描述

给定一个单词列表，求出这个列表中出现频次最高的 k 个单词。

2. 问题示例

输入 ["yes","bupt","code","yes","code","baby","you","baby","chrome","safari","bupt","code","body","bupt","code"]，k＝3，输出 ["code","bupt","baby"]。

3. 代码实现

相关代码如下：

```cpp
#include <iostream>
#include <vector>
#include <string>
#include <unordered_map>
#include <queue>
using namespace std;
class Solution {
public:
    vector<string> topKFrequentWords(vector<string> &words, int k) {
        vector<string> result;                 //存储结果的向量
        if (words.empty()) {                   //如果输入为空,直接返回空结果
            return result;
        }
        unordered_map<string, int> table;      //哈希表存储单词及其出现次数
        auto cmp = [&](const string & s1, const string & s2) {    //定义比较函数
            if (table[s2] == table[s1]) {      //如果两个单词出现次数相同
                return s2 < s1;                //按照字典序排序
            }
            return table[s2] > table[s1];
        };
        priority_queue<string, vector<string>, decltype(cmp)> pq(cmp);
        for (const auto &word : words) {       //遍历输入的单词列表
            if (table.find(word) == table.end()) {    //如果单词不在哈希表中
                table[word] = 1;               //将单词添加到哈希表,并设置出现次数为1
```

```cpp
            } else {
                table[word] += 1;                    //如果单词已经在哈希表中,将其出现次数加1
            }
        }
        for (auto elem : table) {
            pq.push(elem.first);                     //将单词添加到优先队列中
        }
        for (int i = 0; i < k; ++i) {                //从优先队列中取出前 k 个单词
            result.push_back(pq.top());              //将单词添加到结果向量中
            pq.pop();                                //弹出优先队列中的顶部元素
        }
        return result;
    }
};
int main() {
    Solution solution;
    vector < string > words = {"yes","bupt","code","yes","code","baby","you", "baby",
"chrome","safari","bupt","code","body","bupt","code"};
    int k = 3;                                       //需要找出出现次数最多的单词个数
    cout << "输入:[";
    for (int i = 0; i < words.size(); i++) {
        cout << "\"" << words[i] << "\"";
        if ( i != words.size() - 1) {
            cout << ", ";
        }
    }
    cout << "],k = " << k << endl;
    vector < string > result = solution.topKFrequentWords(words, k);
    cout << "输出:[";
    for (int i = 0; i < result.size(); i++) {
        cout << "\"" << result[i] << "\"";
        if ( i != result.size() - 1) {
            cout << ", ";
        }
    }
    cout << "]" << endl;
    return 0;
}
```

4. 运行结果

输入:["yes","bupt","code","yes","code","baby","you","baby","chrome","safari","bupt","code","body","bupt","code"],k=3

输出:["code","bupt","baby"]

【实例 052】 多数元素

1. 问题描述

给定一个大小为 n 的数组 nums,返回其中的多数元素。多数元素是指在数组中出现次数大于 $\lfloor n/2 \rfloor$ 的元素。可以假设数组是非空的,并且给定的数组总是存在多数元素。

2. 问题示例

输入[3,2,3],输出:3。

3. 代码实现

相关代码如下:

```cpp
#include <iostream>
#include <vector>
#include <unordered_map>
using namespace std;
class Solution {
 public:
    int majorityElement(vector<int> &nums) {
        unordered_map<int, int> counts;      //创建哈希表用于存储每个元素出现的次数
        int majority = 0, cnt = 0;            //初始化主要元素和计数器
        for (int num : nums) {                //遍历输入数组
            ++counts[num];                    //更新哈希表中对应元素的计数
            if (counts[num] > cnt) {          //如果当前元素的计数大于计数器
                majority = num;               //更新主要元素
                cnt = counts[num];
            }
        }
        return majority;
    }
};
int main() {
 Solution solution;                           //创建解决方案对象
 vector<int> input = {3, 2, 3};
 int result = solution.majorityElement(input);
 cout << "输入:[3, 2, 3]\n";
 cout << "输出:" << result << endl;
 return 0;
}
```

4. 运行结果

输入:[3,2,3]

输出:3

【实例 053】 石子归并

1. 问题描述

有 n 堆石子排成一列,目标是将所有的石子合并成一堆。合并规则如下:每次可以合并相邻位置的两堆石子;每次合并的代价为所合并的两堆石子的重量之和;求出最小的合并代价。

2. 问题示例

输入[3,4,3],输出 17,合并第 1 堆和第 2 堆=>[7,3],score=7;合并两堆=>[10],score=17。

3. 代码实现

相关代码如下：

```cpp
#include <iostream>
#include <vector>
#include <climits>
using namespace std;
class Solution {
public:
    int stoneGame(vector<int> &A) {
        int n = A.size();
        if (0 == n) {
            return 0;
        }
        vector<int> preSum(n, 0);
        preSum[0] = A[0];
        for (int i = 1; i < n; i++) {
            preSum[i] += preSum[i - 1] + A[i];
        }
        vector<vector<int>> dp(n, vector<int>(n, INT_MAX / 2));
        for (int i = 0; i < n; i++) {
            dp[i][i] = 0;
        }
        for (int i = n - 1; i >= 0; i--) {
            for (int j = i + 1; j < n; j++) {
                if (i + 1 == j) {
                    dp[i][j] = A[i] + A[j];
                } else {
                    for (int k = i; k < j; k++) {
                        dp[i][j] = min(dp[i][j], dp[i][k] + dp[k + 1][j]);
                    }
                    dp[i][j] += preSum[j] - preSum[i] + A[i];
                }
            }
        }
        return dp[0][n - 1];
    }
};
int main() {
    vector<int> stones = {3, 4, 3};
    Solution solution;
    int result = solution.stoneGame(stones);
    cout << "输入:[";
    for (int i = 0; i < stones.size(); i++) {
        cout << stones[i];
        if (i != stones.size() - 1) {
            std::cout << ", ";
        }
    }
    cout << "]" << endl;
    cout << "输出:" << result << endl;
    return 0;
}
```

4．运行结果

输入：[3,4,3]

输出：17

【实例 054】 简单计算器

1．问题描述

给出两个整数 a、b 以及操作符（operator）＋、－、×、/，然后得出简单的计算结果。

2．问题示例

输入 a＝1，b＝2，operator＝＋，输出 3。

3．代码实现

相关代码如下：

```
#include <iostream>
using namespace std;
class Calculator {
public:
    int calculate(int a, char op, int b) {
        if (op == '+') {
            return a + b;
        }
        if (op == '-') {
            return a - b;
        }
        if (op == '*') {
            return a * b;
        }
        if (op == '/') {
            return a / b;
        }
    }
};
int main() {
    Calculator calculator;
    int a = 1;                              //定义第一个整数 a
    char op = '+';                          //定义运算符 op
    int b = 2;                              //定义第二个整数 b
    int result = calculator.calculate(a, op, b);
    cout << "输入:a = " << a << ", b = " << b << endl;
    cout << "输出:a + b = " << result << endl;
    return 0;
}
```

4．运行结果

输入：a＝1，b＝2

输出：a＋b＝3

【实例 055】 寻找数组第二大的数

1. 问题描述

在一个数组中找到第二大的数。

2. 问题示例

输入[1,3,2,4],输出 3,即数组中第二大的数是 3。

3. 代码实现

相关代码如下:

```cpp
#include <iostream>
#include <vector>
using namespace std;
class Solution {
public:
    int secondMax(vector<int> &nums) {
        int mmax = max(nums[0], nums[1]);        //初始化最大值为前两个元素中的较大值
        int second = min(nums[0], nums[1]);      //初始化次大值为前两个元素中的较小值
        for (int i = 2; i < nums.size(); i++) {  //遍历数组,从第三个元素开始
            if (nums[i] > mmax) {                //如果当前元素大于最大值
                second = mmax;
                mmax = nums[i];
            } else if (nums[i] > second) {
                second = nums[i];                //更新次大值为当前元素
            }
        }
        return second;
    }
};
int main() {
    Solution solution;
    vector<int> nums = {1, 3, 2, 4};
    int result = solution.secondMax(nums);
    cout << "输入:[";
    for (int i = 0; i < nums.size(); i++) {
        cout << nums[i];
        if (i != nums.size() - 1) {
            cout << ", ";
        }
    }
    cout << "]" << endl;
    cout << "输出:" << result << endl;
    return 0;
}
```

4. 运行结果

输入:[1,3,2,4]

输出:3

【实例 056】 寻找二叉搜索树中的目标节点

1. 问题描述

某公司组织架构以二叉搜索树形式记录,节点值是该职位的员工编号,请返回第 cnt 大的员工编号。

2. 问题示例

输入:root=[7,3,9,1,5],cnt=2

```
    7
   / \
  3   9
 / \
1   5
```

输出:7

3. 代码实现

相关代码如下:

```cpp
#include <iostream>
#include <vector>
using namespace std;
struct TreeNode {
    int val;
    TreeNode *left;                                    //左子节点指针
    TreeNode *right;                                   //右子节点指针
    TreeNode(int x) : val(x), left(NULL), right(NULL) {}  //构造函数
};
class Solution {
public:
    int findTargetNode(TreeNode *root, int cnt) {
        this->cnt = cnt;                               //将传入的计数器赋值给类成员变量 cnt
        dfs(root);                                     //调用深度优先搜索函数
        return res;
    }
private:
    int res, cnt;
    void dfs(TreeNode *root) {
        if (root == nullptr)                           //如果当前节点为空,直接返回
            return;
        dfs(root->right);
        if (cnt == 0)
            return;
        if (--cnt == 0)
        //如果计数器减 1 后为 0,说明找到了目标节点,将节点值赋给结果变量
            res = root->val;
        dfs(root->left);
    }
};
```

```cpp
int main() {
    TreeNode *root = new TreeNode(7);
    root->left = new TreeNode(3);
    root->right = new TreeNode(9);
    root->left->left = new TreeNode(1);
    root->left->right = new TreeNode(5);
    Solution solution;                                    //创建解决方案对象
    int cnt = 2;                                          //设置计数器值为2
    int result = solution.findTargetNode(root, cnt);
    cout << "输入:[7, 3, 9, 1, 5], cnt = 2" << endl;
    cout << "输出:" << result << endl;
    return 0;
}
```

4. 运行结果

输入:[7,3,9,1,5],cnt=2

输出:7

【实例057】 二叉树的层平均值

1. 问题描述

给定非空二叉树的根节点,以数组的形式返回每层节点的平均值,误差小于10^{-5}。

2. 问题示例

输入[3,9,20,null,null,15,7],输出[3,14.5,11]。注:第0层的平均值为3,第1层的平均值为14.5,第2层的平均值为11,因此返回[3,14.5,11]。

3. 代码实现

相关代码如下:

```cpp
#include <iostream>
#include <vector>
using namespace std;
struct TreeNode {
    int val;
    TreeNode *left;                                       //左子节点指针
    TreeNode *right;                                      //右子节点指针
    TreeNode(int x) : val(x), left(NULL), right(NULL) {}  //构造函数
};
class Solution {
public:
    vector<double> averageOfLevels(TreeNode *root) {
        auto counts = vector<int>();                      //存储每层节点的数量
        auto sums = vector<double>();                     //存储每层的节点值之和
        dfs(root, 0, counts, sums);                       //深度优先搜索遍历二叉树
        auto averages = vector<double>();                 //存储每层节点的平均值
        int size = sums.size();
        for (int i = 0; i < size; i++) {
            averages.push_back(sums[i] / counts[i]);      //计算每层节点的平均值
        }
```

```cpp
            return averages;
        }
        //深度优先搜索遍历二叉树
        void dfs(TreeNode * root, int level, vector<int> &counts, vector<double> &sums) {
            if (root == nullptr) {                    //如果当前节点为空,直接返回
                return;
            }
            if (level < sums.size()) {                //如果当前层级小于已存储的层级数量
                sums[level] += root->val;
                counts[level] += 1;                   //增加对应层级的节点数量
            } else {                                  //如果当前层级大于已存储的层级数量
                sums.push_back(1.0 * root->val);      //将当前节点的值作为新的层级和
                counts.push_back(1);
            }
            dfs(root->left, level + 1, counts, sums);
            dfs(root->right, level + 1, counts, sums);
        }
};
int main() {
 TreeNode * root = new TreeNode(3);                   //创建根节点
 root->left = new TreeNode(9);                        //创建左子节点
 root->right = new TreeNode(20);                      //创建右子节点
 root->right->left = new TreeNode(15);
 root->right->right = new TreeNode(7);
 Solution solution;                                   //创建解决方案对象
 vector<double> result = solution.averageOfLevels(root);
 cout << "输入:[3,9,20,null,null,15,7]\n输出:[";
 for (int i = 0; i < result.size(); i++) {
     cout << result[i];                               //输出每层节点的平均值
     if (i != result.size() - 1) {
         std::cout << ", ";
     }
 }
 cout << "]" << endl;
 return 0;
}
```

4. 运行结果

输入:[3,9,20,null,null,15,7]
输出:[3,14.5,11]

【实例058】 阶乘尾数

1. 问题描述

设计一个算法,计算出 n 阶乘有多少个尾随零。

2. 问题示例

输入 5,输出 1。注:5!=120,尾数中有 1 个 0。

3. 代码实现

相关代码如下：

```cpp
#include <iostream>
class Solution {
public:
    int trailingZeroes(int n) {
        int ans = 0;
        while (n) {
            n /= 5;                              //每次除以5,减少因子中5的个数
            ans += n;                            //累加减少的5的个数,即为末尾0的个数
        }
        return ans;
    }
};
int main() {
    Solution solution;
    int n = 5;
    int result = solution.trailingZeroes(n);    //调用函数计算末尾0的个数
    std::cout << "输入:" << n << std::endl;
    std::cout << "输出:" << result << std::endl;
    return 0;
}
```

4. 运行结果

输入：5
输出：1

【实例059】 两个字符串是变位词

1. 问题描述

写出一个函数 anagram(s,t)，判断两个字符串是否可以通过改变字母的顺序变成相同的字符串。

2. 问题示例

输入 s="ab",t="ba",输出 True。

3. 代码实现

相关代码如下：

```cpp
#include <iostream>
#include <algorithm>
using namespace std;
class Solution {
public:
    bool anagram(string &s, string &t) {
        if (s.size() != t.size()) {
            return false;
        }
        sort(s.begin(), s.end());
```

```cpp
            sort(t.begin(), t.end());
            for (int i = 0; i < s.size(); ++i) {
                if (s[i] != t[i]) {
                    return false;
                }
            }
            return true;
    }
};
int main() {
    Solution solution;
    string s = "ab";
    string t = "ba";
    bool result = solution.anagram(s, t);
    cout << "输入:s = \"" << s << "\",t = \"" << t << "\"" << endl;
    cout << "输出:" << (result ? "True" : "False") << endl;
    return 0;
}
```

4. 运行结果

输入：s="ab",t="ab"

输出：True

【实例060】 最长单词

1. 问题描述

给定一个词典,找出其中最长的单词。

2. 问题示例

输入["dog","google","facebook","internationalization","blabla"],输出["internationalization"]。

3. 代码实现

相关代码如下：

```cpp
#include <iostream>
#include <vector>
using namespace std;
class Solution {
public:
    vector<string> longestWords(vector<string> &dictionary) {
        vector<string>::iterator it = dictionary.begin();
        int maxSize = it->size();          //初始化最长字符串的长度为第一个字符串的长度
        vector<string> result;
        for (; it != dictionary.end(); it++) {
            //如果当前字符串长度等于最长字符串长度,将其加入结果数组
            if (it->size() == maxSize)
                result.push_back(*it);
            else if (it->size() > maxSize) {
                maxSize = it->size();
                result.clear();
                result.push_back(*it);
```

```cpp
                }
            }
            return result;                          //返回结果数组
        }
};
int main() {
    Solution solution;
    vector<string> dict = {"dog", "google", "facebook", "internationalization", "blabla"};
    vector<string> result = solution.longestWords(dict);
    cout << "输入:[";
    for (int i = 0; i < dict.size(); i++) {
        cout << "\"" << dict[i] << "\"";
        if (i != dict.size() - 1) {
            cout << ", ";
        }
    }
    cout << "]\n输出:[";
    for (int i = 0; i < result.size(); i++) {
        cout << "\"" << result[i] << "\"";
        if (i != result.size() - 1) {
            cout << ", ";
        }
    }
    cout << "]" << endl;
    return 0;
}
```

4. 运行结果

输入：["dog","google","facebook","internationalization","blabla"]

输出：["internationalization"]

【实例061】 机器人能否返回原点

1. 问题描述

机器人位于坐标原点(0,0)处,给定一系列动作,判断该机器人的移动轨迹是否是一个环,即最终能否回到原来的位置。移动的顺序由字符串表示,每个动作都由一个字符表示。有效的机器人移动是 R(右)、L(左)、U(上)和 D(下)。输出为 True 或 False,表示机器人是否回到原点。

2. 问题示例

输入 UD,输出 True,即上下各一次,回到原点。

3. 代码实现

相关代码如下：

```cpp
#include <iostream>
using namespace std;
class Solution {
public:
    bool judgeCircle(string &moves) {
```

```cpp
            int x = 0;                              //初始化x坐标为0
            int y = 0;                              //初始化y坐标为0
            for (int i = 0; i < moves.length(); i++) {
                if (moves[i] == 'U') {              //如果当前动作是向上移动
                    y++;                            //y坐标加1
                } else if (moves[i] == 'D') {       //如果当前动作是向下移动
                    y--;                            //y坐标减1
                } else if (moves[i] == 'R') {       //如果当前动作是向右移动
                    x++;                            //x坐标加1
                } else {                            //如果当前动作是向左移动
                    x--;                            //x坐标减1
                }
            }
            if (x == 0 && y == 0) {                 //如果x和y坐标都为0,说明机器人回到了原点
                return true;
            } else {
                return false;
            }
        }
    };
    int main() {
        Solution solution;
        string moves = "UD";
        cout << "输入:" << moves << endl;
        bool result = solution.judgeCircle(moves);  //调用函数判断机器人是否回到原点
        cout << "输出:" << (result ? "True" : "False") << endl;
        return 0;
    }
```

4. 运行结果

输入:UD

输出:True

【实例062】 链表倒数第 n 个节点

1. 问题描述

找到单链表倒数第 n 个节点,保证链表中节点的数量最小为 n。

2. 问题示例

输入 list＝3→2→1→5→null,n＝2,输出 1。

3. 代码实现

相关代码如下:

```cpp
#include <iostream>
using namespace std;
class ListNode {
public:
    int val;
    ListNode *next;                                 //指向下一个节点的指针
    //构造函数,初始化节点值和指针
```

```cpp
        ListNode(int val) {
            this->val = val;
            this->next = NULL;
        }
};
class Solution {
public:
    //获取链表中倒数第 n 个节点
    ListNode *nthToLast(ListNode * head, int n) {
        if (!head) {                                    //如果链表为空,直接返回空指针
            return head;
        }
        int m = 0;
        ListNode * temp = head;
        while (temp) {
            temp = temp->next;
            ++m;
        }
        int num = m - n;
        while (num > 0) {
            head = head->next;
            --num;
        }
        return head;
    }
    void printLinkedList(ListNode * head) {
        ListNode * current = head;
        while (current != NULL) {
            cout << current->val << "->";
            current = current->next;
        }
        cout << "null" ;
    }
};
int main() {
    Solution solution;
    ListNode * head = new ListNode(3);                  //创建链表头节点
    head->next = new ListNode(2);
    head->next->next = new ListNode(1);
    head->next->next->next = new ListNode(5);
    int n = 2;
    ListNode * result = solution.nthToLast(head, n);    //调用方法获取倒数第 n 个节点
    cout << "输入:";
    solution.printLinkedList(head);
    cout << ",n = " << n << "\n 输出:" << result->val << endl;
    return 0;
}
```

4. 运行结果

输入:3→2→1→5→null,n=2

输出:1

【实例 063】 链表求和

1. 问题描述

有两个用链表代表的整数,其中每个节点包含一个数字。数字存储按照原来整数中相反的顺序,使得第一个数字位于链表的开头。请写出一个函数将两个整数相加,然后用链表形式返回和。

2. 问题示例

输入 7→1→6→null,5→9→2→null,输出 2→1→9→null,即 617+295=912,912 转换成链表 2→1→9→null。

3. 代码实现

相关代码如下:

```cpp
#include <iostream>
using namespace std;
class ListNode {
public:
    int val;
    ListNode *next;
    ListNode(int val) {
        this->val = val;
        this->next = NULL;
    }
};
class Solution {
public:
    ListNode *addLists(ListNode *l1, ListNode *l2) {
        if (l1 == nullptr)
            return l2;
        if (l2 == nullptr)
            return l1;
        return helper(l1, l2, 0);
    }
    ListNode *helper(ListNode *l1, ListNode *l2, int carry) {
        if (l1 == nullptr)
            return addLists(l2, new ListNode(carry));
        if (l2 == nullptr)
            return addLists(l1, new ListNode(carry));
        int sum = (l1->val + l2->val + carry) % 10;      //计算当前位的和
        carry = (l1->val + l2->val + carry) / 10;
        ListNode *newNode = new ListNode(sum);           //创建新节点存储当前位的和
        newNode->next = carry > 0 ? helper(l1->next, l2->next, carry) : addLists(l1->next, l2->next);
        return newNode;
    }
};
int main() {
    Solution solution;
    ListNode *l1 = new ListNode(7);
```

```cpp
    l1 -> next = new ListNode(1);
    l1 -> next -> next = new ListNode(6);
    ListNode *l2 = new ListNode(5);
    l2 -> next = new ListNode(9);
    l2 -> next -> next = new ListNode(2);
    ListNode * result = solution.addLists(l1, l2);          //计算两个链表的和
    cout << "输入:";
    while (l1 != nullptr) {
        cout << l1 -> val << "->";
        l1 = l1 -> next;
    }
    cout << "null, ";
    while (l2 != nullptr) {
        cout << l2 -> val << "->";
        l2 = l2 -> next;
    }
    cout << "null" << endl;
    cout << "输出:";
    while (result != nullptr) {
        cout << result -> val << "->";
        result = result -> next;
    }
    cout << "null" << endl;
    return 0;
}
```

4. 运行结果

输入：7→1→6→null,5→9→2→null

输出：2→1→9→null

【实例 064】 删除元素

1. 问题描述

给定一个数组 A 和一个值，在逻辑上删除与值 elem 相同的数字，返回新数组的长度 n，使得数组的前 n 个元素中，包含原数组 A 中所有不等于 elem 的数字。这里需要修改数组 A 中的元素顺序，并返回数组 A 中所有不等于 elem 的数字。

2. 问题示例

输入 nums=[0,4,4,0,0,2,4,4,1]，elem=4，输出[0,0,0,2,1]。

3. 代码实现

相关代码如下：

```cpp
#include <iostream>
#include <vector>
using namespace std;
class Solution {
public:
    int removeElement(vector<int> &nums, int elem) {
        int n = nums.size();
```

```cpp
        int left = 0;
        for (int right = 0; right < n; right++) {
            if (nums[right] != elem) {
                nums[left] = nums[right];
                left++;
            }
        }
        return left;
    }
};
int main() {
    Solution solution;
    vector<int> nums1 = {0, 4, 4, 0, 0, 2, 4, 4, 1};
    vector<int> nums2 = nums1;
    int elem = 4;
    int newLength = solution.removeElement(nums2, elem);
    cout << "输入:[";
    for (int i = 0; i < nums1.size(); ++i) {
        cout << nums1[i];
        if (i != nums1.size() - 1) {
            cout << ", ";
        }
    }
    cout << "], 删除元素为" << elem << endl;
    cout << "输出:长度为" << newLength << ", 数组为[";
    for (int i = 0; i < newLength; ++i) {
        cout << nums2[i];
        if (i != newLength - 1) {
            cout << ", ";
        }
    }
    cout << "]" << endl;
    return 0;
}
```

4．运行结果

输入：[0,4,4,0,0,2,4,4,1]，删除元素为 4
输出：长度为 5，数组为[0,0,0,2,1]

【实例 065】 判断一个数是否迷人

1．问题描述

给出一个三位整数 n，如果经过以下修改得到的数字恰好包含数字 1~9 各一次且不包含任何 0，称数字 n 是迷人的。例如，将 n 与数字 2×n 和 3×n 连接。如果 n 是迷人的，返回 True，否则返回 False。注：连接两个数字是把它们相接连在一起，如 121 和 371 连接得到 121371。

2．问题示例

输入 n=192，输出 True。

注：将数字 n=192，2×n=384 和 3×n=576 连接，得到 192384576。这个数字包含 1~9 各一次。

3. 代码实现

相关代码如下：

```cpp
#include <iostream>
#include <string>
using namespace std;
class Solution {
public:
    //判断一个数是否为迷人数
    bool isFascinating(int n) {
        //如果 n 小于 123 或大于 329,直接返回 false
        if (n < 123 || n > 329)
            return false;
        //初始化掩码为 0
        int mask = 0;
        for (char c : to_string(n) + to_string(n * 2) + to_string(n * 3))
            //将掩码的第 c - '0' 位设置为 1
            mask |= 1 << (c - '0');
        return mask == (1 << 10) - 2;
    }
};
int main() {
    Solution solution;
    int n = 192;
    bool result = solution.isFascinating(n);
    cout << "输入:n = " << n << endl;
    cout << "输出:" << (result ? "True" : "False") << endl;
    return 0;
}
```

4. 运行结果

输入：n=192

输出：True

【实例 066】 合并两个排序链表

1. 问题描述

将两个排序链表合并为一个新的排序链表。

2. 问题示例

输入 1→null,0→2→3→null,输出 0→1→2→3→null。

3. 代码实现

相关代码如下：

```cpp
#include <iostream>
#include <vector>
using namespace std;
```

```cpp
class ListNode {
public:
    int val;
    ListNode * next;
    ListNode(int val) {
        this->val = val;
        this->next = NULL;
    }
};
class Solution {
public:
    ListNode * mergeTwoLists(ListNode * l1, ListNode * l2) {
        if (l1 == NULL && l2 == NULL)
            return NULL;
        if (l1 == NULL && l2 != NULL)
            return l2;
        if (l1 != NULL && l2 == NULL)
            return l1;
        ListNode * head, * p;
        if (l1->val < l2->val) {
            head = l1;
            l1 = l1->next;
        } else {
            head = l2;
            l2 = l2->next;
        }
        p = head;
        while (l1 != NULL && l2 != NULL) {
            if (l1->val < l2->val) {
                p->next = l1;
                l1 = l1->next;
            } else {
                p->next = l2;
                l2 = l2->next;
            }
            p = p->next;
        }
        if (l2 != NULL)
            p->next = l2;
        if (l1 != NULL)
            p->next = l1;
        return head;
    }
};
int main() {
    Solution solution;
    ListNode * list1 = new ListNode(1);
    list1->next = nullptr;
    ListNode * head1 = list1;
    ListNode * list2 = new ListNode(0);
    list2->next = new ListNode(2);
    list2->next->next = new ListNode(3);
    list2->next->next->next = nullptr;
    ListNode * head2 = list2;
    cout << "输入:";
```

```cpp
        while (head1 != nullptr) {
            cout << head1 -> val << " -> ";
            head1 = head1 -> next;
        }
        cout << "null,";
        while (head2 != nullptr) {
            cout << head2 -> val << " -> ";
            head2 = head2 -> next;
        }
        cout << "null\n 输出:";
        ListNode * mergedList = solution.mergeTwoLists(list1, list2);
        while (mergedList != nullptr) {
            cout << mergedList -> val << " -> ";
            mergedList = mergedList -> next;
        }
        cout << "null" << endl;
        return 0;
    }
```

4. 运行结果

输入：1→null,0→2→3→null

输出：0→1→2→3→null

【实例 067】 反转整数

1. 问题描述

将一个整数中的数字进行反转,当反转后的整数溢出时,返回 0(标记为 32 位整数)。

2. 问题示例

输入 234,输出 432。

3. 代码实现

相关代码如下：

```cpp
#include <iostream>
using namespace std;
class Solution {
public:
    int reverseInteger(int n) {
        int rev = 0;
        while (n != 0) {
            if (rev < INT_MIN / 10 || rev > INT_MAX / 10) {
                return 0;
            }
            int digit = n % 10;
            n /= 10;
            rev = rev * 10 + digit;
        }
        return rev;
    }
};
```

```cpp
int main() {
    Solution solution;
    int n = 234;
    int result = solution.reverseInteger(n);
    cout << "输入:" << n << endl;
    cout << "输出:" << result << endl;
    return 0;
}
```

4．运行结果

输入：234

输出：432

【实例068】 报数

1．问题描述

按照整数的顺序进行报数，然后得到下一个数。如下所示：

1,11,21,1211,111221,…

1 读作 "one 1"→11

11 读作 "two 1s"→21

21 读作 "one 2,then one 1"→1211

报数序列是指一个整数序列，按照顺序报数，根据报数得到下一个数。规律如下：第 1 个数为 1，读作"一个一"，即 11，也就是第 2 个数是 11；11 读作"两个一"，即 21，也就是第 3 个数是 21。21 被读作"一个二，一个一"，即 1211，也就是第 4 个数是 1211。给定一个正整数 n，输出报数序列的第 n 项。注意：整数顺序将表示为一个字符串。

2．问题示例

输入 4，输出 1211。

3．代码实现

相关代码如下：

```cpp
#include<iostream>
using namespace std;
class Solution {
public:
    string countAndSay(int n) {
        string prev = "1";                      //初始化前一个字符串为"1"
        for (int i = 2; i <= n; ++i) {          //从第 2 个字符串开始,循环到第 n 个字符串
            string curr = "";                   //初始化当前字符串为空
            int start = 0;                      //记录当前字符的起始位置
            int pos = 0;                        //记录当前字符的位置
            while (pos < prev.size()) {         //遍历前一个字符串
                while (pos < prev.size() && prev[pos] == prev[start]) {
                    pos++;
                }
                curr += to_string(pos - start) + prev[start];
```

```cpp
                    start = pos;           //更新起始位置为当前位置
                }
                prev = curr;               //将当前字符串赋值给前一个字符串,继续下一轮循环
            }
            return prev;
        }
};
int main() {
    Solution solution;
    int n = 4;
    string result = solution.countAndSay(n);
    cout << "输入:" << n << endl;
    cout << "输出:" << result << endl;
    return 0;
}
```

4. 运行结果

输入:4

输出:1211

【实例069】 完全二叉树的节点个数

1. 问题描述

给定一棵完全二叉树的根节点 root,求出该树的节点个数。

2. 问题示例

输入二叉树{1,2,3,4},输出 4,完全二叉树如下。

```
    1
   / \
  2   3
 /
4
```

3. 代码实现

相关代码如下:

```cpp
#include <iostream>
#include <vector>
using namespace std;
struct TreeNode {
    int val;
    TreeNode * left;                                    //左子节点指针
    TreeNode * right;                                   //右子节点指针
    TreeNode(int x) : val(x), left(NULL), right(NULL) {}
};
class Solution {
public:
    int countNodes(TreeNode * root) {
```

```cpp
        if (root == nullptr) {                    //如果根节点为空,返回 0
            return 0;
        }
        int level = 0;
        TreeNode * node = root;                   //初始化当前节点为根节点
        while (node->left != nullptr) {           //找到最左边的节点,确定树的高度
            level++;
            node = node->left;
        }
        int low = 1 << level, high = (1 << (level + 1)) - 1;
        //确定二分查找的范围
        while (low < high) {
            int mid = (high - low + 1) / 2 + low; //计算中间值
            if (exists(root, level, mid)) {       //如果中间值对应的节点存在,更新范围
                low = mid;
            } else {
                high = mid - 1;
            }
        }
        return low;                               //返回节点个数
    }
    //判断给定层级和位置的节点是否存在的函数
    bool exists(TreeNode * root, int level, int k) {
        int bits = 1 << (level - 1);              //计算二进制位表示
        TreeNode * node = root;                   //初始化当前节点为根节点
        while (node != nullptr && bits > 0) {
            if (!(bits & k)) {                    //根据二进制位判断向左还是向右移动
                node = node->left;
            } else {
                node = node->right;
            }
            bits >>= 1;                           //右移一位
        }
        return node != nullptr;                   //如果节点存在,返回 true,否则返回 false
    }
};
int main() {
    vector<int> input = {1, 2, 3, 4};
    TreeNode * root = new TreeNode(input[0]);     //创建根节点
    root->left = new TreeNode(input[1]);          //创建左子节点
    root->right = new TreeNode(input[2]);         //创建右子节点
    root->left->left = new TreeNode(input[3]);
    Solution solution;
    int result = solution.countNodes(root);       //调用计算节点个数的函数
    cout << "输入:[1, 2, 3, 4]" << endl;
    cout << "输出:" << result << endl;
    return 0;
}
```

4. 运行结果

输入:[1,2,3,4]

输出:4

【实例070】 对称二叉树

1. 问题描述
如果一棵二叉树和其镜像二叉树一样,那么它就是对称的,请判断一棵二叉树是否是对称二叉树。

2. 问题示例
输入{1,2,2,3,4,4,3},输出 True,即如下所示的二叉树对称。

```
       1
      / \
     2   2
    / \ / \
   3  4 4  3
```

输入{1,2,2,♯,3,♯,3},输出 False,即如下所示的二叉树不对称。

```
       1
      / \
     2   2
      \   \
       3   3
```

3. 代码实现
相关代码如下:

```cpp
#include <iostream>
#include <vector>
using namespace std;
struct TreeNode {
    int val;
    TreeNode *left;                            //左子节点指针
    TreeNode *right;                           //右子节点指针
    TreeNode(int x) : val(x), left(NULL), right(NULL) {}
};
class Solution {
public:
    bool check(TreeNode *p, TreeNode *q) {
        if (!p && !q)                          //如果两个节点都为空,返回 true
            return true;
        if (!p || !q)                          //如果其中一个节点为空,返回 false
            return false;
        return p->val == q->val && check(p->left, q->right) && check(p->right, q->left);
                                               //比较节点值和子节点是否对称
    }
    //判断二叉树是否对称
    bool isSymmetric(TreeNode *root) {
        return check(root, root);              //调用 check 函数检查根节点是否对称
```

    }
};
int main() {
    TreeNode * root = new TreeNode(1);   //创建根节点
    root->left = new TreeNode(2);   //创建左子节点
    root->right = new TreeNode(2);   //创建右子节点
    root->left->left = new TreeNode(3);
    root->left->right = new TreeNode(4);
    root->right->left = new TreeNode(4);
    root->right->right = new TreeNode(3);
    Solution solution;   //创建解决方案对象
    bool result = solution.isSymmetric(root);   //调用函数判断二叉树是否对称
    cout << "输入:[1,2,2,3,4,4,3]\n输出:";
    cout << (result ? "True" : "False") << endl;
    return 0;
}
```

4. 运行结果

输入:[1,2,2,3,4,4,3]

输出:True

# 【实例071】 二叉树的坡度

### 1. 问题描述

给定一个二叉树的根节点root,计算并返回整个树的坡度。一个树的节点的坡度定义是该节点左子树的节点之和与右子树节点之和的差的绝对值。如果没有左子树,左子树的节点之和为0;如果没有右子树,空节点的坡度是0,整个树的坡度就是其所有节点的坡度之和。

### 2. 问题示例

输入root=[1,2,3],输出1。注:节点2的坡度:|0-0|=0(没有子节点);节点3的坡度:|0-0|=0(没有子节点);节点1的坡度:|2-3|=1(左子树就是左子节点,所以和是2;右子树是右子节点,所以和是3);坡度总和:0+0+1=1。

### 3. 代码实现

相关代码如下:

```cpp
#include <iostream>
#include <cmath>
using namespace std;
struct TreeNode {
    int val;
    TreeNode * left;                                    //左子节点指针
    TreeNode * right;                                   //右子节点指针
    TreeNode(int x) : val(x), left(NULL), right(NULL) {}
};
class Solution {
public:
```
```

```cpp
    int ans = 0;
    int findTilt(TreeNode * root) {
        dfs(root);                                    //调用深度优先搜索函数
        return ans;
    }
    //深度优先搜索函数,用于计算节点的子树和以及更新坡度之和
    int dfs(TreeNode * node) {
        if (node == nullptr) {                        //如果节点为空,返回 0
            return 0;
        }
        int sumLeft = dfs(node->left);                //计算左子树的子树和
        int sumRight = dfs(node->right);              //计算右子树的子树和
        ans += abs(sumLeft - sumRight);
        return sumLeft + sumRight + node->val;        //返回当前节点的子树和
    }
};
int main() {
    TreeNode * root = new TreeNode(1);                //创建根节点
    root->left = new TreeNode(2);
    root->right = new TreeNode(3);
    Solution solution;
    int result = solution.findTilt(root);             //调用 findTilt 函数计算坡度之和
    cout << "输入:root = [1,2,3]" << endl;
    cout << "输出:" << result << endl;
    return 0;
}
```

4. 运行结果

输入:root=[1,2,3]

输出:1

【实例 072】 岛屿的个数

1. 问题描述

给定一个 01 矩阵,0 代表海,1 代表岛,如果两个 1 相邻,那么这两个 1 属于同 1 个岛。现在只考虑上下左右为相邻,求不同岛屿的个数。

2. 问题示例

输入的矩阵如下所示,输出 3,即有 3 个岛。

[

[1,1,0,0,0],

[0,1,0,0,1],

[0,0,0,1,1],

[0,0,0,0,0],

[0,0,0,0,1]

]

3. 代码实现
相关代码如下：

```cpp
#include <iostream>
#include <vector>
using namespace std;
class Solution {
public:
    int numIslands(vector<vector<bool>> &grid) {
        //深度优先搜索
        int nr = grid.size();
        if (!nr)
            return 0;
        int nc = grid[0].size();
        int nums_islands = 0;                          //岛屿数量
        for (int r = 0; r < nr; ++r) {
            for (int c = 0; c < nc; ++c) {
                if (grid[r][c]) {                       //如果当前位置是陆地
                    ++nums_islands;                     //岛屿数量加1
                    dfs(grid, r, c);                    //进行深度优先搜索
                }
            }
        }
        return nums_islands;
    }
private:
    void dfs(vector<vector<bool>> &grid, int r, int c) {
        int nr = grid.size();
        int nc = grid[0].size();
        grid[r][c] = false;
        if (r - 1 >= 0 && grid[r - 1][c])
            dfs(grid, r - 1, c);
        if (r + 1 < nr && grid[r + 1][c])
            dfs(grid, r + 1, c);
        if (c - 1 >= 0 && grid[r][c - 1])
            dfs(grid, r, c - 1);
        if (c + 1 < nc && grid[r][c + 1])
            dfs(grid, r, c + 1);
    }
};
int main() {
    vector<vector<bool>> grid = {
        {1, 1, 0, 0, 0},
        {1, 1, 0, 0, 0},
        {0, 0, 1, 0, 0},
        {0, 0, 0, 1, 1}
    };
    Solution solution;
    cout << "输入:[";
    for (int i = 0; i < grid.size(); i++) {
        cout << "[";
        for (int j = 0; j < grid[i].size(); j++) {
            cout << grid[i][j];
            if (j != grid[i].size() - 1) {
```

```
            cout << ",";
        }
    }
    cout << "]";
    if (i != grid.size() - 1) {
        cout << ",";
    }
}
cout << "]" << endl;
int result = solution.numIslands(grid);
cout << "输出:" << result << endl;
return 0;
}
```

4. 运行结果

输入:[[1,1,0,0,0],[1,1,0,0,0],[0,0,1,0,0],[0,0,0,1,1]]
输出:3

【实例073】 判断是否为平方数之和

1. 问题描述

给出一个整数 c,判断是否存在两个整数 a 和 b,使得 $a^2+b^2=c$。

2. 问题示例

输入 n=5,输出 True,1×1+2×2=5。

3. 代码实现

相关代码如下:

```cpp
#include <iostream>
#include <set>
#include <math.h>
using namespace std;
class Solution {
public:
    bool checkSumOfSquareNumbers(int num) {
        if (num < 0)
            return false;
        int n = (int)sqrt(num);
        set<int> set;
        for (int i = 0; i <= n; ++i)
            set.insert(i * i);
        for (auto it = set.begin(); it != set.end(); ++it) {
            if (set.find(num - *it) != set.end()) {
                return true;
            }
        }
        return false;
    }
};
int main() {
```

```cpp
    Solution solution;
    int n = 5;
    cout << "输入:" << n << endl;
    bool result = solution.checkSumOfSquareNumbers(n);
    cout << "输出:" << (result ? "True" : "False") << endl;
    return 0;
}
```

4. 运行结果

输入:5

输出:True

【实例 074】 滑动窗口内数的和

1. 问题描述

给定一个大小为 n 的整型数组和一个大小为 k 的滑动窗口,将滑动窗口从头移到尾,每次移动一个整数,输出从开始到结束每个时刻滑动窗口内数的和。

2. 问题示例

输入 array＝[1,2,7,8,5],k＝3,输出[10,17,20],第 1 个窗口 1＋2＋7＝10,第 2 个窗口 2＋7＋8＝17,第 3 个窗口 7＋8＋5＝20。

3. 代码实现

相关代码如下:

```cpp
#include <iostream>
#include <vector>
using namespace std;
class Solution {
 public:
    //计算滑动窗口的和
    vector<int> winSum(vector<int> &nums, int k) {
        int len = nums.size();
        if (len == 0 || len < k) {
            return vector<int>();
        }
        vector<int> ans(len - k + 1);          //存储结果的数组
        int cur = 0;                           //当前结果数组的下标
        int l = 0, r = k - 1;                  //滑动窗口的左右边界
        int sum = 0;                           //滑动窗口内元素的和
        for (int i = l; i < r; i++) {
            sum += nums[i];                    //初始化滑动窗口的和
        }
        while (r < len) {
            sum += nums[r];                    //右边界向右移动,加上新进入窗口的元素
            ans[cur++] = sum;                  //将当前窗口的和存入结果数组
            sum -= nums[l];                    //左边界向右移动,减去离开窗口的元素
            l++;
            r++;
        }
```

```
            return ans;
        }
};
int main() {
    Solution solution;
    vector < int > array = {1, 2, 7, 8, 5};
    int k = 3;
    vector < int > result = solution.winSum(array, k);
    cout << "输入:[";
    for (int i = 0; i < array.size(); i++) {
        cout << array[i];
        if (i != array.size() - 1) {
            cout << ", ";
        }
    }
    cout << "],k = " << k << "\n输出:[";
    for (int i = 0; i < result.size(); i++) {
        cout << result[i] ;
        if (i != result.size() - 1) {
            cout << ", ";
        }
    }
    cout << "]";
    return 0;
}
```

4．运行结果

输入：[1,2,7,8,5],k＝3

输出：[10,17,20]

【实例075】 棒球游戏

1．问题描述

给定一个字符串数组，每个字符串可以是以下 4 种方式之一。

（1）整数（一个回合的分数）直接表示此次得到的分数。

（2）"＋"（一个回合的分数）表示此次获得的分数为前 2 个有效分数之和。

（3）"D"（一个回合的分数）表示此次得到的分数为上次获得的有效分数的 2 倍。

（4）"C"（一种操作，而非一个回合的分数）表示上回合的有效分数是无效的，需要移除。

每轮的操作都是永久性的，可能会影响之前和之后的一轮，最后返回所有回合中获得的总分数。

2．问题示例

输入[5,2,C,D,＋]，输出 30。

回合 1：可以得到 5 分，和为 5。

回合 2：可以得到 2 分，和为 7。

操作 1：回合 2 的数据无效，所以和为 5。

回合 3:可以得到 10 分(回合 2 的数据已经被移除),和为 15。

回合 4:可以得到 5+10=15 分,和为 30。

3. 代码实现

相关代码如下:

```cpp
#include <iostream>
#include <vector>
using namespace std;
class Solution {
public:
    //计算所有回合中可以获得的总分
    int calPoints(vector<string> &ops) {
        int sum = 0;                            //初始化总分为 0
        int n = ops.size();                     //获取操作列表的长度
        int m;                                  //用于存储临时变量
        vector<int> v;
        for (int i = 0; i < n; i++) {
            if (ops[i] == "C") {
                sum = sum - v.back();
                v.pop_back();
            } else if (ops[i] == "D") {
                sum = sum + v.back() * 2;
                v.push_back(v.back() * 2);
            } else if (ops[i] == "+") {
                //如果操作为"+",则将最后两个得分相加,并将结果加入列表
                m = v.size();
                sum = sum + v[m - 1] + v[m - 2];
                v.push_back(v[m - 1] + v[m - 2]);
            } else {            //如果操作为数字,则将其转换为整数,并将得分加入列表
                m = atoi(ops[i].c_str());
                sum = sum + m;
                v.push_back(m);
            }
        }
        return sum;
    }
};
int main() {
    Solution solution;
    vector<string> ops = {"5", "2", "C", "D", "+"};   //定义操作列表
    cout << "输入:[";
    for (int i = 0; i < ops.size(); i++) {
        cout << ops[i];
        if (i != ops.size() - 1) {
            cout << ", ";
        }
    }
    cout << "]" << "\n输出:";
    int result = solution.calPoints(ops);
    cout << result << endl;
    return 0;
}
```

4. 运行结果

输入：[5,2,C,D,+]
输出：30

【实例 076】 硬币摆放

1. 问题描述

如果有 n 枚硬币,摆放成阶梯形状,即第 k 行恰好有 k 枚硬币。给出 n,找到可以形成的完整楼梯行数。n 是一个非负整数,且在 32 位有符号整数范围内。

2. 问题示例

输入 5,输出 2。注：硬币可以形成第 1 行 1 个,第 2 行 2 个,第 3 行 2 个,第 3 行不完整,返回 2。

3. 代码实现

相关代码如下：

```
#include <iostream>
#include <cmath>
using namespace std;
class Solution {
public:
    int arrangeCoins(int n) {
        return (int) ((sqrt((long long) 8 * n + 1) - 1)/2);
    }
};
int main() {
    Solution solution;
    int n = 5;                                    //定义输入的硬币数量
    int result = solution.arrangeCoins(n);
    cout << "输入:" << n << endl;
    cout << "输出:" << result << endl;             //输出可以排列的硬币行数
    return 0;
}
```

4. 运行结果

输入：5
输出：2

【实例 077】 字母大小写转换

1. 问题描述

给定一个字符串 S,可以将其中所有的字符任意转换大小写,得到一个新的字符串。将所有可生成的新字符串以一个列表的形式输出。

2. 问题示例

输入 S=["a1b2"],输出["A1B2","a1B2","A1b2","a1b2"]。

3. 代码实现

相关代码如下：

```cpp
#include <iostream>
#include <vector>
using namespace std;
class Solution {
    public:
        //定义一个函数,输入一个字符串 s,返回一个字符串列表
        vector<string> letterCasePermutation(string &s) {
            int B = 0;                              //统计字符串中字母的个数
            for (char c : s)
                if (isalpha(c))
                    B++;
            vector<string> ans;
            for (int bits = 0; bits < 1 << B; bits++) {
            //遍历所有可能的字母大小写组合
                int b = 0;
                string word = "";                   //存储当前组合的字符串
                for (char &letter : s) {            //遍历输入字符串的每个字符
                    if (isalpha(letter)) {          //如果是字母
                        if (((bits >> b++) & 1) == 1)
                        //如果当前位为1,表示该字母为小写
                            word += tolower(letter);
                        else
                            word += toupper(letter);
                    } else {                        //如果不是字母,直接添加到 word 中
                        word += letter;
                    }
                }
                ans.push_back(word);                //将当前组合的字符串添加到结果列表中
            }
            return ans;
        }
};
int main() {
    Solution solution;
    string S = "a1b2";                              //定义输入字符串
    vector<string> result = solution.letterCasePermutation(S);
    cout << "输入:[" << "\"" << S << "\"]\n输出:[";
    cout << "输出:[";
    for (int i = 0; i < result.size(); i++) {       //遍历结果列表并输出
        cout << "\"" << result[i] << "\"";
        if (i != result.size() - 1) {
            cout << ", ";
        }
    }
    cout << "]" << endl;
    return 0;
}
```

4. 运行结果

输入:["a1b2"]

输出:["A1B2","a1B2","A1b2","a1b2"]

【实例 078】 二进制表示中质数个计算置位

1. 问题描述
计算置位代表二进制形式中 1 的个数。给定两个整数 L 和 R，找到闭区间[L,R]，计算置位位数为质数的整数个数。例如，21 的二进制形式 10101 有 3 个计算置位，3 是质数。

2. 问题示例
输入 L=6,R=10，输出 4。例如：6→110(2 个计算置位，2 是质数)；7→111(3 个计算置位，3 是质数)；9→1001(2 个计算置位，2 是质数)；10→1010(2 个计算置位，2 是质数)。

3. 代码实现
相关代码如下：

```cpp
#include <iostream>
#include <vector>
using namespace std;
class Solution {
public:
    int countPrimeSetBits(int L, int R) {
        int count = 0;
        for (int i = L; i <= R; ++i) {
            if (isPrime(hammingWeight(i)))
                ++count;
        }
        return count;
    }
    //计算一个整数的二进制表示中 1 的个数
    int hammingWeight(int n) {
        if (n < 0) {
            return hammingWeight(-n);
        }
        int count = 0;
        while (n) {
            n = n & (n - 1);
            ++count;
        }
        return count;
    }
    //判断一个整数是否为质数
    bool isPrime(int n) {
        if (n < 2)
            return false;
        if (n == 2)
            return true;
        for (int i = 2; i * i <= n; ++i) {
            if (n % i == 0)
                return false;
        }
        return true;
    }
};
```

```cpp
};
int main() {
    Solution solution;
    int L = 6, R = 10;
    int result = solution.countPrimeSetBits(L, R);
    cout << "输入:[" << L << "," << R << "]" << endl;
    cout << "输出:" << result << endl;
    return 0;
}
```

4. 运行结果

输入:[6,10]
输出:4

【实例079】 最少费用的爬台阶方法

1. 问题描述

在楼梯上,每层台阶都有各自的费用,即第 i 层(台阶从 0 层索引)台阶有非负成本 cost[i]。一旦支付了费用,可以爬 1~2 步。找到最低成本到达最高层。可以从索引为 0 的楼梯开始,也可以从索引为 1 的台阶开始。

2. 问题示例

输入 cost=[1,100,1,1,1,100,1,1,100,1],输出 6。最便宜的方法是从第 0 层台阶起步,只走费用为 1 的台阶并且跳过第 3 层台阶。

3. 代码实现

相关代码如下:

```cpp
#include <iostream>
#include <vector>
using namespace std;
class Solution {
public:
    int minCostClimbingStairs(vector<int> &cost) {
        auto len = cost.size();
        //初始化动态规划数组
        vector<int> dp(len, 0);
        //初始化前两个元素
        dp[0] = cost[0];
        dp[1] = cost[1];
        //遍历数组,计算每个位置的最小成本
        for (auto j = 2; j < len; j++) {
            dp[j] = cost[j] + min(dp[j - 1], dp[j - 2]);
        }
        //返回最后一个和倒数第二个元素的最小值
        return min(dp[len - 1], dp[len - 2]);
    }
};
int main() {
    Solution solution;
```

```cpp
    vector < int > cost = {1, 100, 1, 1, 1, 100, 1, 1, 100, 1};
    int result = solution.minCostClimbingStairs(cost);
    cout <<"输入:[";
    for (int i = 0; i < cost.size(); i++) {
        cout << cost[i];
        if (i != cost.size() - 1) {
            cout << ", ";
        }
    }
    cout << "]" << "\n 输出:" << result << endl;
    return 0;
}
```

4. 运行结果

输入:[1,100,1,1,1,100,1,1,100,1]

输出:6

【实例 080】 中心索引

1. 问题描述

给定一个整数数组 nums,编写一个返回此数组"中心索引"的方法。中心索引左边的数字之和等于右边的数字之和。如果不存在这样的中心索引,返回-1。如果有多个中心索引,则返回最左侧的那个。

2. 问题示例

输入 nums=[1,7,3,6,5,6],输出 3,表示索引 3(nums[3]=6)左侧所有数字之和等于右侧数字之和,并且 3 是满足条件的第 1 个索引。

3. 代码实现

相关代码如下:

```cpp
#include < iostream >
#include < vector >
using namespace std;
class Solution {
public:
    int pivotIndex(vector < int > &nums) {
        int a = 0;                          //初始化变量 a 为 0
        int n = nums.size();                //获取数组长度
        if (n == 0) {                       //如果数组长度为 0,返回-1
            return -1;
        }
        int sum1 = 0;                       //初始化左侧和为 0
        int sum2 = 0;                       //初始化右侧和为 0
        for (int j = 1; j < n; j++) {       //遍历数组,计算右侧和
            sum2 += nums[j];
        }
        while (sum2 != sum1 && a < n - 1) {
            sum1 += nums[a];
            sum2 -= nums[a + 1];
```

```
                a++;
            }
            if (a == n - 1 && sum1 != sum2) {
            //如果 a 等于 n-1 且左右两侧和不相等,返回-1
                return -1;
            } else {
                return a;
            }
        }
};
int main() {
    Solution solution;
    vector<int> nums = {1, 7, 3, 6, 5, 6};      //定义整数数组 nums
    int result = solution.pivotIndex(nums);      //调用 pivotIndex 函数,获取结果
    cout << "输入:[";
    for (int i = 0; i < nums.size(); i++) {      //遍历数组,输出数组元素
        cout << nums[i];
        if (i != nums.size() - 1) {
            cout << ", ";
        }
    }
    cout << "]" << "\n输出:" << result << endl;
    return 0;
}
```

4. 运行结果

输入:[1,7,3,6,5,6]
输出:3

【实例 081】 词典中最长的单词

1. 问题描述

给出一系列字符串单词,表示一个英语词典,找到字典中最长的单词,这些单词可以通过字典中其他单词每次增加一个字母构成。如果有多个可能的答案,则返回字典顺序最小的那个。如果没有答案,则返回空字符串。

2. 问题示例

输入 words=["a","banana","app","appl","ap","apply","apple"],输出 "apple",单词 apply 和 apple 都能够通过字典里的其他单词构成。但是,apple 的字典序比 apply 小。

输入中的所有字符串只包含小写字母,words 的长度范围为[1,1000],words[i] 的长度范围为[1,30]。

3. 代码实现

相关代码如下:

```
#include <iostream>
#include <vector>
using namespace std;
class Trie {
```

```cpp
public:
    Trie() {
        this->children = vector<Trie *>(26, nullptr);
//标记该节点是否为单词的结尾
        this->isEnd = false;
    }
    bool insert(const string &word) {
        Trie * node = this;                        //从根节点开始
        for (const auto &ch : word) {
            int index = ch - 'a';                  //计算当前字符对应的子节点索引
            if (node->children[index] == nullptr) {
                //如果子节点不存在,则创建新节点
                node->children[index] = new Trie();
            }
            node = node->children[index];          //移动到下一个节点
        }
        node->isEnd = true;
        return true;
    }
    bool search(const string &word) {
        Trie * node = this;                        //从根节点开始
        for (const auto &ch : word) {
            int index = ch - 'a';                  //计算当前字符对应的子节点索引
            if (node->children[index] == nullptr || !node->children[index]->isEnd) {
//如果子节点不存在或不是单词结尾,则搜索失败
                return false;
            }
            node = node->children[index];          //移动到下一个节点
        }
        return node != nullptr && node->isEnd;
    }
private:
    vector<Trie *> children;
//标记该节点是否为单词的结尾
    bool isEnd;
};
class Solution {
public:
//找出给定字符串数组中最长的前缀词
    string longestWord(vector<string> &words) {
        Trie trie;
        for (const auto &word : words) {
            trie.insert(word);                     //插入所有单词到 trie 树
        }
        string longest = "";                       //初始化最长前缀词为空字符串
        for (const auto &word : words) {
            if (trie.search(word)) {
                if (word.size() > longest.size() || (word.size() == longest.size() && word < longest)) {
                    longest = word;
                }
            }
        }
        return longest;                            //返回最长前缀词
```

```cpp
    }
};
int main() {
    Solution solution;                                      //创建 Solution 对象
    vector<string> words = {"a", "banana", "app", "appl", "ap", "apply", "apple"};  //初始化
    //字符串数组
    string result = solution.longestWord(words);
    cout << "输入:[" ;
    for (int i = 0; i < words.size(); i++) {
        cout << "\"" << words[i] << "\"";
        if ( i != words.size() - 1) {
            cout << ", ";
        }
    }
    cout << "]\n 输出:[\"" << result << "\"]" << endl;
    return 0;
}
```

4. 运行结果

输入:["a","banana","app","appl","ap","apply","apple"]
输出:["apple"]

【实例082】 重复字符串匹配

1. 问题描述

给定两个字符串 A 和 B，找到 A 必须重复的最小次数，以使得 B 是它的子字符串，如果没有这样的解决方案则返回 −1。

2. 问题示例

输入：A="abcd",B="cdabcdab"。输出：3。注：因为将 A 重复 3 次以后 (abcdabcdabcd)，B 将成为 A 的一个子串，而如果 A 只重复 2 次 (abcdabcd)，B 并不是 A 的子串。

3. 代码实现

相关代码如下：

```cpp
#include <iostream>
#include <cstdlib>
#include <ctime>
using namespace std;
class Solution {
public:
    int strStr(string haystack, string needle) {
    //定义 strStr 函数,用于在 haystack 中查找 needle 的位置
        int n = haystack.size(), m = needle.size();     //获取两个字符串的长度
        if (m == 0) {                                   //如果 needle 为空字符串
            return 0;                                   //返回 0,表示在位置 0 处找到
        }
        long long k1 = 1e9 + 7;                         //定义第一个哈希模数
        long long k2 = 1337;                            //定义第二个哈希模数
```

```cpp
        srand((unsigned)time(NULL));                    //使用当前时间作为随机数种子
        long long kMod1 = rand() % k1 + k1;             //生成第一个随机模数
        long long kMod2 = rand() % k2 + k2;             //生成第二个随机模数
        long long hash_needle = 0;                      //定义 needle 的哈希值
        for (auto c : needle) {                         //遍历 needle 中的每个字符
            hash_needle = (hash_needle * kMod2 + c) % kMod1;
        }
        long long hash_haystack = 0, extra = 1;         //定义 haystack 的哈希值和额外因子
        for (int i = 0; i < m - 1; i++) {               //初始化哈希值,只计算前 m-1 个字符
            hash_haystack = (hash_haystack * kMod2 + haystack[i % n]) % kMod1;
            extra = (extra * kMod2) % kMod1;            //计算额外因子
        }
        for (int i = m - 1; (i - m + 1) < n; i++) {     //从第 m 个字符开始遍历 haystack
            hash_haystack = (hash_haystack * kMod2 + haystack[i % n]) % kMod1;
            //更新哈希值
            if (hash_haystack == hash_needle) {         //如果哈希值匹配
                return i - m + 1;                       //返回匹配开始的位置
            }
            hash_haystack = (hash_haystack - extra * haystack[(i - m + 1) % n]) % kMod1;
                                                        //移除最左侧字符的哈希值
            hash_haystack = (hash_haystack + kMod1) % kMod1;
                                                        //保证结果为正数
        }
        return -1;                                      //如果未找到匹配,返回 -1
    }
    int repeatedStringMatch(string &a, string &b) {
    //定义 repeatedStringMatch 函数,用于检查 a 重复若干次后是否包含 b
        int an = a.size(), bn = b.size();               //获取 a 和 b 的长度
        int index = strStr(a, b);                       //在 a 中查找 b 的位置
        if (index == -1) {
            return -1;
        }
        if (an - index >= bn) {                         //如果 b 完全包含在 a 中
            return 1;                                   //返回 1,表示 a 重复 1 次即可包含 b
        }
        return (bn + index - an - 1) / an + 2;
    }
};
int main() {
    Solution solution;
    string A = "abcd";                                  //定义字符串 A
    string B = "cdabcdab";                              //定义字符串 B
    int result = solution.repeatedStringMatch(A, B);
    cout << "输入:" << A << ", " << B << endl;
    cout << "输出:" << result << endl;
    return 0;
}
```

4. 运行结果

输入:abcd,cdabcdab

输出:3

【实例083】 不下降数组

1. 问题描述

给定一个包含 n 个整数的数组,检测在改变至多一个元素的情况下,它是否可以变成不下降的数组。

2. 问题示例

输入[4,2,3],输出 True,因为可以把第 1 个 4 修改为 1,从而得到一个不下降数组。

3. 代码实现

相关代码如下:

```cpp
#include <iostream>
#include <vector>
using namespace std;
class Solution {
public:
    bool checkPossibility(vector<int> &nums) {
//定义一个名为 checkPossibility 的成员函数,接收一个整数向量用作参数
        int length = nums.size(), count = 0;
//定义两个整数变量,length 用于存储 nums 的长度,count 用于记录需要修改的元素数量
        for (int i = 1; i < length; i++)         //从第二个元素开始遍历 nums
            if (nums[i] < nums[i - 1]) {         //如果当前元素小于前一个元素
                count++;                         //count 加 1,表示需要修改一个元素
                if (i >= 2 && nums[i] < nums[i - 2])
//如果当前元素还小于前两个元素,说明修改当前元素无法使序列非递减
                    nums[i] = nums[i - 1];       //将当前元素修改为前一个元素的值
                else
                    nums[i - 1] = nums[i];       //将前一个元素修改为当前元素的值
            }
        return count <= 1;         //修改的元素数量不超过 1,返回 true,否则返回 false
    }
};
int main() {
    Solution solution;
    vector<int> nums = {4, 2, 3};
    cout << "输入:[";
    for (int i = 0; i < nums.size(); i++) {
        cout << nums[i];
        if (i != nums.size() - 1) {              //如果不是最后一个元素
            cout << ", ";
        }
    }
    cout << "]";
    bool result = solution.checkPossibility(nums);
    cout << "\n 输出:" << (result ? "True" : "False") << endl;
    return 0;
}
```

4. 运行结果

输入：[4,2,3]

输出：True

【实例 084】 最大的回文数乘积

1. 问题描述

找到由两个 n 位整数的乘积构成的最大回文整数。由于结果可能非常大，因此返回的最大回文数以 1337 取模。

2. 问题示例

输入 2，输出 987，即 $99 \times 91 = 9009$，$9009 \% 1337 = 987$。

3. 代码实现

相关代码如下：

```cpp
#include <iostream>
#include <cmath>
using namespace std;
class Solution {
public:
    int largestPalindrome(int n) {
        if (n == 1)
            return 9;                                  //直接返回9,因为最大的一位回文数是9
        int maxNum = pow(10, n) - 1, minNum = (maxNum + 1) / 10;
        long long candidate;           //定义一个长整型变量 candidate,用于存储回文数的候选值
        for (int i = maxNum; i >= minNum; --i) {
            //从最大值开始递减到最小值,遍历所有可能的 n 位数
            string t = to_string(i);                   //将当前数字 i 转换为字符串
            candidate = stoll(t + string(t.rbegin(), t.rend()));
            //将字符串 i 和其反转字符串拼接,并转换为长整型回文数
            for (long long j = maxNum; j * j > candidate; --j) {
                //遍历所有可能的除数 j,从最大值开始递减,直到 j 的平方小于 candidate
                if (candidate % j == 0)                //如果 candidate 能被 j 整除
                    return candidate % 1337;           //返回 candidate 除以 1337 的余数
            }
        }
    }
};
int main() {
    Solution solution;
    int n = 2;
    int result = solution.largestPalindrome(n);
    cout << "输入:" << n << endl;
    cout << "输出:" << result << endl;
    return 0;
}
```

4. 运行结果

输入：2

输出：987

【实例085】 补数

1. 问题描述

给定一个正整数,输出它的补数。补数是将原数字的二进制形式按位取反,再转回十进制后得到的新数。

2. 问题示例

输入 5,输出 2,5 的二进制表示为 101(不包含前导零),补数为 010,所以输出 2。

3. 代码实现

相关代码如下：

```cpp
#include <iostream>
using namespace std;
class Solution {
public:
    int findComplement(int num) {
        int bit = 31;
        while (bit) {
            if (((num >> bit) & 1) == 1) {
                break;
            }
            bit--;
        }
        //从第1个1的位置开始,右边的所有位取反
        while (bit > -1) {
            if (((num >> bit) & 1) == 1) {
                num = num & ~(1 << bit);
            } else {
                num = num | (1 << bit);
            }
            bit--;
        }
        return num;
    }
};
int main() {
    Solution solution;
    int num = 5;
    int result = solution.findComplement(num);
    cout << "输入:" << num << endl;
    cout << "输出:" << result << endl;
    return 0;
}
```

4. 运行结果

输入：5
输出：2

【实例086】 加热器

1. 问题描述

设计一个具有固定加热半径的加热器。已知所有房间和加热器所处的位置，它们均分布在一条水平线上。找出最小的加热半径，使得所有房间都处在至少一个加热器的加热范围内。输入是所有房间和加热器所处的位置，输出是加热器最小的加热半径。

2. 问题示例

输入房间位置为[1,2,3]，加热器位置为[2]，输出半径为1，因为唯一的一个加热器被放在2的位置，那么只有加热半径为1，加热范围才能覆盖所有房间。

3. 代码实现

相关代码如下：

```cpp
#include <iostream>
#include <vector>
#include <algorithm>
using namespace std;
class Solution {
public:
    bool checkRadius(vector<int> &houses, vector<int> &heaters, int radius) {          //定义
//checkRadius 函数,检查给定的半径是否足够覆盖所有的房间
        int j = 0;                                      //初始化加热器的索引
        for (int i = 0; i < houses.size(); i++) {       //遍历所有的房间
            while (j < heaters.size()) {                //遍历所有的加热器
                if (heaters[j] - radius <= houses[i] && houses[i] <= heaters[j] + radius)
{                                                       //如果房间在加热器的覆盖范围内
                    break;                              //跳出内层循环,继续检查下一个房间
                }
                j++;                                    //否则,移动到下一个加热器
            }
            if (j == heaters.size()) {                  //如果所有的加热器都不能覆盖当前房间
                return false;                           //返回false,表示半径不够
            }
        }
        return true;                                    //如果所有的房间都能被覆盖,返回true
    }
    int findRadius(vector<int> &houses, vector<int> &heaters) {
        sort(houses.begin(), houses.end());             //对房间位置进行排序
        sort(heaters.begin(), heaters.end());           //对加热器位置进行排序
        int l = 0;
        int r = heaters.back() + houses.back();
        while (l + 1 < r) {
            int mid = l + (r - l) / 2;                  //计算中间值
            if (checkRadius(houses, heaters, mid)){     //如果 mid 足够覆盖所有的房间
```

```cpp
                    r = mid;
                } else {
                    l = mid;
                }
            }
            if (checkRadius(houses, heaters, l)) {        //检查左边界是否是一个解
                return l;
            }
            if (checkRadius(houses, heaters, r)) {        //检查右边界是否是一个解
                return r;
            }
            return -1;
        }
};
int main() {
    Solution solution;
    vector<int> houses = {1, 2, 3};
    vector<int> heaters = {2};
    int result = solution.findRadius(houses, heaters);
    cout << "输入:[";
    for (int i = 0; i < houses.size(); i++) {
        cout << houses[i];
        if (i != houses.size() - 1) {                     //如果不是最后一个房间
            cout << ", ";                                 //输出逗号和空格作为分隔符
        }
    }
    cout << "],[";
    for (int i = 0; i < heaters.size(); i++) {
        cout << heaters[i];                               //输出加热器的位置
        if (i != heaters.size() - 1) {                    //如果不是最后一个加热器
            cout << ", ";
        }
    }
    cout << "]\n输出:" << result << endl;
    return 0;
}
```

4．运行结果

输入：[1,2,3],[2]

输出：1

【实例 087】 将火柴摆放成正方形

1．问题描述

判断是否可以利用所有火柴棍制作一个正方形。不破坏任何火柴棍，将它们连接起来，并且每个火柴棍必须使用一次。输入是火柴棍的长度，输出是 True 或 False，表示是否可以制作一个正方形。

2．问题示例

输入火柴棍的长度[1,1,2,2,2]，输出 True，因为用 3 个长度为 2 的火柴棍形成 3 个

边,用2个长度为1的火柴棍作为第4个边,能够组成正方形。

3. 代码实现

相关代码如下:

```cpp
#include <iostream>
#include <vector>
#include <algorithm>
using namespace std;
class Solution {
public:
    bool makesquare(vector<int> &nums) {
        //如果数组为空,则无法组成正方形,返回false
        if (nums.size() == 0)
            return false;
        //对火柴棍长度进行排序
        sort(nums.begin(), nums.end());
        //计算火柴棍总长度
        int sum = 0;
        for (int i = 0; i < nums.size(); i++) {
            sum += nums[i];
        }
        //判断总长度能否被4整除,如果不能,则无法组成正方形
        if (sum % 4 != 0) {
            return false;
        }
        //计算每个边的长度
        int width = sum / 4;
        //如果存在长度大于边的火柴棍,则无法组成正方形
        for (int i = 0; i < nums.size(); i++) {
            if (nums[i] > width)
                return false;
        }
        bool used[20];                      //记录火柴棍是否已经被使用
        return dfs(nums, used, 0, 0, width, 0);
    }
    bool dfs(vector<int> &nums, bool * used, int acc, int start, int target, int count) {
        if (count == 4) {
            for (int i = 0; i < nums.size(); i++) {
                if (!used[i])
                    return false;           //如果有火柴棍未被使用,则无法组成正方形
            }
            return true;                    //所有火柴棍都被使用,可以组成正方形
        } else if (acc > target) {
            return false;                   //当前边的长度已经超过目标长度,无法组成正方形
        } else if (acc == target) {
            return dfs(nums, used, 0, 0, target, count + 1);
        } else {
            for (int i = start; i < nums.size(); i++) {
                if (!used[i]) {
                    used[i] = true;         //标记火柴棍已被使用
                    if (dfs(nums, used, acc + nums[i], i + 1, target, count))
                        return true;        //如果可以组成正方形,则返回true
                    used[i] = false;
                }
```

```
            }
            return false;
        }
    }
};
int main() {
    Solution solution;
    vector < int > nums = {1, 1, 2, 2, 2};
    bool result = solution.makesquare(nums);
    cout << "输入:[";
    for (int i = 0; i < nums.size(); i++) {
        cout << nums[i];
        if (i != nums.size() - 1) {
            cout << ", ";
        }
    }
    cout << "]\n";
    cout << "输出:" << (result ? "True" : "False") << endl;
    return 0;
}
```

4．运行结果

输入：[1,1,2,2,2]

输出：True

【实例 088】 可怜的小动物

1．问题描述

在 1000 个桶中仅有 1 个桶里面装了毒药，其他装的是水。这些桶从外面看上去完全相同。如果一只小动物喝了毒药，它将在 15 分钟内死去。在 1 个小时内，至少需要多少只小动物才能判断出哪一个桶里装的是毒药？

2．问题示例

输入 buckets＝1000，minutesToDie＝15，minutesToTest＝60，输出 5。一只小动物在测试时间内有 5 种情况，15 分钟时死亡、30 分钟时死亡、45 分钟时死亡、60 分钟时死亡、60 分钟时存活。因此一只小动物最多可以判断 5 桶水。两只小动物则最多可以判断 25 桶水，将 25 桶水进行二维矩阵 xy 坐标编码，每行分别混合，产生 5 桶水，一只小动物求毒药的 x 坐标；同理每列分别混合产生 5 桶水，另一只小动物求毒药的 y 坐标。同理可知，n 只小动物最多可以判断 5n 桶水。

3．代码实现

相关代码如下：

```
#include < iostream >
#include < vector >
using namespace std;
class Solution {
public:         //定义一个名为 poorPigs 的公共成员函数，计算需要多少只小动物才能测试出有毒的桶
```

```cpp
    int poorPigs(int buckets, int minutesToDie, int minutesToTest) {
        if (buckets == 1) {            //如果只有一个桶,则不需要小动物进行测试,直接返回0
            return 0;
        }
        //初始化一个二维向量 combinations,用于存储组合数
        vector<vector<int>> combinations(buckets + 1, vector<int>(buckets + 1));
        //设置 combinations 的第一个元素为1,表示从0个元素中选取0个元素的组合数为1
        combinations[0][0] = 1;
        //计算可以进行多少次测试迭代
        int iterations = minutesToTest / minutesToDie;
        //初始化一个二维向量 f,用于存储测试结果
        vector<vector<int>> f(buckets, vector<int>(iterations + 1));
        //初始化 f 的第一列,表示只有一个桶时,无论进行多少次迭代,结果都是1
        for (int i = 0; i < buckets; i++) {
            f[i][0] = 1;
        }
        //初始化 f 的第一行,表示无论有多少只小动物,都不进行测试时,结果都是1
        for (int j = 0; j <= iterations; j++) {
            f[0][j] = 1;
        }
        for (int i = 1; i < buckets; i++) {
            combinations[i][0] = 1;
            combinations[i][i] = 1;
            for (int j = 1; j < i; j++) {
                combinations[i][j] = combinations[i - 1][j - 1] + combinations[i - 1][j];
            }
        }
        for (int i = 1; i < buckets; i++) {
            for (int j = 1; j <= iterations; j++) {
                for (int k = 0; k <= i; k++) {
                    f[i][j] += f[k][j - 1] * combinations[i][i - k];
                }
            }
            if (f[i][iterations] >= buckets) {
                return i;
            }
        }
        //如果所有情况都无法在 iterations 次测试内测试出 buckets 个桶,则返回0
        return 0;
    }
};
int main() {
    Solution solution;
    int buckets = 1000;
    int minutesToDie = 15;
    int minutesToTest = 60;
    int result = solution.poorPigs(buckets, minutesToDie, minutesToTest);
    cout << "输入:" << buckets << " " << minutesToDie << " " << minutesToTest << endl;
    cout << "输出:" << result << endl;
    return 0;
}
```

4. 运行结果

输入:1000 15 60

输出:5

【实例 089】 循环数组中的环

1. 问题描述

一个数组包含正整数和负整数。如果某个位置为正整数 n，从这个位置出发正向（向右）移动 n 步；反之，如果在某个位置为负整数-n，从这个位置出发反向（向左）移动 n 步。数组被视为首尾相连，即第 1 个元素视为在最后一个元素的右边，最后一个元素视为在第 1 个元素的左边。判断其中是否包含环，即从某一个确定的位置出发，在经过若干次移动后仍能回到这个位置。环必须包含 1 个以上的元素，且必须是单向（不是正向就是反向）移动的。

2. 问题示例

输入[2,-1,1,2,2]，输出 True，表示存在一个环，其下标可以表示为 0→2→3→0。

3. 代码实现

相关代码如下：

```cpp
#include <iostream>
#include <vector>
using namespace std;
class Solution {
public:
    bool circularArrayLoop(vector<int> &nums) {
        //定义一个名为 circularArrayLoop 的公共方法,接收一个整数向量的引用
        int n = nums.size();                    //获取数组的大小
        for (int i = 0; i < n; ++i) {
            if (nums[i] == 0) {                 //如果当前元素为 0,则跳过该元素
                continue;
            }
            int j = i;                          //初始化 j 为当前元素的索引
            int k = getIndex(i, nums);          //获取当前元素移动后的新索引
            while (nums[k] * nums[i] > 0 && nums[getIndex(k, nums)] * nums[i] > 0) {   //判断移
//动方向和当前元素方向是否一致
                if (j == k) {                   //如果 j 和 k 相等,说明可能找到了循环
                    if (j == getIndex(j, nums)) {
                        break;
                    }
                    return true;                //返回 true,表示找到了循环
                }
                j = getIndex(j, nums);
                k = getIndex(getIndex(k, nums), nums);
            }
            j = i;                              //重置 j 为当前元素的索引
            int val = nums[i];                  //获取当前元素的值
            while (nums[j] * val > 0) {         //遍历并标记参与循环的元素为 0
                int next = getIndex(j, nums);   //获取下一个索引
                nums[j] = 0;                    //将当前元素标记为 0
                j = next;
            }
        }
        return false;                           //遍历完所有元素后仍未找到循环,返回 false
```

```cpp
    }
    int getIndex(int i, vector<int> &nums) {
//定义一个名为getIndex的辅助方法,用于获取新索引
        int n = nums.size();                          //获取数组的大小
        return i + nums[i] >= 0? (i + nums[i]) % n : n + ((i + nums[i]) % n);
//根据元素的值计算新索引
    }
};
int main() {
    Solution solution;
    vector<int> nums = {2, -1, 1, 2, 2};
    bool result = solution.circularArrayLoop(nums);
    cout << "输入:[";
    for (int i = 0; i < nums.size(); i++) {          //遍历数组并输出每个元素
        cout << nums[i];
        if (i != nums.size() - 1){
            cout << ", ";
        }
    }
    cout << "]\n";
    cout << "输出:" << (result ? "True" : "False") << endl;
    return 0;
}
```

4. 运行结果

输入:[2,-1,1,2,2]

输出:True

【实例090】 分饼干

1. 问题描述

给每个孩子至多分 1 块饼干,每块饼干都有一个尺寸,同时每个孩子都有一个贪吃指数,代表满足最小尺寸的饼干。如果饼干尺寸大于孩子的贪吃指数,那么就可以将饼干分给孩子使他得到满足。目标是使最多的孩子得到满足,输出能够满足孩子数的最大值。

2. 问题示例

输入[1,2],[1,2,3],输出 2。

3. 代码实现

相关代码如下:

```cpp
#include <iostream>
#include <vector>
#include <algorithm>
using namespace std;
class Solution {
public:
    int findContentChildren(vector<int> &g, vector<int> &s) {
        sort(g.begin(), g.end());
        sort(s.begin(), s.end());
```

```cpp
        int i = 0, j = 0, result = 0;
        auto iter1 = g.begin(), iter2 = s.begin();     //使用迭代器进行遍历
                //当两个迭代器均未到达末尾时,进行循环
        while ((iter1 != g.end()) && (iter2 != s.end())) {
            if ( * iter1 <=  * iter2) {
                ++result;
                ++iter1;
                ++iter2;
            } else {
                ++iter2;
            }
        }
        return result;                                  //返回满足的孩子数
    }
};
int main() {
 Solution solution;                                     //创建一个 Solution 对象
 vector < int > g = {1, 2};
 vector < int > s = {1, 2, 3};
 cout << "输入:[";
 for (int i = 0; i < g.size(); i++) {
     cout << g[i];
     if (i != g.size() - 1) {
         cout << ", ";
     }
 }
 cout << "], [";
 for (int i = 0; i < s.size(); i++) {
     cout << s[i];
     if (i != s.size() - 1) {
         cout << ", ";
     }
 }
 cout << "]\n";
 int result = solution.findContentChildren(g, s);
 cout << "输出:" << result << endl;
 return 0;
}
```

4. 运行结果

输入:[1,2],[1,2,3]

输出:2

【实例091】 翻转字符串中的元音字母

1. 问题描述

写一个方法,输入给定的字符串,翻转字符串中的元音字母。

2. 问题示例

输入 s="hello",输出"holle"。

3. 代码实现

相关代码如下：

```cpp
#include <iostream>
using namespace std;
class Solution {
public:
    string reverseVowels(string &s) {
        //定义一个函数 isVowel,用于判断一个字符是否为元音字母
        auto isVowel = [vowels = "aeiouAEIOU"s](char ch) {
            return vowels.find(ch) != string::npos;
            //如果 ch 在 vowels 中,则 find 函数返回非 npos,否则返回 npos
        };
        int n = s.size();
        int i = 0, j = n - 1;
        while (i < j) {
            //移动 i 指针,直到找到一个元音字母或到达字符串末尾
            while (i < n && !isVowel(s[i])) {
                ++i;
            }
            //移动 j 指针,直到找到一个元音字母或到达字符串开头
            while (j > 0 && !isVowel(s[j])) {
                --j;
            }
            //如果 i 仍然小于 j,则交换 s[i]和 s[j]的位置,并同时向字符串中心移动 i 和 j
            if (i < j) {
                swap(s[i], s[j]);                //交换两个元音字母的位置
                ++i;                              //i 指针向字符串中心移动
                --j;                              //j 指针向字符串中心移动
            }
        }
        return s;
    }
};
int main() {
    Solution solution;
    string s = "hello";
    cout << "输入:" << s << endl;
    string result = solution.reverseVowels(s);
    cout << "输出:" << result << endl;
    return 0;
}
```

4. 运行结果

输入：hello
输出：holle

【实例 092】 翻转字符串

1. 问题描述

写一个方法,输入给定的字符串,返回将这个字符串的字母逐个翻转后的新字符串。

2. 问题示例

输入 s=the sky is blue,输出 blue is sky the。

3. 代码实现

相关代码如下：

```cpp
#include <iostream>
using namespace std;
class Solution {
public:
    void reverse(string &s, int start, int end) {
        if (start < end) {                    //如果 start 小于 end,则执行翻转操作
            char temp = s[start];             //临时存储 start 位置的字符
            s[start] = s[end];                //将 end 位置的字符赋值给 start 位置
            s[end] = temp;                    //将 temp(原来的 start 位置的字符)赋值给 end 位置
            start++;                          //start 指针向后移动
            end--;
            reverse(s, start, end);           //递归调用翻转函数,继续翻转剩余的字符
        } else
            return;                           //如果 start 大于或等于 end,则结束递归
    }
    void RemoveSpace(string &s) {
        while (s.find(" ") == 0)              //当字符串 s 开头是空格时
            s.erase(0, 1);                    //删除开头的空格
        if (s.length() == 0)
            return;
        while (s.rfind(" ") == (s.length() - 1))      //当字符串 s 结尾是空格时
            s.erase(s.length() - 1, 1);
    }
    string reverseWords(string &s) {
        RemoveSpace(s);                       //先移除字符串 s 开头和结尾的空格
        int start = 0;                        //用于存储当前单词的起始位置
        int end = s.length() - 1;             //用于存储当前单词的结束位置
        reverse(s, 0, end);                   //先将整个字符串 s 翻转
        for (int i = 0; i <= end;) {          //遍历翻转后的字符串 s
            if (s[i] == ' ') {
                if (s[i + 1] == ' ') {        //如果下一个字符也是空格(连续空格)
                    s.erase(i + 1, 1);
                    end = end - 1;
                    continue;
                } else {
                    reverse(s, start, i - 1);
                    start = i + 1;            //更新下一个单词的起始位置
                    i++;
                }
            } else
                i++;                          //如果当前字符不是空格,则继续下一个循环
            if (i == end) {                   //如果已经遍历到字符串的最后一个字符
                reverse(s, start, i);
                break;
            }
        }
        return s;
    }
```

```cpp
};
int main() {
    Solution solution;
    string s = "the sky is blue";           //定义一个字符串 s,并初始化
    cout << "输入:" << s << endl;
    string result = solution.reverseWords(s);
    cout << "输出:" << result << endl;
    return 0;
}
```

4. 运行结果

输入:the sky is blue

输出:blue is sky the

【实例 093】 使数组元素相同的最少步数

1. 问题描述

给定一个大小为 n 的非空整数数组,找出使得数组中所有元素相同的最少步数,其中一步被定义为将数组中 n−1 个元素加 1。

2. 问题示例

输入[1,2,3],输出 3,因为每步将其中 2 个元素加 1,[1,2,3]=>[2,3,3]=>[3,4,3]=>[4,4,4]。

3. 代码实现

相关代码如下:

```cpp
#include <iostream>
#include <vector>
using namespace std;
class Solution {
public:
    int minMoves(vector<int> &nums) {
        int S = 0;
        int minVal = INT_MAX;
        for (int i = 0; i < nums.size(); i++) {
            S += nums[i];
            minVal = min(minVal, nums[i]);
        }
        return S - (minVal * nums.size());
    }
};
int main() {
    Solution solution;
    vector<int> nums = {1, 2, 3};
    cout << "输入:[";
    for (int i = 0; i < nums.size(); i++) {
        cout << nums[i];
        if (i != nums.size() - 1) {
            cout << ", ";
```

```
            }
        }
        cout << "]\n";
        int result = solution.minMoves(nums);
        cout << "输出:" << result << endl;
        return 0;
    }
```

4. 运行结果

输入:[1,2,3]

输出:3

【实例094】 加油站

1. 问题描述

在一条环路上有 n 个加油站,其中第 i 个加油站有汽油 gas[i],并且从第 i 个加油站前往第 i+1 个加油站需要消耗汽油 cost[i]。

如果有一辆油箱容量无限大的汽车,从某个加油站出发绕环路一周,最开始油箱为空,问可环绕一周时出发的加油站编号是什么,若不存在环绕一周的方案,则返回-1。

2. 问题示例

输入 gas[i]=[1,1,3,1],cost[i]=[2,2,1,1],输出 2。

3. 代码实现

相关代码如下:

```
#include <iostream>
#include <vector>
using namespace std;
class Solution {
public:
/**
 * @param gas: 整数数组,表示每个加油站提供的汽油量
 * @param cost: 整数数组,表示经过每个加油站需要的汽油量
 * @return: 如果可以完成环绕一周,则返回起始加油站的索引,否则返回-1
 */
int canCompleteCircuit(vector<int> &gas, vector<int> &cost) {
    int totalGas = 0;
    int totalCost = 0;
    for (int i = 0; i < gas.size(); ++i) {
        totalGas += gas[i];
        totalCost += cost[i];
    }
    if (totalGas < totalCost)
        return -1;
    int start = 0, end = -1;
    int windowState = 0;
    while (end + 1 < 2 * gas.size()) {
        end++;
        //更新窗口内的汽油净剩余量
```

```cpp
            windowState += gas[end % gas.size()] - cost[end % gas.size()];
            //如果窗口内的汽油净剩余量小于 0,则需要调整窗口位置
            if (windowState < 0) {
                start = end + 1;              //移动窗口的起始位置
                windowState = 0;              //重置窗口内的汽油净剩余量
            }
            //检查窗口是否包含整个加油站数组,即长度等于加油站数量
            const int windowLength = end - start + 1;
            if (windowLength == gas.size()) {
                return start;                 //返回起始加油站的索引
            }
        }
        return start;                         //如果未找到满足条件的起始加油站,返回 start
    }
};
int main() {
    Solution solution;
    vector<int> gas = {1, 1, 3, 1};           //加油站提供的汽油量
    vector<int> cost = {2, 2, 1, 1};          //经过加油站需要的汽油量
    cout << "输入:[";
    for (int i = 0; i < gas.size(); i++) {
        cout << gas[i];
        if (i != gas.size() - 1) {
            cout << ", ";
        }
    }
    cout << "], [";
    for (int i = 0; i < cost.size(); i++) {
        cout << cost[i];
        if (i != cost.size() - 1) {
            cout << ", ";
        }
    }
    cout << "]\n";
    int result = solution.canCompleteCircuit(gas, cost);
    cout << "输出:" << result << endl;
    return 0;
}
```

4. 运行结果

输入:[1,1,3,1],[2,2,1,1]
输出:2

【实例 095】 春游

1. 问题描述

有 n 组小朋友准备去春游,数组 a 表示每组的人数,保证每组不超过 4 人,现在有若干辆车,每辆车最多只能坐 4 人,同组的小朋友必须坐在同一辆车上,同时每辆车可以不坐满,问最少需要多少辆车才能满足小朋友们的出行需求?

2. 问题示例

输入 a=[1,2,3,4],即有 4 组,每组分别有 1、2、3、4 个小朋友。输出 3。具体方案为第 1 组与第 3 组拼车,其他组各自组一辆车。

3. 代码实现

相关代码如下:

```cpp
#include <iostream>
#include <vector>
using namespace std;
class Solution {
public:
    //定义一个名为 getAnswer 的方法,接收一个整数类型的 vector 作为参数,返回一个整数
    int getAnswer(vector<int> &a) {
        int n = a.size();                    //获取数组 a 的大小
        if (n == 0)
            return 0;
        int total_cnt = 0;                    //定义一个变量来累计满足条件的元素总数
        vector<int> cnt(5, 0);
        for (int i = 0; i < n; ++i) {
            cnt[a[i]]++;
        }
        //累计数字 4 和数字 2 的一半(如果是偶数)
        total_cnt = cnt[4] + cnt[2] / 2;
        //数字 2 的出现次数如果是奇数,则将其设为 1,否则设为 0
        cnt[2] = (cnt[2] & 0x1) == 1;
        //找出数字 1 和数字 3 出现次数的最小值
        int min_cnt1_cnt3 = min(cnt[1], cnt[3]);
        //将最小值累加到总数上
        total_cnt += min_cnt1_cnt3;
        //如果数字 1 和数字 3 的出现次数相同
        if (cnt[1] == cnt[3]) {
            return total_cnt + cnt[2];
        }
        //如果数字 1 的出现次数多于数字 3
        else if (cnt[1] > cnt[3]) {
            //将数字 1 的出现次数减去最小值,并将数字 3 的出现次数设为 0
            cnt[1] -= min_cnt1_cnt3;
            cnt[3] = 0;
        }
        //如果数字 3 的出现次数多于数字 1 的出现次数
        else {
            cnt[3] -= min_cnt1_cnt3;
            cnt[1] = 0;
        }
        if (cnt[1] > 0) {
            //将剩余的数字 1 的出现次数除以 4 并累加到总数上
            total_cnt += cnt[1]/4;
            cnt[1] %= 4;
            //根据余数的不同情况累加到总数上
            if (cnt[1] == 0)
                total_cnt += cnt[2];
            else if (cnt[1] == 3)
                total_cnt += 1 + cnt[2];
```

```
            else
                total_cnt += 1;
        }
        else {
            //将数字 3 和数字 2 的出现次数累加到总数上
            total_cnt += cnt[3] + cnt[2];
        }
        return total_cnt;
    }
};
int main() {
    Solution solution;
    vector<int> a = {1, 2, 3, 4};
    cout << "输入:[";
    for (int i = 0; i < a.size(); i++) {
        cout << a[i];
        if (i != a.size() - 1) {
            cout << ", ";
        }
    }
    cout << "]\n";
    cout << "输出:" << solution.getAnswer(a) << endl;
    return 0;
}
```

4. 运行结果

输入:[1,2,3,4]
输出:3

【实例 096】 合法数组

1. 问题描述

如果数组中只包含 1 个出现了奇数次的数,那么数组合法,否则数组不合法。输入一个只包含正整数的数组 a,判断该数组是否合法,如果合法返回出现奇数次的数,否则返回 -1。

2. 问题示例

输入 a=[1,1,2,2,3,4,4,5,5],输出 3,因为该数组只有 3 出现了奇数次,数组合法,返回 3。

3. 代码实现

相关代码如下:

```
#include <iostream>
#include <vector>
#include <unordered_map>
using namespace std;
class Solution {
public:
    int isValid(vector<int> &a) {
```

```cpp
            //在 Solution 类中定义一个公有成员函数 isValid,接收一个整数向量引用作为参数
            if (a.size() % 2 == 0) {              //如果向量 a 的大小是偶数
                return -1;
            }
            unordered_map< int, int > map;
            //定义一个无序映射,用于存储向量中每个元素及其出现次数
            for (int n : a) {                     //遍历向量 a 中的每个元素
                map[n] = map.find(n) == map.end() ? 1 : map[n] + 1;
            }
            int count = 0, val = 0;
    //定义两个变量,count 用于计数次数为奇数的元素个数,val 用于存储出现次数为奇数的元素值
            for (auto &entry : map) {             //遍历映射中的每个元素(键值对)
                if (entry.second % 2 != 0) {      //如果元素的出现次数为奇数
                    count++;                      //奇数次数计数器加 1
                    val = entry.first;            //更新 val 为当前元素的值
                }
            }
            return count == 1 ? val : -1;
            //如果只有一个元素的出现次数为奇数,返回该元素的值,否则返回-1
        }
};
int main() {
    Solution solution;
    vector< int > input = {1, 1, 2, 2, 3, 4, 4, 5, 5};
    int result = solution.isValid(input);
    cout << "输入:[";
    for (int i = 0; i < input.size(); i++) {
        cout << input[i];
        if (i != input.size() - 1) {              //如果不是向量的最后一个元素
            cout << ", ";
        }
    }
    cout << "]\n";
    cout << "输出:" << result << endl;
    return 0;
}
```

4.运行结果

输入:[1,1,2,2,3,4,4,5,5]

输出:3

【实例 097】 删除排序数组中的重复数字

1.问题描述

给定一个排序数组 nums,删除其中的重复元素,使得每个数字最多出现 2 次,返回新数组的长度。如果一个数字出现超过 2 次,则保留最后 2 个。

2.问题示例

输入[1,1,1,2,2,3],输出[1,1,2,2,3]。注:长度为 5,数组为[1,1,2,2,3]。

3. 代码实现

相关代码如下：

```cpp
#include <iostream>
#include <vector>
using namespace std;
class Solution {
public:
    //删除数组中重复的项,使每个元素只出现两次,返回新的长度
    int removeDuplicates(vector<int> &nums) {
        if (nums.size() == 0) {
            return 0;                          //如果数组为空,直接返回 0
        }
        int i = 0, j = 0;                      //使用两个指针 i 和 j,i 为慢指针,j 为快指针
        int count = 0;                         //计数当前元素重复的次数
        while (i < nums.size()) {
            //使用 j 指针寻找与 nums[i]相同的元素,并计数
            while (j < nums.size() && nums[j] == nums[i]) {
                count++;
                j++;
            }
            if (j == nums.size()) {            //如果没有下一个元素,说明已经遍历完数组
                break;
            }
            //如果当前元素重复次数大于或等于 2,则只保留两个,其余删除
            if (count >= 2) {
                nums[i + 1] = nums[i];
                nums[i + 2] = nums[j];
                i += 2;
            } else {
                nums[i + 1] = nums[j];
                i += 1;
            }
            count = 0;
        }
        //如果最后一个元素重复次数大于或等于 2,需要再减去 1,因为数组末尾放置了多余元素
        if (count >= 2) {
            nums[i + 1] = nums[i];
            return i + 2;
        } else {
            return i + 1;
        }
    }
};
int main() {
    Solution solution;
    vector<int> nums = {1, 1, 1, 2, 2, 3};
    cout << "输入:[";
    for (int i = 0; i < nums.size(); i++) {
        cout << nums[i];
        if (i != nums.size() - 1) {
            cout << ", ";
        }
    }
```

```cpp
    cout << "]\n";
    int len = solution.removeDuplicates(nums);
    cout << "输出:" << len << ",[";
    for (int i = 0; i < len; i++) {
        cout << nums[i];
        if (i != len - 1) {
            cout << ", ";
        }
    }
    cout << "]\n";
    return 0;
}
```

4. 运行结果

输入:[1,1,1,2,2,3]

输出:5,[1,1,2,2,3]

【实例 098】 字符串的不同排列

1. 问题描述

给定一个字符串,找出它的所有排列,注意同一个字符串只能出现 1 次。

2. 问题示例

输入 abb,输出 abb,bab,bba。

3. 代码实现

相关代码如下:

```cpp
#include <iostream>
#include <vector>
#include <string>
#include <algorithm>
using namespace std;
class Solution {
public:
    vector<string> string_permutation(string str) {
        if (str.empty()) {                      //如果字符串为空,则返回一个空向量
            return {};
        }
        if (str.size() == 0) {                  //如果字符串长度为0,则返回包含空字符串的向量
            return {""};
        }
        sort(str.begin(), str.end());           //将字符串排序,这是为了避免产生重复的排列
        vector<string> result;                  //存放所有排列结果的向量
        vector<int> visited(str.size(), 0);     //访问标记向量,跟踪字符是否被使用
        vector<char> permutation;
        dfs(str, visited, permutation, result);
        return result;
    }
private:
```

```cpp
    void dfs(const string &chars, vector<int> &visited, vector<char> &permutation, vector
<string> &result) {
        //如果当前排列的长度等于原字符串的长度,则将排列添加到结果中
        if (permutation.size() == chars.size()) {
            result.push_back(string(permutation.begin(), permutation.end()));
            return;
        }
        for (int i = 0; i < chars.size(); ++i) {
            if (visited[i] == 0) {
                //跳过相邻且相同的字符,以避免产生重复排列
                if(i > 0 && chars[i] == chars[i - 1] && visited[i - 1] == 0) {
                    continue;
                }
                permutation.push_back(chars[i]);
                visited[i] = 1;
                //递归调用深度优先搜索函数,继续生成下一个字符的排列
                dfs(chars, visited, permutation, result);
                //回溯,将当前字符从排列中移除,并标记为未访问
                visited[i] = 0;
                permutation.pop_back();
            }
        }
    }
};
int main() {
    Solution solution;
    string input = "abb";
    vector<string> output = solution.string_permutation(input);
    cout << "输入:" << input << endl;
    cout << "输出:";
    for (const string &s : output) {
        cout << s << " ";
    }
    cout << endl;
    return 0;
}
```

4. 运行结果

输入:abb

输出:abb bab bba

【实例 099】 全排列

1. 问题描述

给定一个数字列表,返回其所有可能的排列。

2. 问题示例

输入[1,2,3],输出[[1,2,3],[1,3,2],[2,1,3],[2,3,1],[3,1,2],[3,2,1]]。

3. 代码实现

相关代码如下：

```cpp
#include <iostream>
#include <vector>
#include <algorithm>
using namespace std;
class Solution {
public:
    //permute 方法用于获取给定数组的所有排列
    vector<vector<int>> permute(vector<int> &nums) {
        vector<vector<int>> permutations;      //定义一个二维向量存储所有排列
        if (nums.empty())                      //如果输入数组为空,则返回一个包含空数组的二维向量
            return {{}};
        sort(nums.begin(), nums.end());        //对输入数组排序,确保生成的排列是有序的
        permutations.push_back(vector<int>(nums));
        //将排序后的数组作为第一个排列添加到结果中
        while (true) {                         //使用一个无限循环生成下一个排列
            if (nextPermutation(nums)) {       //如果成功生成了下一个排列
                permutations.push_back(vector<int>(nums));
                //将排列添加到结果中
            } else {                           //如果不能生成下一个排列
                break;                         //跳出循环
            }
        }
        return permutations;                   //返回所有排列
    }
    bool nextPermutation(vector<int> &permutation) {
        int n = permutation.size();            //获取数组的长度
        if (n <= 1)                            //如果数组长度小于或等于1,则没有下一个排列
            return false;
        int i = n - 1;                         //从数组的最后一个元素开始向前遍历
        while (i > 0 && permutation[i - 1] >= permutation[i]) {
            i--;
        }
        if (i <= 0)                            //如果没有找到逆序对,说明已经是最后一个排列
            return false;
        if (i != 0) {                          //如果逆序对的位置不是数组的第一个位置
            int j = n - 1;                     //从数组的最后一个元素开始向前遍历
            while (permutation[j] <= permutation[i - 1]) {
                j--;
            }
            swap(&permutation[i - 1], &permutation[j]);   //交换两个元素
        }
        reverse_range(permutation, i, n - 1);  //将 i 位置后面的元素反转
        return true;                           //返回成功生成下一个排列
    }
    void swap(int *left, int *right) {
        int tmp = *left;
        *left = *right;
        *right = tmp;
    }
```

```cpp
        void reverse_range(vector<int> &nums, int start, int end) {
            while (start < end) {
                swap(&nums[start], &nums[end]);
                start++;
                end--;
            }
        }
};
int main() {
    Solution solution;
    vector<int> nums = {1, 2, 3};
    cout << "输入:[";
    for (int i = 0; i < nums.size(); i++) {
        cout << nums[i];
        if (i != nums.size() - 1) {
            cout << ", ";
        }
    }
    cout << "]\n";
    vector<vector<int>> result = solution.permute(nums);
    cout << "输出:[";
    for (int i = 0; i < result.size(); i++) {
        cout << "[";
        for (int j = 0; j < result[i].size(); j++) {
            cout << result[i][j];
            if (j != result[i].size() - 1) {
                cout << ",";
            }
        }
        cout << "]";
        if (i != result.size() - 1) {
            cout << ",";
        }
    }
    cout << "]" << endl;
    return 0;
}
```

4. 运行结果

输入:[1,2,3]

输出:[[1,2,3],[1,3,2],[2,1,3],[2,3,1],[3,1,2],[3,2,1]]

【实例100】 带重复元素的排列

1. 问题描述

给出一个含有重复数字的列表,找出列表所有的排列。

2. 问题示例

输入 nums=[1,2,2],输出[[1,2,2],[2,1,2],[2,2,1]]。

3. 代码实现

相关代码如下:

```cpp
#include <iostream>
#include <vector>
#include <algorithm>
using namespace std;
class Solution {
public:
    vector<vector<int>> permuteUnique(vector<int> &nums) {
        vector<vector<int>> result;                    //结果向量,用于存储所有唯一排列
        vector<int> per;                               //临时向量,用于构建当前排列
        vector<bool> visited(nums.size(), false);
        sort(nums.begin(), nums.end());
        dfs(nums, result, per, visited);               //调用深度优先搜索函数 dfs
        return result;
    }
    void dfs(vector<int> &nums, vector<vector<int>> &result, vector<int> &per, vector<bool> &visited) {
        if (per.size() == nums.size()) {               //如果当前排列的长度等于输入向量的长度
            result.push_back(per);                     //将当前排列加入结果向量
            return;                                    //返回上一层递归
        }
        for (int i = 0; i < nums.size(); i++) {        //遍历输入向量 nums
            if (visited[i]) {                          //如果当前元素已经被访问过
                continue;
            }
            if (i > 0 && nums[i] == nums[i - 1]) {     //当前元素和前一个元素相同
                if (visited[i - 1] == false) {
                    continue;
                }
            }
            visited[i] = true;                         //标记当前元素为已访问
            per.push_back(nums[i]);                    //将当前元素加入当前排列
            dfs(nums, result, per, visited);
            visited[i] = false;
            per.pop_back();
        }
    }
};
int main() {
    Solution solution;
    vector<int> nums = {1, 2, 2};                      //定义输入向量 nums
    cout << "输入:[";
    for (int i = 0; i < nums.size(); i++) {
        cout << nums[i];
        if (i != nums.size() - 1) {                    //如果不是最后一个元素
            cout << ", ";
        }
    }
    cout << "]\n";
    vector<vector<int>> result = solution.permuteUnique(nums);
    cout << "输出:[";
    for (int i = 0; i < result.size(); i++) {          //遍历结果向量 result
```

```cpp
            cout << "[";                                   //输出左方括号作为排列的开始
            for (int j = 0; j < result[i].size(); j++) {
                cout << result[i][j];
                if (j != result[i].size() - 1) {
                    cout << ",";
                }
            }
            cout << "]";
            if (i != result.size() - 1) {
                cout << ",";
            }
    }
    cout << "]" << endl;
    return 0;
}
```

4. 运行结果

输入:[1,2,2]

输出:[[1,2,2],[2,1,2],[2,2,1]]

【实例101】 插入区间

1. 问题描述

给出一个无重叠、按照区间起始端点排序的列表。在列表中插入一个新的区间,确保列表中的区间仍然有序且不重叠(如果有必要,可以合并区间)。

2. 问题示例

输入(2,5),插入[(1,2),(5,9)],输出[(1,9)]。

3. 代码实现

相关代码如下:

```cpp
#include <iostream>
#include <vector>
using namespace std;
class Interval {
public:
    int start, end;
    Interval(int start, int end) {
        this->start = start;
        this->end = end;
    }
};
class Solution {
public:
    //在区间数组中插入一个新的区间,并返回合并后的区间数组
    vector<Interval> insert(vector<Interval> &intervals, Interval newInterval) {
        vector<Interval> res;                              //存储结果的区间数组
        int s = newInterval.start, e = newInterval.end;    //新区间起止位置
        int i = 0;                                         //循环变量,用于遍历区间数组
        int n = intervals.size();                          //区间数组的大小
```

```cpp
            //第一个循环,找到和插入区间前端相交的区间,并且合并前端
            for (; i < n; i++) {
                Interval t = intervals[i];            //取出当前区间
                if (t.end < s)
                //如果当前区间的结束位置小于新区间的起始位置,说明不相交,直接添加到结果中
                    res.push_back(t);
                else {
                    if (t.start <= s)
                        s = t.start;
                    break;
                }
            }
            for (; i < n; i++) {
                Interval t = intervals[i];
                if (e < t.start)
                    break;
                else {
                    if (e <= t.end) {
                    //如果新区间结束位置小于或等于当前区间的结束位置,更新新区间的结束位置
                        e = t.end;
                        break;                        //跳出循环,因为后端部分已经处理完毕
                    }
                }
            }
            //更新新区间的起始和结束位置
            newInterval.start = s;
            newInterval.end = e;
            res.push_back(newInterval);
            for (; i < n; i++) {
                Interval t = intervals[i];
                if (t.start > e)
                    res.push_back(t);
            }
            return res;
        }
};
int main() {
    Solution solution;
    vector<Interval> intervals = {Interval(1, 2), Interval(5, 9)};
    Interval newInterval(2, 5);
    cout << "输入:" << "(2,5), " << "(1,2), " << "(5,9)" << endl;
    vector<Interval> result = solution.insert(intervals, newInterval);
    cout << "输出:";
    for (auto &interval : result) {
        cout << "(" << interval.start << "," << interval.end << ")" << endl;
    }
    return 0;
}
```

4. 运行结果

输入:(2,5),(1,2),(5,9)

输出:(1,9)

【实例 102】 N 皇后问题

1. 问题描述

N 皇后问题是将 n 个皇后放置在 n×n 的棋盘上,皇后彼此之间不能相互攻击(任意两个皇后不能位于同一行、同一列、同一斜线)。

给定一个整数 n,返回所有不同的 N 皇后问题的解决方案。每个解决方案包含一个明确的 N 皇后放置布局,其中 Q 和. 分别表示一个皇后和一个空位置。

2. 问题示例

输入:4。输出:
[
 [".Q..",
  "...Q",
  "Q...",
  "..Q."
 ],
 ["..Q.",
  "Q...",
  "...Q",
  ".Q.."
 ]
]

3. 代码实现

相关代码如下:

```
#include <iostream>
#include <vector>
#include <unordered_set>
using namespace std;
class Solution {
 public:
    vector<vector<string>> solveNQueens(int n) {
        //存储所有解决方案的向量
        auto solutions = vector<vector<string>>();
        //存储每个皇后当前位置的向量,-1 表示该位置没有皇后
        auto queens = vector<int>(n, -1);
        //存储已经被占用的列的集合
        auto columns = unordered_set<int>();
        //存储已经被占用的主对角线(左上到右下)的集合
        auto diagonals1 = unordered_set<int>();
        //存储已经被占用的副对角线(右上到左下)的集合
        auto diagonals2 = unordered_set<int>();
```

```cpp
            backtrack(solutions, queens, n, 0, columns, diagonals1, diagonals2);
            return solutions;
        }
        void backtrack(vector<vector<string>> &solutions, vector<int> &queens, int n, int row,
                    unordered_set<int> &columns, unordered_set<int> &diagonals1, unordered_set<int> &diagonals2) {
            if (row == n) {
                vector<string> board = generateBoard(queens, n);
                solutions.push_back(board);
            } else {
                for (int i = 0; i < n; i++) {
                    if (columns.find(i) != columns.end()) {
                        continue;
                    }
                    int diagonal1 = row - i;
                    int diagonal2 = row + i;
                    if(diagonals1.find(diagonal1) != diagonals1.end() || diagonals2.find(diagonal2) != diagonals2.end()) {
                        continue;
                    }
                    queens[row] = i;
                    columns.insert(i);
                    diagonals1.insert(diagonal1);
                    diagonals2.insert(diagonal2);
                    backtrack(solutions, queens, n, row + 1, columns, diagonals1, diagonals2);
                    queens[row] = -1;
                    columns.erase(i);
                    diagonals1.erase(diagonal1);
                    diagonals2.erase(diagonal2);
                }
            }
        }
        vector<string> generateBoard(vector<int> &queens, int n) {
            //存储棋盘的向量
            auto board = vector<string>();
            for (int i = 0; i < n; i++) {
                string row = string(n, '.');
                row[queens[i]] = 'Q';
                board.push_back(row);
            }
            return board;
        }
};
int main() {
    Solution solution;
    int n = 4;                                              //设置N的值
    vector<vector<string>> result = solution.solveNQueens(n);
    cout << "输入:" << n << "\n输出:" << endl;
    for (auto &board : result) {
        cout << "[";
        for (auto &row : board) {
            cout << row << endl;
        }
        cout << "]" << endl;
    }
```

```
        return 0;
    }
```

4．运行结果

输入：4

输出：

[.Q..

...Q

Q...

..Q.

]

[..Q.

Q...

...Q

.Q..

]

【实例 103】 主元素

1．问题描述

给定一个整型数组，找出主元素，该主元素在数组中的出现次数大于数组元素个数的 1/2。

2．问题示例

输入[1,1,1,1,2,2,2]，输出 1。

3．代码实现

相关代码如下：

```cpp
#include <iostream>
#include <vector>
#include <map>
using namespace std;
class Solution {
public:
    int majorityNumber(vector<int> &nums) {
        map<int, int> ret;
        map<int, int>::iterator it;
        for (int i = 0; i < nums.size(); i++) {      //遍历输入的向量
            it = ret.find(nums[i]);                   //在映射中查找当前元素
            if (it != ret.end()) {                    //如果找到元素
                ret[nums[i]]++;                       //增加该元素的出现次数
            } else {                                  //如果没有找到元素
                ret[nums[i]] = 1;                     //在映射中添加该元素，并设置出现次数为 1
            }
        }
        int result = 0;
```

```cpp
        int count = 0;
        for (it = ret.begin(); it != ret.end(); it++) {
            if (it->second > count) {              //如果当前元素的出现次数大于计数器
                result = it->first;                //更新结果为当前元素
                count = it->second;                //更新计数器为当前元素的出现次数
            }
        }
        return result;
    }
};
int main() {
    Solution solution;
    vector<int> nums = {1, 1, 1, 1, 2, 2, 2};
    int result = solution.majorityNumber(nums);
    cout << "输入:[";
    for (int i = 0; i < nums.size(); i++) {        //遍历向量并输出每个元素
        cout << nums[i];
        if (i != nums.size() - 1) {                //如果不是最后一个元素
            cout << ", ";
        }
    }
    cout << "]\n" << "输出:" << result << endl;
    return 0;
}
```

4. 运行结果

输入:[1,1,1,1,2,2,2]
输出:1

【实例104】 字符大小写排序

1. 问题描述

给定一个只包含字母的字符串 chars,按照先小写字母后大写字母的顺序进行排序。

2. 问题示例

输入 abAcD,输出:abcAD。

3. 代码实现

相关代码如下:

```cpp
#include <iostream>
#include <string>
using namespace std;
class Solution {
public:
    void sortLetters(string &chars) {
        if (chars.size() < 2)                      //如果字符串长度小于2,则直接返回,不需要排序
            return;
        int left = 0, right = chars.size() - 1;
        while (left <= right) {                    //当左指针小于或等于右指针时,执行循环
            //下面的while循环负责将左指针向右移动,直到找到一个小写字母或者字符串末尾
```

```cpp
            while (left <= right && chars[left] >= 'a') {
                left++;                        //如果当前字符是小写字母,则左指针向右移动
            }
            while (left <= right && chars[right] < 'a') {
                right--;                       //如果当前字符是大写字母,则右指针向左移动
            }
            //如果左指针仍然小于或等于右指针,说明找到了一个需要交换的位置
            if (left <= right) {
                char temp = chars[left];       //交换左右指针所指向的字符
                chars[left] = chars[right];
                chars[right] = temp;
                left++;
                right--;
            }
        }
    }
};
int main() {
    Solution solution;
    string chars = "abAcD";
    cout << "输入:" << chars << endl;
    solution.sortLetters(chars);
    cout << "输出:" << chars << endl;
    return 0;
}
```

4．运行结果

输入：abAcD

输出：abcAD

【实例 105】 上一个排列

1．问题描述

给定一个整数数组表示排列,找出以字典为顺序的上一个排列。

2．问题示例

输入[1,3,2,3],输出[1,2,3,3]。

3．代码实现

相关代码如下：

```cpp
#include <iostream>
#include <vector>
#include <algorithm>
using namespace std;
class Solution {
public:
    vector<int> previousPermutation(vector<int> &nums) {
        if (nums.empty() || nums.size() == 1)        //如果数组为空或只有一个元素
            return nums;                             //直接返回原数组,因为不存在前一个排列
        int len = nums.size();                       //获取数组的长度
```

```cpp
        int pos = -1;              //初始化位置变量 pos 为-1,用于记录需要交换的元素位置
        for (int i = len - 2; i >= 0; --i) {    //从数组倒数第二个元素开始向前遍历
            if (nums[i] > nums[i + 1]) {        //如果当前元素大于其后面的元素
                pos = i;
                break;
            }
        }
        if (pos == -1) {
            reverse(nums.begin(), nums.end());
        } else {
            for (int i = len - 1; i >= 0; --i) {    //从数组最后一个元素开始向前遍历
                if (nums[i] < nums[pos]) {          //如果找到一个小于 nums[pos]的元素
                    swap(nums[i], nums[pos]);
                    reverse(nums.begin() + pos + 1, nums.end());
                    break;
                }
            }
        }
        return nums;                //返回处理后的数组
    }
};
int main() {
    Solution solution;
    vector<int> input = {1, 3, 2, 3};
    cout << "输入:[";
    for (int i = 0; i < input.size(); i++) {
        cout << input[i];
        if (i != input.size() - 1) {
            cout << ", ";
        }
    }
    cout << "]\n";
    vector<int> output = solution.previousPermutation(input);
    cout << "输出:[";
    for (int i = 0; i < output.size(); i++) {
        cout << output[i];
        if (i != output.size() - 1) {
            cout << ", ";
        }
    }
    cout << "]\n";
    return 0;
}
```

4. 运行结果

输入:[1,3,2,3]

输出:[1,2,3,3]

【实例 106】 下一个排列

1. 问题描述

给定一个整数数组表示排列,请按升序找出下一个排列。

2. 问题示例

输入[1,3,2,3],输出[1,3,3,2]。

3. 代码实现

相关代码如下:

```cpp
#include <iostream>
#include <vector>
#include <algorithm>
using namespace std;
class Solution {
public:
    vector<int> nextPermutation(vector<int> &nums) {
        //创建一个与 nums 相同的副本,以便在函数内部进行修改
        vector<int> permutation(nums);
        int n = permutation.size();
        if (n <= 1)
            return permutation;                    //如果列表为空或只有一个元素,直接返回原列表
        int i = n - 1;
        while (i > 0 && permutation[i - 1] >= permutation[i]) {
            i--;
        }
        if (i != 0) {
            int j = n - 1;
            //从右往左找到第一个比 permutation[i-1]大的元素
            while (permutation[j] <= permutation[i - 1]) {
                j--;
            }
            swap(&permutation[i - 1], &permutation[j]);
        }
        //反转从 i 开始到列表末尾部分,使其按降序排列
        reverse_range(permutation, i, n - 1);
        return permutation;
    }
    void swap(int *left, int *right) {
        int tmp = *left;
        *left = *right;
        *right = tmp;
    }
    void reverse_range(vector<int> &nums, int start, int end) {
        while (start < end) {
            swap(&nums[start], &nums[end]);
            start++;
            end--;
        }
    }
};
int main() {
    Solution solution;
    vector<int> input = {1, 3, 2, 3};
    cout << "输入:[";
    for (int i = 0; i < input.size(); i++) {
        cout << input[i];
        if (i != input.size() - 1) {
```

```
            cout << ", ";
        }
    }
    cout << "]\n";
    vector<int> output = solution.nextPermutation(input);
    cout << "输出:[";
    for (int i = 0; i < output.size(); i++) {
        cout << output[i];
        if (i != output.size() - 1) {
            cout << ", ";
        }
    }
    cout << "]\n";
    return 0;
}
```

4. 运行结果

输入:[1,3,2,3]
输出:[1,3,3,2]

【实例107】 二叉树的层次遍历

1. 问题描述

给出一棵二叉树,返回其节点值,即按从叶节点所在层到根节点所在层的遍历,然后逐层从左向右遍历。

2. 问题示例

输入[1,2,3],输出[[2,3],[1]],二叉树从底层开始遍历。
```
    1
   / \
  2   3
```

3. 代码实现

相关代码如下:

```
#include <iostream>
#include <vector>
#include <list>
using namespace std;
class TreeNode {
public:
    int val;
    TreeNode *left, *right;                  //指向左子树和右子树的指针
    TreeNode(int val) {
        this->val = val;
        this->left = this->right = NULL;     //初始化左右子树指针为 NULL
    }
};
class Solution {
```

```cpp
public:
    vector<vector<int>> levelOrder(TreeNode * root) {
    //层序遍历方法,返回二维向量,其中每个内部向量代表一层节点值
        list<TreeNode *> q;                    //定义一个链表作为队列,用于存放待遍历的节点
        list<TreeNode *> q1;                   //定义一个临时链表,用于存放下一层的节点
        vector<vector<int>> v;                 //定义一个二维向量,用于存放遍历结果
        if (root == nullptr)                   //如果根节点为空,则直接返回空的结果向量
            return v;
        q.emplace_back(root);                  //将根节点加入队列
        v.emplace_back();                      //在结果向量中添加一个空向量,用于存放第一层的节点值
        v[0].emplace_back(q.front()->val);     //将根节点的值添加到第一层的向量中
        for (int i = 1; q.size();) {
            if (q.front()->left) {             //如果当前节点的左子节点不为空
                q1.emplace_back(q.front()->left);      //将左子节点加入临时队列
            }
            if (q.front()->right) {            //如果当前节点的右子节点不为空
                q1.emplace_back(q.front()->right);     //将右子节点加入临时队列
            }
            q.pop_front();
            if (q.empty()) {                   //当队列为空时,说明已经遍历完当前层的所有节点
                v.emplace_back();              //在结果向量中添加一个空向量,存放下一层节点值
                for (auto it = q1.begin(); it != q1.end(); it++) {
                    v[i].emplace_back((*it)->val);
                }
                q.swap(q1);
                //临时队列和原队列交换,原队列继续下一轮遍历,临时队列存放下一层的节点
                i++;
            }
        }
        v.pop_back();                          //由于最后一个空向量是多余的,因此移除它
        return v;
    }
};
int main() {
    TreeNode * root = new TreeNode(1);         //创建一个新的二叉树节点作为根节点,值为1
    root->left = new TreeNode(2);
    root->right = new TreeNode(3);
    Solution solution;
    vector<vector<int>> result = solution.levelOrder(root);
    cout << "输入:[1,2,3]\n输出:[[";
        for (int j = 0; j < result[1].size(); j++) {
        cout << result[1][j];
        if (j != result[1].size() - 1) {
            cout << ", ";
        }
    }
    cout << "],[";
        for (int j = 0; j < result[0].size(); j++) {
        cout << result[0][j];
        if (j != result[0].size() - 1) {
            cout << ", ";
        }
    }
    cout << "]]" << endl;
```

```
    return 0;
}
```

4. 运行结果

输入:[1,2,3]

输出:[[2,3],[1]]

【实例 108】 最长公共子串

1. 问题描述

给出两个字符串,找到最长公共子串,并返回其长度。

2. 问题示例

输入 asdf 和 bsdg,输出 2,最长公共子串是 sd。

3. 代码实现

相关代码如下:

```
#include <iostream>
#include <string>
#include <vector>
using namespace std;
class Solution {
public:
    int longestCommonSubstring(string &A, string &B) {
        int len_a = A.size();
        int len_b = B.size();
        if (len_a == 0 || len_b == 0)
            return 0;
        int ans = 0;
        //创建一个二维动态规划数组 dp,大小为 len_a × len_b,初始值为 0
        vector<vector<int>> dp(len_a, vector<int>(len_b, 0));
        //遍历字符串 A 和 B
        for (auto j = 0; j < len_a; j++) {
            for (auto i = 0; i < len_b; i++) {
                if (i == 0 && j == 0) {
                    dp[j][i] = A[i] == B[j] ? 1 : 0;
                    ans = max(ans, dp[j][i]);
                }
                //当 i 或 j 有一个为 0 时,即边界情况,如果当前字符相等,则 dp[j][i]为 1
                else if ((i == 0 || j == 0) && A[j] == B[i]) {
                    dp[j][i] = 1;
                    ans = max(ans, dp[j][i]);
                }
                else if (A[j] == B[i]) {
                    dp[j][i] = max(dp[j][i], 1 + dp[j - 1][i - 1]);
                    ans = max(ans, dp[j][i]);
                }
            }
        }
        //返回最长公共子串的长度
```

```cpp
        return ans;
    }
};
int main() {
    Solution solution;
    string A = "asdf";
    string B = "bsdg";
    cout << "输入:" << A << ", " << B << endl;
    int result = solution.longestCommonSubstring(A, B);
    cout << "输出:" << result << endl;
    return 0;
}
```

4. 运行结果

输入：asdf,bsdg

输出：2

【实例109】 最近公共祖先

1. 问题描述

最近公共祖先是两个节点的公共祖先节点且具有最大深度。给定一棵二叉树，找到2个节点的最近公共父节点(LCA)。

2. 问题示例

输入 tree＝{4,3,7,♯,♯,5,6},A＝3,B＝5,输出 4。

二叉树如下：

```
    4
   / \
  3   7
     / \
    5   6
```

LCA(3,5)＝4

3. 代码实现

相关代码如下：

```cpp
#include <iostream>
using namespace std;
class TreeNode {
public:
    int val;
    TreeNode *left, *right;
    TreeNode(int val) {
        this->val = val;
        this->left = this->right = NULL;
    }
};
```

```cpp
class Solution {
public:
    TreeNode * lowestCommonAncestor(TreeNode * root, TreeNode * A, TreeNode * B) {
        if (root == NULL)
            return NULL;
        if (root == A || root == B) {
            return root;
        }
        TreeNode * left = lowestCommonAncestor(root->left, A, B);
        TreeNode * right = lowestCommonAncestor(root->right, A, B);
        if (left != NULL && right != NULL)
            return root;
        if (left != NULL )
            return left;
        if (right != NULL)
            return right;
        return NULL;
    }
};
int main() {
    TreeNode * root = new TreeNode(4);
    root->left = new TreeNode(3);
    root->right = new TreeNode(7);
    root->right->left = new TreeNode(5);
    root->right->right = new TreeNode(6);
    Solution solution;
    TreeNode * result = solution.lowestCommonAncestor(root, root->left, root->right->left);
    cout << "输入:[4,3,7,#,#,5,6], 3, 5" << endl;
    cout << "输出:" << result->val << endl;
    return 0;
}
```

4. 运行结果

输入：[4,3,7,#,#,5,6],3,5

输出：4

【实例110】 k数和

1. 问题描述

给定 n 个不同的正整数、整数 k(1≤k≤n)及一个目标数字。在这 n 个数中找出 k 个数，使得这 k 个数的和等于目标数字，找出所有满足要求的方案。

2. 问题示例

输入 A＝[1,2,3,4],k＝2,target＝5,输出 2。

3. 代码实现

相关代码如下：

```cpp
#include <iostream>
#include <vector>
```

```cpp
#include <algorithm>
using namespace std;
class Solution {
public:
    int kSum(vector<int> &A, int K, int T) {
        int n = A.size();
        if (K > n || T <= 0) {
            return 0;
        }
        if (K > n / 2) {                         //如果K大于n的一半
            int sum = 0;                         //初始化一个变量sum用于计算A中所有元素的和
            for (int &a : A) {                   //遍历A中的每个元素
                sum += a;                        //累加元素到sum
            }
            K = n - K;                           //更新K的值为n-K
            T = sum - T;                         //更新T的值为sum-T
        }
        sort(A.begin(), A.end());                //对A进行排序
        vector<vector<int>> f(K + 1, vector<int>(T + 1, 0));
        f[0][0] = 1;
        for (int i = 1; i <= n; i++) {           //遍历A中的每个元素
            for (int k = min(K, i); k >= 1; k--) {
                int v = A[i - 1];                //获取当前元素的值
                for (int t = T; t >= v; t--) {   //对于每个t(从T到v)
                    f[k][t] += f[k - 1][t - v];  //更新f[k][t]的值
                }
            }
        }
        return f[K][T];
    }
};
int main() {
    vector<int> A = {1, 2, 3, 4};                //初始化一个整数向量A
    int k = 2;                                   //初始化变量k为2
    int target = 5;                              //初始化变量target为5
    Solution solution;
    cout << "输入:[";
    for (int i = 0; i < A.size(); i++) {         //遍历向量A
        cout << A[i];
        if (i != A.size() - 1) {
            cout << ", ";
        }
    }
    cout << "], k= " << k << ", target = " << target << endl;
    int result = solution.kSum(A, k, target);
    cout << "输出:" << result << endl;
    return 0;
}
```

4. 运行结果

输入：[1,2,3,4],k=2,target=5

输出：2

【实例 111】 删除排序链表中的重复元素

1. 问题描述

给定一个已排序的链表头,删除所有的重复元素,使每个元素只出现 1 次,返回已排序的链表。

2. 问题示例

输入 1→1→2→null,输出 1→2→null。

3. 代码实现

相关代码如下:

```cpp
#include <iostream>
using namespace std;
struct ListNode {
    int val;
    ListNode *next;
    ListNode(int x) : val(x), next(NULL) {}
};
class Solution {
public:
    ListNode *deleteDuplicates(ListNode *head) {
        if (!head) {
            return head;
        }
        ListNode *cur = head;                          //定义一个指针 cur,指向链表的头节点
        while (cur->next) {
            if (cur->val == cur->next->val) {          //当前节点的值与下一个节点值相同
                cur->next = cur->next->next;           //删除下一个节点,即跳过重复节点
            } else {
                cur = cur->next;
            }
        }
        return head;
    }
};
int main() {
    ListNode *head = new ListNode(1);
    head->next = new ListNode(1);
    head->next->next = new ListNode(2);
    Solution solution;
    ListNode *result = solution.deleteDuplicates(head);
    cout << "输入:1->1->2->null\n 输出:";
    while (result) {
        cout << result->val << "->";
        result = result->next;
    }
    cout << "null" << endl;
    return 0;
}
```

4. 运行结果

输入：1→1→2→null

输出：1→2→null

【实例 112】 最长连续序列

1. 问题描述

给定一个未排序的整数数组，找出最长连续序列的长度。

2. 问题示例

输入[100,4,200,1,3,2]，其中最长的连续序列是[1,2,3,4]，返回其长度 4。

3. 代码实现

相关代码如下：

```cpp
#include <iostream>
#include <vector>
#include <unordered_set>
using namespace std;
class Solution {
public:
    int longestConsecutive(vector<int> &nums) {
        unordered_set<int> num_set;
        for (const int &num : nums) {
            num_set.insert(num);
        }
        int longestStreak = 0;
        for (const int &num : num_set) {
            if (!num_set.count(num - 1)) {
                int currentNum = num;
                int currentStreak = 1;
                while (num_set.count(currentNum + 1)) {
                    currentNum += 1;
                    currentStreak += 1;
                }
                longestStreak = max(longestStreak, currentStreak);
            }
        }
        return longestStreak;
    }
};
int main() {
    vector<int> nums = {100, 4, 200, 1, 3, 2};
    Solution solution;
    cout << "输入:[";
    for (int i = 0; i < nums.size(); i++) {
        cout << nums[i];
        if (i != nums.size() - 1) {
            cout << ", ";
        }
    }
```

```
        cout << "]\n";
        int result = solution.longestConsecutive(nums);
        cout << "输出:" << result << endl;
        return 0;
}
```

4. 运行结果

输入:[100,4,200,1,3,2]

输出:4

【实例113】 背包问题

1. 问题描述

在 n 个物品中挑选若干物品装入背包,最多能装入的物品体积最大是多少? 假设背包的大小为 m,每个物品的大小为 A,其中每个物品只能选择 1 次,且物品大小均为正整数。

2. 问题示例

对于物品体积数组 A=[3,4,8,5],假设背包体积为 m=10,最大能够装入的价值为 9,也就是体积为 4 和 5 的物品,体积最大为 9。

3. 代码实现

相关代码如下:

```cpp
#include <iostream>
#include <vector>
using namespace std;
class Solution {
public:
    int backPack(int m, vector<int> &A) {
        if (A.empty())                      //如果向量 A 为空,则直接返回 0
            return 0;
        int n = A.size();                   //获取向量 A 的大小
        vector<vector<int>> dp(n + 1, vector<int>(m + 1, false));
        for (int i = 0; i < n + 1; i++) {
            dp[i][0] = true;
        }
        for (int j = 1; j < m + 1; j++) {
            dp[0][j] = false;
        }
        for (int i = 1; i <= n; i++) {
            for (int j = 1; j <= m; j++) {
                if (j >= A[i - 1]) {
                    dp[i][j] = dp[i - 1][j] || dp[i - 1][j - A[i - 1]];
                } else {
                    dp[i][j] = dp[i - 1][j];
                }
            }
        }
        for (int j = m; j >= 0; j--) {
            if (dp[n][j])
```

```
                return j;
            }
            return 0;
        }
    };
    int main() {
        vector < int > A = {3, 4, 8, 5};          //初始化一个包含物品重量的向量 A
        int m = 10;                               //初始化背包容量 m
        Solution solution;
        cout << "输入:[";
        for (int i = 0; i < A.size(); i++) {
            cout << A[i];
            if (i != A.size() - 1) {
                cout << ", ";
            }
        }
        cout << "], " << m << endl;
        int result = solution.backPack(m, A);
        cout << "输出:" << result << endl;
        return 0;
    }
```

4. 运行结果

输入:[3,4,8,5],10

输出:9

【实例 114】 二叉树的最大深度

1. 问题描述

二叉树的最大深度是指从根节点到最远叶子节点的最长路径上的节点数。给定一棵二叉树,返回其最大深度。

2. 问题示例

输入[3,9,20,null,null,15,7],输出 3。

3. 代码实现

相关代码如下:

```
#include <iostream>
#include <algorithm>
using namespace std;
struct TreeNode {
    int val;
    TreeNode * left;                              //指向左子节点的指针
    TreeNode * right;                             //指向右子节点的指针
    TreeNode(int x) : val(x), left(NULL), right(NULL) {}
};
class Solution {
public:
    int maxDepth(TreeNode * root) {
        //如果根节点为空,则返回深度 0
```

```cpp
        if (root == nullptr)
            return 0;
        //递归计算左子树和右子树的最大深度,然后取两者中的较大值,并加上根节点的深度(1)
        return max(maxDepth(root->left), maxDepth(root->right)) + 1;
    }
};
int main() {
    TreeNode * root = new TreeNode(3);              //创建根节点,值为 3
    root->left = new TreeNode(9);                    //创建左子节点,值为 9
    root->right = new TreeNode(20);                  //创建右子节点,值为 20
    root->right->left = new TreeNode(15);
    root->right->right = new TreeNode(7);
    Solution solution;
    int result = solution.maxDepth(root);
    cout << "输入:[3,9,20,null,null,15,7]\n";
    cout << "输出: " << result << endl;
    return 0;
}
```

4. 运行结果

输入:[3,9,20,null,null,15,7]

输出:3

【实例 115】 合并两个有序数组

1. 问题描述

给定 2 个按非递减顺序排列的整数数组 nums1 和 nums2,另有 2 个整数 m 和 n,分别表示 nums1 和 nums2 中的元素数目。请将 nums2 合并到 nums1 中,使合并后的数组同样按非递减顺序排列。

2. 问题示例

输入[1,2,3,0,0,0],[2,5,6],m=3,n=3,输出[1,2,2,3,5,6]。注:需要合并[1,2,3]和[2,5,6],合并结果是[1,2,2,3,5,6]。

3. 代码实现

相关代码如下:

```cpp
#include <iostream>
#include <vector>
#include <algorithm>
using namespace std;
class Solution {
public:
    void merge(vector<int> &nums1, int m, vector<int> &nums2, int n) {
        for (int i = 0; i != n; ++i) {
            nums1[m + i] = nums2[i];
        }
        sort(nums1.begin(), nums1.end());
    }
};
```

```cpp
int main() {
    vector < int > nums1 = {1, 2, 3, 0, 0, 0};    //定义并初始化 nums1 数组
    int m = 3;
    vector < int > nums2 = {2, 5, 6};              //定义并初始化 nums2 数组
    int n = 3;
    Solution solution;
    solution.merge(nums1, m, nums2, n);
    cout << "输入:[1, 2, 3, 0, 0, 0], [2, 5, 6], m = 3, n = 3\n输出:[";
    for (int i = 0; i < nums1.size(); ++i) {      //遍历 nums1 数组
        cout << nums1[i] ;
        if (i != nums1.size() - 1) {
            cout << ",";
        }
    }
    cout << "]" << endl;
    return 0;
}
```

4．运行结果

输入：[1,2,3,0,0,0],[2,5,6],m＝3,n＝3
输出：[1,2,2,3,5,6]

【实例 116】 不同的二叉查找树

1．问题描述

给定正整数 n,求以 1~n 为节点组成不同的二叉查找树有多少种？

2．问题示例

输入 n＝3,输出 5,表示有 5 种不同形态的二叉查找树：

```
1        3      3      2       1
 \      /      /      / \       \
  3    2      1      1   3       2
 /    /        \                  \
2    1          2                  3
```

3．代码实现

相关代码如下：

```cpp
#include <iostream>
#include <cmath>
using namespace std;
class Solution {
public:
    int numTrees(int n) {              //定义一个公开方法 numTrees,参数是节点数 n
        if (n <= 1)                    //如果节点数小于或等于1
            return 1;                  //直接返回1,因为单个节点或没有节点只能构成一种二叉树
        if (n == 2)                    //如果节点数等于2
            return 2;                  //返回2,因为两个节点可以构成两种不同的二叉树
        double numerator = 1;          //初始化分子为1
```

```cpp
        double denominator = 1;      //初始化分母为1
        int n2 = n * 2;
        for (int i = n + 2; i <= n2; ++i) {
            numerator *= i;
        }
        for (int i = 3; i <= n; ++i) {
            denominator *= i;
        }
        return (int)ceil(numerator/denominator);
    }
};
int main() {
    Solution solution;
    int n = 3;
    cout << "输入:" << n << endl;
    cout << "输出:" << solution.numTrees(n) << endl;
    return 0;
}
```

4. 运行结果

输入：3

输出：5

【实例 117】 单值二叉树

1. 问题描述

如果二叉树每个节点都具有相同的值,那么该二叉树就是单值二叉树。只有在给定的树是单值二叉树时,才返回 True；否则返回 False。

2. 问题示例

输入[1,1,1,1,1,null,1],输出 True。

3. 代码实现

相关代码如下：

```cpp
#include <iostream>
using namespace std;
struct TreeNode {
    int val;
    TreeNode *left;
    TreeNode *right;                      //指向右子节点的指针
    TreeNode(int x) : val(x), left(NULL), right(NULL) {}
};
class Solution {
public:
    bool isUnivalTree(TreeNode *root) {
        if (!root) {                      //如果根节点为空,则认为是同值树
            return true;
        }
        if (root->left) {                 //如果左子节点存在
            if (root->val != root->left->val || !isUnivalTree(root->left))
```

```
                { //如果左子节点的值与根节点不同,或者左子树不是同值树
                    return false;
                }
            }
            if (root->right) {
                if (root->val != root->right->val|| !isUnivalTree(root->right))
                {
                    return false;
                }
            }
            return true;                        //如果以上条件都不满足,说明是同值树
        }
    };
    int main() {
        TreeNode *root = new TreeNode(1);
        root->left = new TreeNode(1);
        root->right = new TreeNode(1);
        root->left->left = new TreeNode(1);
        root->left->right = new TreeNode(1);
        //root->right->left = new TreeNode(1);
        root->right->right = new TreeNode(1);
        Solution solution;
        bool result = solution.isUnivalTree(root);
        cout << "输入:[1,1,1,1,1,null,1]\n";
        cout << "输出:" << (result ? "True" : "False") << endl;
        return 0;
    }
```

4. 运行结果

输入:[1,1,1,1,1,null,1]

输出:True

【实例118】 文物朝代判断

1. 问题描述

展览馆展出来自 13 个朝代的文物,每排展柜展出 5 个文物。某排文物的摆放情况记录于数组 places 中,其中 places[i] 表示处于第 i 位文物的所属朝代编号。其中,编号为 0 的朝代表示未知朝代。请判断并返回这排文物的所属朝代编号是否连续(如遇未知朝代可算作连续情况)。

2. 问题示例

输入 places=[7,8,9,10,11],输出 True。

3. 代码实现

相关代码如下:

```cpp
#include <iostream>
#include <vector>
#include <unordered_set>
using namespace std;
```

```cpp
class Solution {
public:
    bool checkDynasty(vector<int> &places) {
        unordered_set<int> repeat;
        int ma = 0, mi = 14;
        for (int place : places) {
            if (place == 0)
                continue;
            ma = max(ma, place);              //最大编号朝代
            mi = min(mi, place);              //最小编号朝代
            if (repeat.find(place) != repeat.end())
                return false;                 //若有重复,提前返回 false
            repeat.insert(place);             //添加此朝代至 Set
        }
        return ma - mi < 5;
    }
};
int main() {
    Solution solution;
    vector<int> places = {7, 8, 9, 10, 11};
    bool result = solution.checkDynasty(places);
    cout << "输入: places = [7, 8, 9, 10, 11]" << endl;
    cout << "输出: " << (result ? "True" : "False") << endl;
    return 0;
}
```

4. 运行结果

输入：places＝[7,8,9,10,11]

输出：True

【实例 119】 丢失的第 1 个正整数

1. 问题描述

给出一个无序的整数数组,找出其中没有出现的最小正整数。

2. 问题示例

输入[1,2,0],输出 3,即数组中没有出现的最小正整数是 3。

3. 代码实现

相关代码如下：

```cpp
#include <iostream>
#include <vector>
using namespace std;
class Solution {
public:
    int firstMissingPositive(vector<int> &nums) {
        int n = nums.size();
        for (int &num : nums) {
            if (num <= 0) {
                num = n + 1;
```

```cpp
            }
        }
        for (int i = 0; i < n; ++i) {
            int num = abs(nums[i]);              //取当前元素的绝对值
            //如果绝对值小于或等于vector的大小n
            if (num <= n) {
                //将对应下标的元素变为负数,表示该下标数字出现过
                nums[num - 1] = -abs(nums[num - 1]);
            }
        }
        for (int i = 0; i < n; ++i) {
            if (nums[i] > 0) {
                return i + 1;                    //返回第一个缺失的正整数
            }
        }
        return n + 1;
    }
};
int main() {
    vector<int> nums = {1, 2, 0};
    Solution solution;
    cout << "输入:[";
    for (int i = 0; i < nums.size(); i++) {
        cout << nums[i];
        if (i != nums.size() - 1) {
            cout << ", ";
        }
    }
    cout << "]\n";
    cout << "输出:" << solution.firstMissingPositive(nums) << endl;
    return 0;
}
```

4. 运行结果

输入:[1,2,0]

输出:3

【实例120】 寻找缺失的数

1. 问题描述

给出一个包含0~N的N个数的序列,找出0~N中没有出现在序列中的那个数。

2. 问题示例

输入[0,1,3],输出2,即在0~3中,序列[0,1,3]中没有出现2。

3. 代码实现

相关代码如下:

```cpp
#include <iostream>
#include <vector>
using namespace std;
```

```cpp
class Solution {
public:
    int findMissing(vector<int> &nums) {
        int n = nums.size();              //获取向量的大小,并存储在变量 n 中
        int total = n * (n + 1) / 2;      //计算从1 到 n 的所有整数的和
        int arrSum = 0;                   //初始化一个变量 arrSum,用于存储向量中所有元素的和
        for (int i = 0; i < n; i++) {     //使用 for 循环遍历向量
            arrSum += nums[i];            //将向量中的每个元素累加到 arrSum 中
        }
        return total - arrSum;
    }
};
int main() {
    vector<int> nums = {0, 1, 3};         //初始化一个整数向量 nums,并赋值为{0, 1, 3}
    Solution solution;
    cout << "输入:[";
    for (int i = 0; i < nums.size(); i++) {  //使用 for 循环遍历向量
        cout << nums[i];
        if (i != nums.size() - 1) {          //如果当前元素不是最后一个元素
            cout << ", ";
        }
    }
    cout << "]\n";
    cout << "输出:" << solution.findMissing(nums) << endl;
    return 0;
}
```

4. 运行结果

输入:[0,1,3]

输出:2

【实例 121】 排列序号 I

1. 问题描述

给出一个不含重复数字的排列,求这些数字所有排列按字典序排序后的编号。编号从 1 开始。

2. 问题示例

输入[1,2,4],输出 1,这个排列是 1,2,4 三个数字的第 1 个字典序排列,所以输出 1。

3. 代码实现

相关代码如下:

```cpp
#include <iostream>
#include <vector>
using namespace std;
class Solution {
public:
    long long permutationIndex(vector<int> &A) {
        if (A.size() < 2) {
```

```cpp
            return 1;                          //直接返回1,因为单个元素或空向量的排列索引为1
        }
        int i = A.size() - 2;                  //初始化循环变量i,从倒数第二个元素开始
        long long res = 0, fac = 1;            //初始化结果res为0,以及阶乘fac为1
        while (i >= 0) {                       //当i大于或等于0时,进行循环
            int left = i + 1;                  //初始化left变量,表示当前元素右侧开始的位置
            int temp = 0;      //初始化temp变量,用于计数当前元素右侧比它大的元素个数
            while (left < A.size()) {          //遍历当前元素右侧的所有元素
                if (A[i] > A[left]) {          //如果当前元素A[i]大于右侧元素A[left]
                    temp++;
                }
                left++;                        //移动到右侧下一个元素
            }
            res += temp * fac;                 //将temp与fac的乘积累加到结果res上
            fac *= A.size() - i;               //更新fac为fac乘以(向量A的大小-i)的阶乘
            i--;                               //循环变量i递减
        }
        return res + 1;                        //返回结果res加1,因为索引是从1开始计数的
    }
};
int main() {
 vector<int> nums = {1, 2, 4};
 Solution solution;
 cout << "输入:[";
 for (int i = 0; i < nums.size(); i++) {
     cout << nums[i];
     if (i != nums.size() - 1) {
         cout << ", ";
     }
 }
 cout << "]\n";
 cout << "输出:" << solution.permutationIndex(nums) << endl;
 return 0;
}
```

4. 运行结果

输入:[1,2,4]
输出:1

【实例122】 排列序号Ⅱ

1. 问题描述

给出一个可能包含重复数字的排列,求这些数字的所有排列按字典序排序后的编号,编号从1开始。

2. 问题示例

输入[1,4,2,2],输出 3,这个排列是数字 1,2,2,4 的第 3 个字典序的排列,所以输出 3。

3. 代码实现

相关代码如下：

```cpp
#include <iostream>
#include <vector>
#include <unordered_set>
#include <unordered_map>
#include <cmath>
using namespace std;
class Solution {
public:
    long long permutationIndexII(vector<int> &A) {
        long long ans = 1;                    //初始化排列数为1
        unordered_set<int> unset;             //用于存储已经处理过的元素
        for (int i = 0; i < A.size() - 1; ++i) {
            for (int j = i + 1; j < A.size(); ++j) {
                //如果当前元素小于或等于后面的元素,或者后面的元素已经被处理过,则跳过
                if (A[i] <= A[j] || unset.find(A[j]) != unset.end()) {
                    continue;
                }
                int save = A[j];
                unset.insert(save);
                A[j] = A[i];
                ans += findPermutations(i + 1, A);
                A[j] = save;
            }
            unset.clear();
        }
        return ans;
    }
    //计算从 start 位置开始的子数组的排列数
    long long findPermutations(int start, vector<int> &A) {
        unordered_map<int, int> mapCount;
        for (int i = start; i < A.size(); ++i) {
            mapCount[A[i]]++;
        }
        return myDFS(mapCount);
    }
    long long myDFS(unordered_map<int, int> &mapCount) {
        //如果 map 中只剩下一个元素,那么排列数为1
        if (mapCount.size() == 1) {
            return 1;
        }
        long long ret = 0;
        for (auto &pair : mapCount) {
            double hash = 0;
            int tempCount = pair.second;
            while (tempCount > 0) {
                hash += pow(31, tempCount);
                tempCount--;
            }
            //如果已经计算过排列数,则直接返回结果
            if (memoization.find(hash) != memoization.end()) {
                return memoization[hash];
```

```cpp
            for (int i = 0; i < pair.second; ++i) {
                //减少当前元素的出现次数
                mapCount[pair.first]--;
                //如果当前元素的出现次数为0,则从map中删除
                if (mapCount[pair.first] == 0) {
                    mapCount.erase(pair.first);
                }
                //递归计算剩余元素的排列数,并累加到ret中
                ret += myDFS(mapCount);
                //恢复当前元素的出现次数
                mapCount[pair.first]++;
            }
            memoization[hash] = ret;
        }
        return ret;
    }
private:
    unordered_map<double, long long> memoization;
};
int main() {
    vector<int> nums = {1, 4, 2, 2};
    Solution solution;
    cout << "输入:[";
    for (int i = 0; i < nums.size(); i++) {
        cout << nums[i];
        if (i != nums.size() - 1) {
            cout << ", ";
        }
    }
    cout << "]\n";
    cout << "输出:" << solution.permutationIndexII(nums) << endl;
    return 0;
}
```

4. 运行结果

输入:[1,4,2,2]

输出:3

【实例123】 最多有k个不同字符的最长子字符串

1. 问题描述

给定字符串S,找到最多有k个不同字符的最长子串T,输出字符串长度。

2. 问题示例

输入S=eceba,k=3,输出4,因为有3个不同字符的最长子串为T=eceb,输出长度为4。

3. 代码实现

相关代码如下:

```cpp
#include <iostream>
#include <string>
```

```cpp
#include <vector>
using namespace std;
class Solution {
public:
    int lengthOfLongestSubstringKDistinct(string &s, int k) {
        int count = 0;
        int res = 0;
        int n = s.size();
        vector<int> hash(256, 0);
        for (int i = 0, j = 0; j < n; j++) {
            hash[s[j]]++;                    //将当前字符 s[j]在 hash 向量中的计数加 1
            if (hash[s[j]] == 1) {           //如果当前字符是第一次出现
                count++;                     //不同字符的数量加 1
            }
            //当子串中不同字符的数量超过 k 时,移动左指针 i
            while (i <= j && count > k) {
                hash[s[i]]--;                //将左指针 i 指向的字符在 hash 向量中的计数减 1
                if (hash[s[i]] == 0) {       //如果左指针 i 指向的字符在子串中不再出现
                    count--;                 //不同字符的数量减 1
                }
                i++;
            }
            if (count <= k) {
                res = max(res, j - i + 1);   //更新 res 为当前子串长度和 res 中的较大值
            }
        }
        return res;
    }
};
int main() {
    string S = "eceba";
    int k = 3;
    Solution solution;
    cout << "输入:" << S << ", k = " << k << endl;
    int result = solution.lengthOfLongestSubstringKDistinct(S, k);
    cout << "输出:" << result << endl;
    return 0;
}
```

4. 运行结果

输入:eceba,k=3

输出:4

【实例 124】 第 k 个排列

1. 问题描述

给定 n 和 k,求 n 的全排列中字典序第 k 个排列。

2. 问题示例

输入 n=3,k=4,输出 231,即 n=3 时,按照字典顺序的全排列如下:123、132、213、231,第 4 个排列为 231。

3. 代码实现

相关代码如下：

```cpp
#include <iostream>
#include <vector>
using namespace std;
class Solution {
 public:
    string getPermutation(int n, int k) {
        vector<int> factorial(n);
        factorial[0] = 1;
        //计算从 1 到 n 的阶乘
        for (int i = 1; i < n; ++i) {
            factorial[i] = factorial[i - 1] * i;
        }
        --k;
        string ans;
        vector<int> valid(n + 1, 1);
        //从大到小确定每个位置上的数字
        for (int i = 1; i <= n; ++i) {
            //确定当前位置应该放置的数字在剩余数字中排名
            int order = k / factorial[n - i] + 1;
            //遍历所有数字，找到第 order 个未被使用的数字
            for (int j = 1; j <= n; ++j) {
                //如果当前数字未被使用，则 order 减 1
                order -= valid[j];
                //当 order 为 0 时，找到了要放置的数字
                if (!order) {
                    //将数字 j 转换为字符并添加到结果字符串中
                    ans += (j + '0');
                    valid[j] = 0;
                    break;
                }
            }
            k %= factorial[n - i];
        }
        return ans;
    }
};
int main() {
    Solution solution;
    int n = 3;
    int k = 4;
    cout << "输入:n = " << n << ", k = " << k << endl;
    string result = solution.getPermutation(n, k);
    cout << "输出:" << result << endl;
    return 0;
}
```

4. 运行结果

输入：n＝3，k＝4

输出：231

【实例 125】 数飞机

1. 问题描述

给出飞机起飞和降落的时间列表,用序列 interval 表示,求天上同时最多有多少架飞机?

2. 问题示例

输入[(1,10),(2,3),(5,8),(4,7)],输出 3。第 1 架飞机在 1 时起飞,10 时降落;第 2 架飞机在 2 时起飞,3 时降落;第 3 架飞机在 5 时起飞,8 时降落;第 4 架飞机在 4 时起飞,7 时降落。在 5 时到 6 时,天空中有 3 架飞机。

3. 代码实现

相关代码如下:

```cpp
#include <iostream>
#include <vector>
#include <algorithm>
using namespace std;
class Interval {
public:
    int start, end;
    Interval(int start, int end) {
        this->start = start;
        this->end = end;
    }
};
class Solution {
public:
    int countOfAirplanes(vector<Interval> &airplanes) {
        vector<pair<int, int>> tmp;
        for (const auto &item : airplanes) {
            tmp.push_back(make_pair(item.start, 1));
            tmp.push_back(make_pair(item.end, -1));
        }
        sort(tmp.begin(), tmp.end(), [=](const pair<int, int> &a, const pair<int, int> &b) {
            if (a.first < b.first)
                return true;
            else if (a.first == b.first)
                return a.second < b.second;   //降落放在前面
            else
                return false;
        });
        int max = 0;               //记录同时在空中飞行的飞机的最大数量
        int cnt = 0;               //记录当前在空中飞行的飞机的数量
        //遍历排序后的 tmp 向量,计算同时在空中飞行的飞机的数量
        for (const auto &item : tmp) {
            cnt += item.second;                //根据类型增加或减少当前飞行的飞机的数量
            max = max < cnt ? cnt : max;       //更新同时在空中飞行的飞机的最大数量
        }
        return max;
```

```cpp
        }
};
int main() {
    Solution solution;
    vector<Interval> airplanes = {Interval(1, 10), Interval(2, 3), Interval(5, 8), Interval(4, 7)};
    int result = solution.countOfAirplanes(airplanes);
    cout << "输入:[(1, 10),(2, 3),(5, 8),(4, 7)]" << endl;
    cout << "输出:" << result << endl;
    return 0;
}
```

4. 运行结果

输入：[(1,10),(2,3),(5,8),(4,7)]

输出：3

【实例 126】 动态口令

1. 问题描述

门禁密码使用动态口令技术。初始密码为字符串 password，密码更新均遵循以下步骤：设定一个正整数目标值，将 password 的前 n 个字符按原顺序移动至字符串末尾，返回更新后的密码字符串。

2. 问题示例

输入 password＝s3cur1tyC0d3，target＝4，输出 r1tyC0d3s3cu。

3. 代码实现

相关代码如下：

```cpp
#include <iostream>
#include <string>
using namespace std;
class Solution {
public:
    string dynamicPassword(string password, int target) {
        return password.substr(target, password.size()) + password.substr(0, target);
    }
};
int main() {
    //定义一个密码字符串 password,并初始化为"s3cur1tyC0d3"
    string password = "s3cur1tyC0d3";
    //定义一个整数 target,并初始化为 4
    int target = 4;
    Solution solution;
    string result = solution.dynamicPassword(password, target);
    //输出提示信息,包括输入的 password 和 target
    cout << "输入: password = \"s3cur1tyC0d3\", target = 4\n";
    cout << "输出:\"" << result << "\"" << endl;
    return 0;
}
```

4. 运行结果

输入：password="s3cur1tyC0d3",target=4

输出："r1tyC0d3s3cu"

【实例 127】 二叉树的最小深度

1. 问题描述

二叉树叶子节点是指没有子节点的节点，最小深度是从根节点到最近叶子节点的最短路径上的节点数量。给定一棵二叉树，找出其最小深度。

2. 问题示例

输入[3,9,20,null,null,15,7]，输出 2。

3. 代码实现

相关代码如下：

```cpp
#include <iostream>
#include <algorithm>
#include <limits>
using namespace std;
struct TreeNode {
    int val;
    TreeNode * left;                        //指向左子节点的指针
    TreeNode * right;                       //指向右子节点的指针
    TreeNode(int x) : val(x), left(NULL), right(NULL) {}
//构造函数,初始化节点值,左右子节点为 NULL
};
class Solution {
public:
    //定义 minDepth 函数,计算二叉树的最小深度
    int minDepth(TreeNode * root) {
        //如果根节点为空,返回 0
        if (root == nullptr) {
            return 0;
        }
        //如果根节点没有左右子节点,返回 1(最小深度为 1)
        if (root->left == nullptr && root->right == nullptr) {
            return 1;
        }
        int min_depth = INT_MAX;
        if (root->left != nullptr) {
            min_depth = min(minDepth(root->left), min_depth);
        }
        if (root->right != nullptr) {
            min_depth = min(minDepth(root->right), min_depth);
        }
        //返回最小深度加 1(加上当前根节点的深度)
        return min_depth + 1;
    }
};
```

```cpp
int main() {
    TreeNode * root = new TreeNode(3);
    root->left = new TreeNode(9);
    root->right = new TreeNode(20);
    root->right->left = new TreeNode(15);
    root->right->right = new TreeNode(7);
    Solution solution;
    int result = solution.minDepth(root);
    cout << "输入:[3,9,20,null,null,15,7]\n";
    cout << "输出:" << result << endl;
    return 0;
}
```

4. 运行结果

输入:[3,9,20,null,null,15,7]
输出:2

【实例 128】 二叉搜索树的范围和

1. 问题描述
给定二叉搜索树的根节点 root, 返回值的范围位于[low,high]。

2. 问题示例
输入 root=[10,5,15,3,7,null,18],low=7,high=15,输出 32。

3. 代码实现
相关代码如下:

```cpp
#include <iostream>
#include <algorithm>
#include <limits>
using namespace std;
//定义二叉树节点结构体
struct TreeNode {
    int val;
    TreeNode * left;                              //左子节点指针
    TreeNode * right;                             //右子节点指针
    TreeNode(int x) : val(x), left(nullptr), right(nullptr) {}
};
class Solution {
public:
    int rangeSumBST(TreeNode * root, int low, int high) {
        //如果根节点为空,返回 0
        if (root == nullptr) {
            return 0;
        }
        if (root->val > high) {
            return rangeSumBST(root->left, low, high);
        }
        //如果根节点的值小于 low,则只需考虑右子树
        if (root->val < low) {
```

```
            return rangeSumBST(root->right, low, high);
        }
        //如果根节点的值在[low, high]范围内,则加上根节点的值,并递归考虑左右子树
        return root->val + rangeSumBST(root->left, low, high) + rangeSumBST(root->right, low, high);
    }
};
int main() {
    TreeNode *root = new TreeNode(10);
    root->left = new TreeNode(5);
    root->right = new TreeNode(15);
    root->left->left = new TreeNode(3);
    root->left->right = new TreeNode(7);
    root->right->right = new TreeNode(18);
    Solution solution;
    int result = solution.rangeSumBST(root, 7, 15);
    cout << "输入:root = [10,5,15,3,7,null,18], low = 7, high = 15" << endl;
    cout << "输出:" << result << endl;
    return 0;
}
```

4. 运行结果

输入:root=[10,5,15,3,7,null,18],low=7,high=15

输出:32

【实例129】 栅栏染色

1. 问题描述

有一个栅栏,它有 n 个柱子。现在要给柱子染色,有 k 种颜色,不能有超过 2 个相邻的柱子颜色相同,求有多少种染色方案?

2. 问题示例

输入 n=2,k=2,输出 4,示例如下:

	柱子1	柱子2
方法1	0	0
方法2	0	1
方法3	1	0
方法4	1	1

3. 代码实现

相关代码如下:

```
#include <iostream>
#include <vector>
using namespace std;
class Solution {
public:
    int numWays(int n, int k) {
```

```cpp
        //如果柱子数量为0,则没有方案
        if (n == 0) {
            return 0;
        }
        //如果柱子数量为1,则每个柱子都有k种颜色可选
        if (n == 1) {
            return k;
        }
        //创建一个动态规划数组,dp[i]表示i个柱子时的涂色方案数
        std::vector<int> dp(n + 1, 0);
        //第一个柱子有k种颜色可选
        dp[1] = k;
        dp[2] = k * k;
        for (int i = 3; i <= n; i++) {
            dp[i] = (k - 1) * (dp[i - 1] + dp[i - 2]);
        }
        //返回n个柱子时的涂色方案数
        return dp[n];
    }
    int numWays1(int n, int k) {
        if (n == 0) {
            return 0;
        }
        if (n == 1) {
            return k;
        }
        int dp[3];
        dp[1] = k;
        dp[2] = k * k;
        //从第3个柱子开始循环
        for (int i = 3; i <= n; i++) {
            //计算当前柱子的涂色方案数,并更新循环数组
            dp[i % 3] = (k - 1) * (dp[(i - 1) % 3] + dp[(i - 2) % 3]);
        }
        return dp[n % 3];
    }
};
int main() {
    Solution solution;
    int n = 2;                                  //柱子的数量
    int k = 2;                                  //颜色的数量
    int result = solution.numWays(n, k);        //调用函数计算涂色方案数
    cout << "输入:n = 2, k = 2" << endl;
    cout << "输出:" << result << endl;
    return 0;
}
```

4. 运行结果

输入:n=2,k=2

输出:4

【实例 130】 房屋染色

1. 问题描述

有 n 个房子在一条直线上。现在给房屋染色，分别有红色、蓝色和绿色。每个房屋染不同的颜色费用不同，需要设计一种染色方案，使得相邻的房屋颜色不同，并且费用最小。返回最小的费用。

2. 问题示例

费用通过一个 n×3 的矩阵给出，例如 cost[0][0]表示房屋 0 染红色的费用，cost[1][2]表示房屋 1 染绿色的费用，所有费用都是正整数。

输入[[14,2,11],[11,14,5],[14,3,10]]，输出 10，也就是三个房子分别为蓝色、绿色和红色，2+5+3=10。

3. 代码实现

相关代码如下：

```cpp
#include <iostream>
#include <vector>
using namespace std;
class Solution {
public:
    void dfs(vector<vector<int>> &costs, int d, int precolor, int curVal, int &res) {
        int m = costs.size();              //获取房子的数量
        if (d == m) {
            res = min(curVal, res);         //更新最小成本
            return;
        }
        for (int i = 0; i < 3; i++) {
            if (i == precolor)              //如果当前颜色与上个房子颜色相同，则跳过
                continue;
            dfs(costs, d + 1, i, curVal + costs[d][i], res);
        }
    }
    int minCost(vector<vector<int>> &costs) {
        if (costs.empty())                  //如果 costs 为空，则返回 0
            return 0;
        int m = costs.size();               //获取房子的数量
        int n = costs[0].size();            //获取颜色的数量
        int curres = 99999;
        int res = 999999;
        dfs(costs, 0, 0, 0, res);
        dfs(costs, 0, 1, 0, curres);
        res = min(curres, res);
        dfs(costs, 0, 2, 0, curres);
        res = min(curres, res);             //更新全局最小成本
        return res;                         //返回全局最小成本
    }
};
int main() {
```

```cpp
    Solution solution;
    vector < vector < int >> costs = {{14, 2, 11}, {11, 14, 5}, {14, 3, 10}};
    int result = solution.minCost(costs);
    cout << "输入:[[14, 2, 11], [11, 14, 5], [14, 3, 10]]" << endl;
    cout << "输出:" << result << endl;
    return 0;
}
```

4. 运行结果

输入:[[14,2,11],[11,14,5],[14,3,10]]

输出:10

【实例 131】 存在重复元素

1. 问题描述

给定一个整数数组,如果任意一个值在数组中出现至少 2 次,返回 True;如果数组中每个元素互不相同,返回 False。

2. 问题示例

输入 nums=[1,2,3,1],输出 True。

3. 代码实现

相关代码如下:

```cpp
#include < iostream >
#include < vector >
#include < algorithm >
using namespace std;
class Solution {
public:
    bool containsDuplicate(vector < int > &nums) {
        sort(nums.begin(), nums.end());           //对向量 nums 进行升序排序
        int n = nums.size();                       //获取 nums 向量的大小
        for (int i = 0; i < n - 1; i++) {         //for 循环遍历向量,除了最后一个元素
            if (nums[i] == nums[i + 1]) {
                return true;
            }
        }
        return false;         //如果遍历完所有元素都没有找到重复,则返回 false
    }
};
int main() {
    vector < int > nums = {1, 2, 3, 1};
    Solution solution;
    bool result = solution.containsDuplicate(nums);
    cout << "输入:nums = [1, 2, 3, 1]" << endl;
    cout << "输出:" << (result ? "True" : "False") << endl;      //输出 True 或 False
    return 0;
}
```

4. 运行结果

输入：nums=[1,2,3,1]

输出：True

【实例132】 重新排列数组

1. 问题描述

给定一个数组，数组中有 2n 个元素，按[x1,x2,…,xn,y1,y2,…,yn]的格式排列。请将数组按[x1,y1,x2,y2,…,xn,yn]格式重新排列并返回重排后的数组。

2. 问题示例

输入 nums=[2,5,1,3,4,7],n=3,输出[2,3,5,4,1,7]。

3. 代码实现

相关代码如下：

```cpp
#include <iostream>
#include <vector>
using namespace std;
class Solution {
public:
    vector<int> shuffle(vector<int> &nums, int n) {
        vector<int> ans(2 * n);
        for (int i = 0; i < n; i++) {                //使用 for 循环遍历 nums 的前 n 个元素
            ans[2 * i] = nums[i];
            ans[2 * i + 1] = nums[i + n];
        }
        return ans;
    }
};
int main() {
    vector<int> nums = {2, 5, 1, 3, 4, 7};           //定义并初始化一个整数向量 nums
    int n = 3;                                       //定义并初始化一个整数 n
    Solution solution;
    vector<int> result = solution.shuffle(nums, n);
    cout << "输入:[2,5,1,3,4,7],n = 3\n输出:[";
    for (int i = 0; i < result.size(); i++) {        //使用 for 循环遍历 result 向量
        cout << result[i];
        if (i != result.size() - 1) {
            cout << ",";
        }
    }
    cout << "]" << endl;
    return 0;
}
```

4. 运行结果

输入：[2,5,1,3,4,7],n=3

输出：[2,3,5,4,1,7]

【实例 133】 数组序号转换

1. 问题描述

给定一个整数数组,请将数组中的每个元素替换为它们排序后的序号。序号代表一个元素有多大。序号编号的规则如下:序号从 1 开始编号,一个元素越大,序号就越大。如果两个元素相等,那么它们的序号相同。

2. 问题示例

输入[40,10,20,30],输出[4,1,2,3]。注:40 是最大的元素,10 是最小的元素;20 是第二小的数字;30 是第三小的数字。

3. 代码实现

相关代码如下:

```cpp
#include <iostream>
#include <vector>
#include <algorithm>
#include <unordered_map>
using namespace std;
class Solution {
 public:
    //定义一个函数,将输入数组进行排名转换
    vector<int> arrayRankTransform(vector<int> &arr) {
        //创建一个副本数组,用于排序,不改变原数组
        vector<int> sortedArr = arr;
        //对副本数组进行排序
        sort(sortedArr.begin(), sortedArr.end());
        //创建一个哈希表,用于存储元素值和其对应的排名
        unordered_map<int, int> ranks;
        //创建一个结果数组,用于存储转换后的排名
        vector<int> ans(arr.size());
        for (auto &a : sortedArr) {
            //如果当前元素尚未在哈希表中,则为其分配新的排名
            if (!ranks.count(a)) {
                ranks[a] = ranks.size() + 1;
            }
        }
        //遍历原数组,根据哈希表为元素分配排名
        for (int i = 0; i < arr.size(); i++) {
            ans[i] = ranks[arr[i]];
        }
        return ans;
    }
};
int main() {
    vector<int> arr = {40, 10, 20, 30};
    Solution solution;
    //调用 arrayRankTransform 函数,对数组进行排名转换
    vector<int> result = solution.arrayRankTransform(arr);
    cout << "输入:[40,10,20,30]\n 输出:[";
```

```cpp
        for (int i = 0; i < result.size(); i++) {
            cout << result[i];
            if (i != result.size() - 1) {
                cout << ",";
            }
        }
        cout << "]" << endl;
        return 0;
    }
```

4. 运行结果

输入：[40,10,20,30]

输出：[4,1,2,3]

【实例 134】 稀疏数组搜索

1. 问题描述

给定排好序的字符串数组，其中散布着一些空字符串，请编写一种方法，找出字符串的位置，不存在则返回-1。

2. 问题示例

输入 words=["at","","","","ball","","","car","","","dad","",""]，s="ball"，输出 4。

3. 代码实现

相关代码如下：

```cpp
#include <iostream>
#include <vector>
#include <string>
using namespace std;
class Solution {
public:
    int findString(vector<string> &words, string s) {
        if (words.empty())
            return -1;
        int n = words.size();
        int left = 0, right = n - 1;
        while (left < right) {
            int m = (left + right) / 2;
            int temp = m;
            //cout << words[m] << endl;
            //如果 m 位置的值为空，则向后移动，如果大于 right,则停止移动
            while (words[m] == "" && m <= right) {
                m++;
            }
            if (m > right) {
                right = temp - 1;
                continue;
            }
```

```
            //当排除非空字符后,开始正常判断
            if (words[m] == s)
                return m;
            else if (words[m] < s)
                left = m + 1;
            else if (words[m] > s)
                right = m - 1;
        }
        //当退出循环后,表示 left≥right,此时对 left 位置进行判断
        if (left < n && words[left] == s)
            return left;
        else
            return -1;
    }
};
int main() {
    vector<string> words = {"at","","","","ball","","","car","","","dad","",""};
    string s = "ball";
    Solution solution;
    int result = solution.findString(words, s);
    cout << "输入:\"at\",\"\",\"\",\"\",\"ball\",\"\",\"\",\"car\",\"\",\"\",\"dad\",\"\",\"\", s = \"ball\"";
    cout << "\n输出:" << result << endl;
    return 0;
}
```

4. 运行结果

输入:"at","","","","ball","","","car","","","dad","","",s="ball"

输出:4

【实例 135】 打劫房屋

1. 问题描述

将打劫房屋围成一圈,即第一间房屋和最后一间房屋是相邻的。每个房屋都存放着特定金额的钱。面临的唯一约束条件如下:相邻的房屋装着相互联系的防盗系统,且当相邻的两个房屋同一天被打劫时,该系统会自动报警。现给定一个非负整数列表,表示每个房屋中存放的钱,请计算如果只打劫第二间房屋,在不触动报警装置的情况下,最多可以得到多少钱。

2. 问题示例

输入[3,8,4],输出 8。

3. 代码实现

相关代码如下:

```
#include <iostream>
#include <vector>
using namespace std;
class Solution {
```

```cpp
public:
    long long houseRobber(vector<int> &A) {
        int n = A.size();
        if (n == 0) {
            return 0;
        }
        long long pre = 0, cur = A[0];
        for (int i = 2; i < n + 1; i++) {              //从第三个房屋开始遍历到最后一个房屋
            long long tmp = max(cur, pre + A[i - 1]);
//计算当前房屋的最大抢劫金额,为当前房屋金额和前一个房屋的最大抢劫金额之和的较大值
            pre = cur;                                  //更新 pre 为当前房屋的最大抢劫金额
            cur = tmp;                                  //更新 cur 为计算出的当前房屋的最大抢劫金额
        }
        return cur;                                     //返回最后一个房屋的最大抢劫金额
    }
};
int main() {
    Solution solution;
    vector<int> A = {3, 8, 4};                          //创建一个整数向量 A,并初始化为{3, 8, 4}
    cout << "输入:[3, 8, 4]" << endl;
    long long result = solution.houseRobber(A);
    cout << "输出:" << result << endl;
    return 0;
}
```

4. 运行结果

输入:[3,8,4]

输出:8

【实例 136】 左旋右旋迭代器

1. 问题描述

给出两个一维向量,实现一个迭代器,交替返回两个向量的元素。

2. 问题示例

输入 v1=[1,2]和 v2=[3,4,5,6],输出[1,3,2,4,5,6],开始轮换遍历两个数组,当 v1 数组完成遍历后,遍历 v2 数组。

3. 代码实现

相关代码如下:

```cpp
#include <iostream>
#include <vector>
using namespace std;
//定义一个 ZigzagIterator 类,用于迭代两个 vector<int>并以交错的方式返回元素
class ZigzagIterator {
public:
    vector<int> v1, v2;        //定义两个成员变量 v1 和 v2,用于存储传入的两个 vector<int>
    int i = 0, j = 0;          //定义两个成员变量 i 和 j,分别用于追踪 v1 和 v2 的当前索引位置
    ZigzagIterator(vector<int> &v1, vector<int> &v2) {
        this->v1 = v1;         //将传入的 v1 赋值给类的 v1 成员变量
```

```cpp
            this->v2 = v2;                  //将传入的 v2 赋值给类的 v2 成员变量
        }
        //next 函数用于返回下一个交错元素,并更新相应的索引
        int next() {
            if (i == v1.size())
                return v2[j++];
            if (j == v2.size())
                return v1[i++];
            if ((i + j) % 2)
                return v2[j++];
            return v1[i++];
        }
        bool hasNext() {
            return (i < v1.size() || j < v2.size());
        }
};
int main() {
    vector<int> v1 = {1, 2};                //定义并初始化第一个 vector<int> v1
    vector<int> v2 = {3, 4, 5, 6};          //定义并初始化第二个 vector<int> v2
    ZigzagIterator solution(v1, v2);        //创建对象 solution,传入 v1 和 v2
    vector<int> result;
    while (solution.hasNext()) {
        result.push_back(solution.next());
    }
    cout << "输入:[1, 2], [3, 4, 5, 6]\n输出:[";
    for (int i = 0; i < result.size(); i++) {
        cout << result[i];
        if (i != result.size() - 1) {
            cout << ", ";
        }
    }
    cout << "]" << endl;
    return 0;
}
```

4. 运行结果

输入:[1,2],[3,4,5,6]
输出:[1,3,2,4,5,6]

【实例 137】 数组第 k 大元素

1. 问题描述

在 N 个数组中找到第 k 大元素。

2. 问题示例

输入 k=3,[9,3,2,4,7,1,2,3,4,8],输出 7,第三大元素为 7。

3. 代码实现

相关代码如下:

```cpp
#include<iostream>
#include<vector>
```

```cpp
using namespace std;
class Solution {
public:
    int kthLargestElement(int n, vector<int> &nums) {
        return quickSort(nums, 0, nums.size() - 1, n);
            //调用快速排序函数,并返回第k大元素
    }
    int quickSort(vector<int> &nums, int left, int right, int n) {
        int i = left;                    //初始化左指针
        int j = right;                   //初始化右指针
        int temp = nums[i];              //以左边界元素作为临时值进行比较
        while (i < j) {                  //当左指针小于右指针时循环
            while (i < j && temp >= nums[j]) {
                j--;                     //右指针左移,直到找到比临时值小的元素
            }
            if (i < j) {                 //如果左右指针没有相遇
                nums[i] = nums[j];       //将右指针指向的元素放到左指针的位置
                i++;
            }
            while (i < j && temp <= nums[i]) {
                i++;
            }
            if (i < j) {
                nums[j] = nums[i];       //将左指针指向的元素放到右指针的位置
                j--;
            }
        }
        nums[i] = temp;                  //将临时值放到正确的位置上
        if (i == n - 1) {                //如果当前位置是第k大的位置
            return nums[i];
        } else if (i > n - 1) {          //如果当前位置大于第k大的位置
            return quickSort(nums, left, i - 1, n);
        } else {
            return quickSort(nums, i + 1, right, n);
        }
    }
};
int main() {
    Solution solution;
    int k = 3;
    vector<int> nums = {9, 3, 2, 4, 7, 1, 2, 3, 4, 8};
    cout << "输入:[9, 3, 2, 4, 7, 1, 2, 3, 4, 8], k = 3" << endl;
    cout << "输出:" << solution.kthLargestElement(k, nums) << endl;
    return 0;
}
```

4. 运行结果

输入:[9,3,2,4,7,1,2,3,4,8],k=3

输出:7

【实例 138】 前 k 大数

1. 问题描述
在一个数组中找到前 k 个最大的数。

2. 问题示例
输入 [8,7,6,5,4,3,2,1],并且 k=5,输出 [8,7,6,5,4]。

3. 代码实现
相关代码如下:

```cpp
#include <iostream>
#include <vector>
#include <queue>
#include <functional>
using namespace std;
class Solution {
public:
    vector<int> topk(vector<int> &nums, int k) {
        if (nums.empty())
            return nums;
        if (k > nums.size())
            k = nums.size();
        priority_queue<int, vector<int>, greater<int>> que;
        vector<int> res;
        for (auto c : nums) {
            if (que.size() < k)
                que.push(c);                    //将元素 c 加入堆中
            else {
                if (c > que.top()) {            //如果 c 大于堆顶元素,即当前堆中的最小值
                    que.pop();                  //弹出堆顶元素
                    que.push(c);
                }
            }
        }
        //将堆中的所有元素依次取出并添加到结果向量中
        while (!que.empty()) {
            res.insert(res.begin(), que.top());  //在结果向量的开头插入堆顶元素
            que.pop();                           //弹出堆顶元素
        }
        return res;                              //返回结果向量
    }
};
int main() {
    Solution solution;                                  //创建一个 Solution 类的实例
    vector<int> nums = {8, 7, 6, 5, 4, 3, 2, 1};        //初始化一个整数向量 nums
    int k = 5;                                          //设置 k 的值为 5
    vector<int> result = solution.topk(nums, k);        //调用 topk 函数
    cout << "输入:[8, 7, 6, 5, 4, 3, 2, 1], k = 5\n 输出:[";
    for (int i = 0; i < result.size(); i++) {           //遍历 result 向量
        cout << result[i];                              //输出当前元素
```

```cpp
        if (i != result.size() - 1) {
            cout << ", ";                           //输出逗号和空格
        }
    }
    cout << "]";                                    //输出右方括号
    return 0;
}
```

4. 运行结果

输入:[8,7,6,5,4,3,2,1],k=5
输出:[8,7,6,5,4]

【实例 139】 排列构建数组

1. 问题描述

给定一个从 0 开始的排列(下标也从 0 开始)。请构建一个同样长度的数组,其中,对于每个 i(0≤i<nums.length)都满足 ans[i] nums[nums[i]],返回构建好的数组。从 0 开始的排列 nums 是一个由 0 到 nums.length-1(包含 0 和 nums.length-1)的不同整数组成的数组。

2. 问题示例

输入[5,0,1,2,3,4],输出[4,5,0,1,2,3]。

3. 代码实现

相关代码如下:

```cpp
#include <iostream>
#include <vector>                                   //引入向量库
using namespace std;                                //使用标准命名空间
class Solution {
public:
    vector<int> buildArray(vector<int> &nums) {
        int n = nums.size();                        //获取输入向量的大小
        vector<int> ans;                            //定义一个空的结果向量
        for (int i = 0; i < n; ++i) {               //遍历输入向量
            ans.push_back(nums[nums[i]]);           //将 nums[nums[i]]的值添加到结果向量中
        }
        return ans;
    }
};
int main() {
    Solution solution;
    vector<int> nums = {5, 0, 1, 2, 3, 4};          //定义一个整数向量 nums
    vector<int> result = solution.buildArray(nums);
    cout << "输入:[5, 0, 1, 2, 3, 4]\n输出:[";
    for (int i = 0; i < result.size(); ++i) {
        cout << result[i];
        if (i != result.size() - 1) {
            cout << ", ";
        }
```

```
        cout << "]" << endl;
        return 0;
}
```

4．运行结果

输入：[5,0,1,2,3,4]

输出：[4,5,0,1,2,3]

【实例 140】 有效的山脉数组

1．问题描述

给定一个整数数组 arr,如果它是有效的山脉数组返回 True,否则返回 False。如果 arr 满足下述条件,那么它是一个山脉数组。

(1) arr.length≥3。

(2) 在 0 < i < arr.length－1 的条件下,存在 i,使得 arr[0]< arr[1]<…< arr[i－1]< arr[i],arr[i] > arr[i+1] >…> arr[arr.length－1]。

2．问题示例

输入 arr＝[0,3,2,1],输出 True。

3．代码实现

相关代码如下：

```cpp
#include <iostream>
#include <vector>
using namespace std;
class Solution {
public:
    bool validMountainArray(vector<int> &arr) {
        int N = arr.size();                             //获取数组的大小
        int i = 0;                                      //初始化索引变量 i 为 0
        //递增扫描数组,找到可能的最高点
        while (i + 1 < N && arr[i] < arr[i + 1]) {
            i++;                                        //如果当前元素小于下一个元素,则继续向后遍历
        }
        //如果最高点位于数组的第一个位置或最后一个位置,则不是有效的山脉数组
        if (i == 0 || i == N - 1) {
            return false;
        }
        //递减扫描数组,检查最高点之后是否所有元素都是递减的
        while (i + 1 < N && arr[i] > arr[i + 1]) {
            i++;                                        //如果当前元素大于下一个元素,则继续向后遍历
        }
        //如果 i 到达了数组的最后一个位置,说明是一个有效的山脉数组
        return i == N - 1;
    }
};
int main() {
```

```cpp
    Solution solution;
    vector < int > arr = {0, 3, 2, 1};
    bool result = solution.validMountainArray(arr);
    cout << "输入:[0, 3, 2, 1]" << endl;
    cout << "输出:" << (result ? "True" : "False") << endl;
    return 0;
}
```

4．运行结果

输入：[0,3,2,1]

输出：True

【实例141】 最长重复子序列

1．问题描述

给出一个字符串，找到最长重复子序列的长度，如果最长重复子序列有 2 个，这 2 个子序列不能在相同位置有同一元素（在 2 个子序列中的第 i 个元素，不能在原来的字符串中有相同的下标）。

2．问题示例

输入"aab"，输出 1。2 个子序列是 a（第 1 个）和 a（第 2 个）。请注意，b 不能被视为子序列的一部分，因为它在两者中都是相同的索引。

3．代码实现

相关代码如下：

```cpp
#include <iostream>
#include <string>
using namespace std;
int findLongestRepeatingSubSeq(string str) {
    int n = str.length();                    //获取字符串 str 的长度
    int dp[n + 1][n + 1];
    for (int i = 0; i <= n; i++)
        for (int j = 0; j <= n; j++)
            dp[i][j] = 0;
    for (int i = 1; i <= n; i++)             //i 表示字符串 str 的前 i 个字符
    {
        for (int j = 1; j <= n; j++) {       //j 表示字符串 str 的前 j 个字符
            if (str[i - 1] == str[j - 1] && i != j)
                dp[i][j] = 1 + dp[i - 1][j - 1];
            else
                dp[i][j] = max(dp[i][j - 1], dp[i - 1][j]);
        }
    }
    return dp[n][n];                         //返回整个字符串的最长重复子序列的长度
}
int main() {
    string str = "aab";
    cout << "输入:" << str << endl;           //输出提示信息以及字符串 str
    cout << "输出:" << findLongestRepeatingSubSeq(str);
```

```
        return 0;
    }
```

4. 运行结果

输入: aab

输出: 1

【实例 142】 僵尸矩阵

1. 问题描述

给定一个二维网格,每个格子都有一个值,2 代表墙,1 代表僵尸,0 代表人类。僵尸每天可以将上下左右最接近的人类感染成僵尸,但不能穿墙。问:将所有人类感染为僵尸需要多久?如果不能感染所有人则返回 −1。

2. 问题示例

输入:

[[0,1,2,0,0],

[1,0,0,2,1],

[0,1,0,0,0]]

输出: 2

3. 代码实现

相关代码如下:

```cpp
#include <iostream>
#include <vector>
#include <queue>
using namespace std;
bool isValid(vector<vector<int>> &grid, int x, int y) {
    int maxRow = grid.size() - 1;            //获取网格的最大行数
    int maxCol = grid.front().size() - 1;    //获取网格的最大列数
    if (x < 0 || x > maxRow) {               //如果 x 坐标越界,返回 false
        return false;
    }
    if (y < 0 || y > maxCol) {               //如果 y 坐标越界,返回 false
        return false;
    }
    return true;                             //坐标在网格内,返回 true
}
int zombie(vector<vector<int>> &grid) {
    int result = 0;
    if (grid.empty() && grid.front().empty()) {  //如果网格为空,直接返回 0
        return 0;
    }
    vector<pair<int, int>> zombiePos;            //存储所有僵尸的初始位置
    int humanCount = 0;                          //统计人类的数量
    for (int i = 0; i < grid.size(); i++) {
```

```cpp
            for (int j = 0; j < grid.front().size(); j++) {
                if (grid.at(i).at(j) == 1) {              //如果当前位置是僵尸
                    zombiePos.push_back({i, j});          //将位置添加到僵尸位置向量中
                } else if (grid.at(i).at(j) == 0) {
                    humanCount++;
                }
            }
        }
        queue<pair<int, int>> posQueue;
        for (auto it : zombiePos) {
            posQueue.push(it);
        }
        int a[4] = {0, 0, 1, -1};
        int b[4] = {1, -1, 0, 0};
        while (!posQueue.empty()) {                       //当队列不为空时,继续搜索
            int size = posQueue.size();                   //记录当前层的僵尸数量
            for (int i = 0; i < size; i++) {              //遍历当前层的所有僵尸
                int x = posQueue.front().first;           //获取当前僵尸的x坐标
                int y = posQueue.front().second;          //获取当前僵尸的y坐标
                posQueue.pop();
                for (int j = 0; j < 4; j++) {
                    int neighbourX = x + a[j];
                    int neighbourY = y + b[j];
                    if (isValid(grid, neighbourX, neighbourY) == true && grid.at(neighbourX).at(neighbourY) == 0) {
                        grid.at(neighbourX).at(neighbourY) = 1;
                        posQueue.push({neighbourX, neighbourY});
                        humanCount--;
                    }
                }
            }
            result++;
            if (humanCount == 0) {
                return result;
            }
        }
        return -1;                                        //如果无法感染完所有人类,返回-1
    }
    int main() {
        vector<vector<int>> grid = {{0, 1, 2, 0, 0},
            {1, 0, 0, 2, 1},
            {0, 1, 0, 0, 0}
        };
        cout << "输入:[[0, 1, 2, 0, 0],[1, 0, 0, 2, 1],[0, 1, 0, 0, 0]]" << endl;
        cout << "输出:" << zombie(grid) << endl;
        return 0;
    }
```

4．运行结果

输入:[[0,1,2,0,0],[1,0,0,2,1],[0,1,0,0,0]]

输出:2

【实例 143】 摊平二维向量

1. 问题描述
设计一个迭代器实现摊平二维向量的功能。

2. 问题示例
输入[[1 2],[3],[4 5 6]],输出[1 2 3 4 5 6]。

3. 代码实现
相关代码如下:

```cpp
#include <iostream>
#include <vector>
#include <queue>
using namespace std;
class Vector2D {
public:
    queue<int> q;
    Vector2D(vector<vector<int>> &vec2d) {
        for (int i = 0; i < vec2d.size(); i++) {
            for (int j = 0; j < vec2d[i].size(); j++) {
                q.push(vec2d[i][j]);
            }
        }
    }
    int next() {
        int res = q.front();           //获取队列的头部元素
        q.pop();                       //移除队列的头部元素
        return res;
    }
    bool hasNext() {
        return !q.empty();             //如果队列不为空,则返回true,否则返回false
    }
};
int main() {
    vector<vector<int>> vec2d = {{1, 2}, {3}, {4, 5, 6}};
    Vector2D v(vec2d);
    cout << "输入:[[1 2], [3], [4 5 6]]\n输出:[";
    while (v.hasNext()) {
        cout << v.next() << " ";
    }
    cout << "]";
    return 0;
}
```

4. 运行结果
输入:[[1 2],[3],[4 5 6]]
输出:[1 2 3 4 5 6]

【实例 144】 第 k 大元素

1. 问题描述
给定数组，找到数组中第 k 大元素。

2. 问题示例
输入 [1,3,4,2]，k=1，输出 4。

3. 代码实现
相关代码如下：

```cpp
#include <iostream>
#include <vector>
using namespace std;
class Solution {
public:
    int kthLargestElement(int k, vector<int> &A) {
        int n = A.size();
        if (n == 0 || k < 0 || k > n) {      //判断向量 A 是否为空，k 是否在合法范围内
            return -1;                        //如果不满足条件，则返回-1
        }
        return quickSelect(A, n - k);
    }
private:
    int quickSelect(vector<int> &A, int k) {
        int left = 0, right = A.size() - 1;
        while (left <= right) {               //当左指针小于或等于右指针时循环
            int p = partition(A, left, right);
            //调用 partition 函数，对数组进行划分，并返回 p 的位置
            if (p == k) {
                return A[k];
            } else if (p > k) {
                right = p - 1;
            } else {
                left = p + 1;
            }
        }
        return -1;
    }
    int partition(vector<int> &A, int left, int right) {
        if (left == right) {                  //如果左右指针相等，说明数组中只有一个元素
            return left;
        }
        int mid = left + (right - left) / 2;  //计算中间位置
        int pivot = A[mid];                   //选择中间位置的元素作为 pivot 基准值
        int l = left, i = left, r = right;    //定义辅助变量
        while (i <= r) {
            if (A[i] < pivot) {               //如果当前元素小于 pivot
                swap(A[l++], A[i++]);
            } else if (A[i] > pivot) {        //如果当前元素大于 pivot
                swap(A[i], A[r--]);
```

```cpp
            } else {                          //如果当前元素等于 pivot
                i++;
            }
        }
        return l;                             //返回 pivot 的位置
    }
};
int main() {
    vector<int> nums = {1, 3, 4, 2};          //定义一个整数向量 nums,并初始化
    int k = 1;
    Solution solution;
    int result = solution.kthLargestElement(k, nums);
    cout << "输入:[1, 3, 4, 2], k = 1" << endl;
    cout << "输出:" << result << endl;
    return 0;
}
```

4. 运行结果

输入:[1,3,4,2],k=1

输出:4

【实例 145】 两数和小于或等于目标值

1. 问题描述

给定一个整数数组,找出这个数组中有多少对的和小于或等于目标值,然后返回符合要求的组合的对数。

2. 问题示例

输入 nums=[2,7,11,15],target=24,输出 5,也就是 2+7<24,2+11<24,2+15<24,7+11<24,7+15<24。

3. 代码实现

相关代码如下:

```cpp
#include <iostream>
#include <vector>
#include <algorithm>
using namespace std;
class Solution {
 public:
    int twoSum(vector<int> &nums, int target) {
        return twoPoint(nums, target);        //调用成员函数 twoPoint 并返回其结果
    }
 private:
    int twoPoint(vector<int> &nums, int target) {
        if (nums.size() <= 1)
            return 0;
        std::sort(nums.begin(), nums.end());  //对 nums 向量进行排序
        int l = 0, r = nums.size() - 1;       //定义两个指针 l 和 r,分别指向向量的首尾
        int ans = 0;
```

```cpp
            while (l < r) {                      //当 l 小于 r 时,循环执行以下操作
                if (nums[l] + nums[r] > target) {
                    --r;
                    continue;                    //跳过当前循环的剩余部分,进入下一次循环
                }
                ans += (r - l);                  //当前 l 和 r 指向的两个数之和小于或等于 target
                ++l;                             //将 l 指针右移一位
            }
            return ans;                          //返回最终的答案 ans
        }
};
int main() {
    vector<int> nums = {2, 7, 11, 15};
    int target = 24;
    Solution solution;
    int result = solution.twoSum(nums, target);
    cout << "输入:[2, 7, 11, 15], target = 24" << endl;
    cout << "输出:" << result << endl;
    return 0;
}
```

4. 运行结果

输入:[2,7,11,15],target=24

输出:5

【实例 146】 两数差等于目标值

1. 问题描述

给定一个整数数组,找到差值等于目标值的两个数。数组的第 1 个下标 index1 必须小于第 2 个下标 index2。返回 index1 和 index2 所在的索引位置,数组的元素从 1 开始计数。

2. 问题示例

输入 nums=[2,6,20,25],target=5,输出[3,4],第 4 个元素为 25,第 3 个元素为 20,二者之差 25-20=5。

3. 代码实现

相关代码如下:

```cpp
#include <iostream>
#include <vector>
#include <algorithm>
using namespace std;
class PairClass {
public:
    PairClass(int i = 0, int v = 0) : index(i), val(v) {}
    int index;                                   //存储原始数组的索引
    int val;
};
static bool less_pair(const PairClass &first, const PairClass &second) {
    return first.val < second.val;               //按照 val 的值进行升序排序
```

```cpp
vector<int> twoMinus(vector<int> &nums, int target) {
    int len = nums.size();                              //获取 nums 的长度
    vector<int> result;                                 //初始化结果向量
    //如果 nums 的长度小于或等于 1,直接返回空的结果向量
    if (len <= 1)
        return result;
    int p1 = 0, p2 = 1;
    vector<PairClass> pairs(len);
    for (int i = 0; i < len; ++i)
        pairs[i] = PairClass(i, nums[i]);
    sort(pairs.begin(), pairs.end(), less_pair);
    //使用双指针法查找两个数,它们的差等于 target
    while (p2 < len && p1 < p2) {
        int diff = pairs[p2].val - pairs[p1].val;       //计算两个数的差
        if (diff == abs(target)) {
            result.push_back(min(pairs[p1].index, pairs[p2].index) + 1);
            result.push_back(max(pairs[p1].index, pairs[p2].index) + 1);
            //返回较大的索引 +1
            return result;
        } else if (diff < abs(target)) {
            //如果当前两个数的差小于 target 的绝对值,将 p2 向右移动一位
            p2++;
        } else {           //如果当前两个数的差大于 target 的绝对值,将 p1 向右移动一位
            p1++;
            if (p1 == p2)
                p2++;
        }
    }
    return result;
}
int main() {
    vector<int> nums = {2, 6, 20, 25};
    vector<int> ret = twoMinus(nums, 5);
    cout << "输入:[2 6 20 25], target = 5\n输出:[";
    for (int i : ret)
        cout << i << " ";
    cout << "]" << endl;
    return 0;
}
```

4. 运行结果

输入:[2 6 20 25],target=5

输出:[3 4]

【实例 147】 骑士的最短路线

1. 问题描述

给定骑士在棋盘上的初始位置,用一个二进制矩阵表示棋盘,0 表示空,1 表示有障碍物,找出到达终点的最短路线,返回路线的长度。如果骑士不能到达则返回-1。规则如下:

骑士的位置为(x,y), 下一步可以到达以下这些位置：(x+1,y+2), (x+1,y-2), (x-1, y+2), (x-1,y-2), (x+2,y+1), (x+2,y-1), (x-2,y+1), (x-2,y-1)。

2. 问题示例

输入：

[[0,0,0],

 [0,0,0],

 [0,0,0]]

source=[2,0] destination=[2,2]

输出：2

3. 代码实现

相关代码如下：

```
#include <iostream>
#include <vector>
#include <queue>
using namespace std;
struct Point {
    int x;
    int y;
    Point() : x(0), y(0) {}
    Point(int a, int b) : x(a), y(b) {}
};
class Solution {
public:
    int shortestPath(vector<vector<bool>> &grid, Point &source, Point &destination) {
        queue<pair<int, int>> q1, q2;                //定义两个队列 q1 和 q2,用于广度优先搜索
        vector<vector<bool>> visited1(grid.size(), vector<bool>(grid[0].size(), 0));
//定义一个 visited1 数组,用于记录 q1 访问过的位置
        vector<vector<bool>> visited2(grid.size(), vector<bool>(grid[0].size(), 0));
//定义一个 visited2 数组,用于记录 q2 访问过的位置
        q1.push({source.x, source.y});               //将起点加入 q1 队列
        q2.push({destination.x, destination.y});     //将终点加入 q2 队列
        visited1[source.x][source.y] = 1;            //标记起点已访问
        visited2[destination.x][destination.y] = 1;  //标记终点已访问
        vector<vector<int>> dirs = {{1, 2}, {1, -2}, {-1, 2}, {-1, -2}, {2, 1}, {2, -1}, {-2, -1}, {-2, 1}};
        int step = 0;
        while (q1.size() || q2.size()) {
            int size1 = q1.size();
            for (int i = 0; i < size1; i++) {        //遍历 q1 中的元素
                pair<int, int> cur = q1.front();     //取出队首元素
                q1.pop();                            //弹出队首元素
                if (visited2[cur.first][cur.second])
                    return step;
                for (vector<int> dir : dirs) {
                    int x = cur.first + dir[0];
                    int y = cur.second + dir[1];
                    if (x < 0 || y < 0 || x >= grid.size() || y >= grid[0].size() || grid[x][y] || visited1[x][y])
```

```cpp
                            continue;
                        visited1[x][y] = 1;                      //标记新位置已访问
                        q1.push({x, y});                         //将新位置加入 q1 队列
                    }
                }
                step++;
                int size2 = q2.size();
                for (int i = 0; i < size2; i++) {                //遍历 q2 中的元素
                    pair<int, int> cur = q2.front();             //取出队首元素
                    q2.pop();                                    //弹出队首元素
                    if (visited1[cur.first][cur.second])
                        return step;
                    for (vector<int> dir : dirs) {
                        int x = cur.first + dir[0];              //计算新的 x 坐标
                        int y = cur.second + dir[1];             //计算新的 y 坐标
                        if (x < 0 || y < 0 || x >= grid.size() || y >= grid[0].size() || grid[x][y] || visited2[x][y])
                            continue;
                        visited2[x][y] = 1;
                        q2.push({x, y});
                    }
                }
                step++;
            }
            return -1;                                           //如果无法到达终点,返回 -1
        }
    };
    int main() {
        vector<vector<bool>> grid = {{0, 0, 0}, {0, 0, 0}, {0, 0, 0}};
        Point source(2, 0);
        Point destination(2, 2);                                 //定义终点坐标
        Solution solution;
        int result = solution.shortestPath(grid, source, destination);
        cout << "输入:[[0, 0, 0],[0, 0, 0],[0, 0, 0]], [2, 0], [2, 2]" << endl;
        cout << "输出:" << result << endl;
        return 0;
    }
```

4. 运行结果

输入:[[0,0,0],[0,0,0],[0,0,0]],[2,0],[2,2]
输出:2

【实例 148】 k 个最近的点

1. 问题描述

给定一些点 points 的坐标和一个 origin 的坐标,从 points 中找到 k 个离 origin 最近的点。按照距离由小到大返回。如果两个点有相同距离,则按照横轴坐标 x 值排序;若 x 值也相同,就按照纵轴坐标 y 值排序。

2. 问题示例

输入 points=[[4,6],[4,7],[4,4],[2,5],[1,1]],origin=[0,0],k=3,找出距离原

点[0,0]最近的 3 个点,输出[[1,1],[2,5],[4,4]]。

3. 代码实现

相关代码如下：

```cpp
#include <iostream>
#include <vector>
#include <algorithm>
using namespace std;
struct Point {
    int x;
    int y;
    Point() : x(0), y(0) {}
    Point(int a, int b) : x(a), y(b) {}
};
bool cmp(const Point A, const Point B) {
    int x1 = A.x, x2 = B.x, y1 = A.y, y2 = B.y;
    if (x1 * x1 + y1 * y1 < x2 * x2 + y2 * y2)
        return true;                              //如果 A 的距离小于 B 的距离,返回 true
    else if (x1 * x1 + y1 * y1 > x2 * x2 + y2 * y2)
        return false;                             //如果 A 的距离大于 B 的距离,返回 false
    else
        return x1 == x2 ? y1 < y2 : x1 < x2;
}
vector<Point> kClosest(vector<Point> &points, Point &origin, int k) {
    vector<Point> res;
    if (k == 0)                                   //如果 k 为 0,则直接返回空向量
        return res;
    for (int i = 0; i < points.size(); i++) {
        points[i].x -= origin.x;
        points[i].y -= origin.y;
    }
    sort(points.begin(), points.end(), cmp);      //对点进行排序
    for (int i = 0; i < k; i++) {
        points[i].x += origin.x;
        points[i].y += origin.y;
        res.push_back(points[i]);
    }
    return res;
}
int main() {
    vector<Point> points = {{4, 6}, {4, 7}, {4, 4}, {2, 5}, {1, 1}};
    Point origin(0, 0);
    int k = 3;
    vector<Point> result = kClosest(points, origin, k);
    cout << "输入:[[4, 6],[4, 7],[4, 4],[2, 5],[1, 1]], [0,0], k = 3\n";
    cout << "输出:[";
    for (int i = 0; i < result.size(); i++) {
        cout << "[" << result[i].x << "," << result[i].y << "]";
        if (i != result.size() - 1) {
            cout << ",";
        }
    }
    cout << "]";
    return 0;
}
```

4. 运行结果

输入:[[4,6],[4,7],[4,4],[2,5],[1,1]],[0,0],k=3
输出:[[1,1],[2,5],[4,4]]

【实例149】 统计目标成绩的出现次数

1. 问题描述

某班级考试成绩按非严格递增顺序记录于整数数组,请返回目标成绩出现的次数。

2. 问题示例

输入 scores=[2,2,3,4,4,4,5,6,6,8],target=4,输出 3。

3. 代码实现

相关代码如下:

```cpp
#include <iostream>
#include <vector>
using namespace std;
class Solution {
public:
    int binarySearch(vector<int> &nums, int target, bool lower) {
        int left = 0, right = (int)nums.size() - 1, ans = (int)nums.size();
        //初始化左、右边界和结果变量
        while (left <= right) {                //当左边界小于或等于右边界时执行循环
            int mid = (left + right) / 2;      //计算中间位置
            if (nums[mid] > target || (lower && nums[mid] >= target)) {
                right = mid - 1;
                ans = mid;
            } else {
                left = mid + 1;
            }
        }
        return ans;
    }
    int countTarget(vector<int> &scores, int target) {
        int leftIdx = binarySearch(scores, target, true);
        //获取目标值左侧边界的索引
        int rightIdx = binarySearch(scores, target, false) - 1;
        //获取目标值右侧边界的索引
        if (leftIdx <= rightIdx && rightIdx < scores.size() && scores[leftIdx] == target && scores[rightIdx] == target) {
            return rightIdx - leftIdx + 1;
        }
        return 0;
    }
};
int main() {
    vector<int> scores = {2, 2, 3, 4, 4, 4, 5, 6, 6, 8};
    int target = 4;
    Solution solution;
    int result = solution.countTarget(scores, target);
```

```
        cout << "输入:scores = [2,2,3, 4, 4, 4, 5, 6, 6, 8], target = 4" << endl;
        cout << "输出: " << result << endl;
        return 0;
}
```

4. 运行结果

输入：scores＝[2,2,3,4,4,4,5,6,6,8],target＝4
输出：3

【实例150】 二叉树的最长连续子序列

1. 问题描述

给定一棵二叉树,找到最长连续序列路径的长度(节点数)。路径起点和终点可以为二叉树的任意节点。

2. 问题示例

输入{1,♯,3,2,4,♯,♯,♯,5},输出3,最长连续序列是3—4—5,所以返回3。

```
    1
     \
      3
     / \
    2   4
         \
          5
```

3. 代码实现

相关代码如下：

```cpp
#include <iostream>
using namespace std;
class TreeNode {
public:
    int val;
    TreeNode *left, *right;
    TreeNode(int val) {
        this->val = val;
        this->left = this->right = NULL;
    }
};
class Solution {
public:
    int longestConsecutive(TreeNode *root) {
        pair<int, int> result = helper(root);
        return result.second;
    }
    pair<int, int> helper(TreeNode *root) {
        if (root == nullptr) {
```

```
            return make_pair(0, 0);
        }
        int rootMaxLength = 1;
        int subtreeMaxLength = 1;
        pair<int, int> leftResult = helper(root->left);
        if (root->left != nullptr and root->val + 1 == root->left->val) {
            rootMaxLength = max(rootMaxLength, leftResult.first + 1);
        }
        subtreeMaxLength = max(subtreeMaxLength, leftResult.second);
        pair<int, int> rightResult = helper(root->right);
        if (root->right != nullptr and root->val + 1 == root->right->val) {
            rootMaxLength = max(rootMaxLength, rightResult.first + 1);
        }
        subtreeMaxLength = max(subtreeMaxLength, rightResult.second);
        subtreeMaxLength = max(subtreeMaxLength, rootMaxLength);
        return make_pair(rootMaxLength, subtreeMaxLength);
    }
};
int main() {
    TreeNode *root = new TreeNode(1);
    root->right = new TreeNode(3);
    root->right->left = new TreeNode(2);
    root->right->right = new TreeNode(4);
    root->right->right->right = new TreeNode(5);
    Solution solution;
    int result = solution.longestConsecutive(root);
    cout << "输入:{1,#,3,2,4,#,#,#,5}\n";
    cout << "输出:" << result << endl;
    return 0;
}
```

4. 运行结果

输入:{1,#,3,2,4,#,#,#,5}
输出:3

【实例151】 查找总价格为目标值的两个商品

1. 问题描述

请在购物车中找到价格总和是目标值的两个商品。若存在多种情况,返回任一结果即可。

2. 问题示例

输入price=[3,9,12,15],target=18,输出[3,15] 或者 [15,3]。

3. 代码实现

相关代码如下:

```
#include<iostream>
#include<vector>
using namespace std;
class Solution {
```

```cpp
public:
    vector<int> twoSum(vector<int> &price, int target) {
        //定义两个指针 i 和 j,分别指向 price 的起始和结束位置
        int i = 0, j = price.size() - 1;
        //使用 while 循环,当 i 小于 j 时执行循环体
        while (i < j) {
            //计算 price 中 i 和 j 位置元素之和
            int s = price[i] + price[j];
            if (s < target)
                i++;
            else if (s > target)
                j--;
            //如果和等于 target,则返回包含 i 和 j 的向量
            else
                return { price[i], price[j] };
        }
        return {};
    }
};
int main() {
    Solution solution;
    vector<int> price = {3, 9, 12, 15};
    int target = 18;
    vector<int> result = solution.twoSum(price, target);
    cout << "输入:price = [3,9,12,15], target = 18\n输出:";
    cout << "[" << result[0] << "," << result[1] << "]" << endl;
    return 0;
}
```

4. 运行结果

输入:price=[3,9,12,15],target=18

输出:[3,15]

【实例 152】 课程表

1. 问题描述

共有 n 门课需要选择,记为 0~(n-1)。有些课程在学习之前需要先修另外课程(例如,要学习课程 1,需要先学习课程 0,表示为[1,0])。现给定 n 门课及其先决条件,判断能否完成所有课程。

2. 问题示例

输入 n=2,prerequisites=[1,0],输出 True,如果可以完成,返回 True。

3. 代码实现

相关代码如下:

```cpp
#include<iostream>
#include<vector>
using namespace std;
class Solution {
```

```cpp
private:
    vector<vector<int>> edges;              //存储课程之间的依赖关系,即每个课程的前置课程
    vector<int> visited;                    //记录每个课程状态,0 为未访问,1 为正在访问,2 为已访问
    bool valid = true;
public:
    void dfs(int u) {
        visited[u] = 1;                     //标记课程 u 正在被访问
        for (int v : edges[u]) {
            if (visited[v] == 0) {          //如果前置课程 v 未被访问
                dfs(v);
                if (!valid) {
                    return;
                }
            } else if (visited[v] == 1) {   //如果前置课程 v 正在被访问
                valid = false;
                return;
            }
        }
        visited[u] = 2;                     //标记课程 u 已被访问
    }
    //检测课程是否能全部完成
    bool canFinish(int numCourses, vector<vector<int>> &prerequisites) {
        edges.resize(numCourses);           //初始化 edges 的大小为课程数量
        visited.resize(numCourses);         //初始化 visited 的大小为课程数量
        for (const auto &info : prerequisites) {    //遍历前置和后置课程的关系
            edges[info[1]].push_back(info[0]);
        }
        for (int i = 0; i < numCourses && valid; ++i) {
        //遍历所有课程,且 valid 为 true
            if (!visited[i]) {                      //如果课程 i 未被访问
                dfs(i);
            }
        }
        return valid;
    }
};
int main() {
    Solution solution;
    int n = 2;
    vector<vector<int>> prerequisites = {{1, 0}};
    bool result = solution.canFinish(n, prerequisites);
    cout << "输入:n = 2, {1, 0}" << endl;
    cout << "输出:" << (result ? "True" : "False") << endl;
    return 0;
}
```

4. 运行结果

输入：n＝2,{1,0}

输出：True

【实例153】 课程安排

1. 问题描述

需要上 n 门课才能获得学位,这些课被标号为 0~(n-1)。有些课程需要先修(例如,要上课程 0,需要先学课程 1,用[0,1]表示)。给定课程的数量和先修课程要求,返回为了学完所有课程安排的学习顺序。如果不可能完成所有课程,返回一个空数组。

2. 问题示例

输入 n=4,prerequisites=[1,0],[2,0],[3,1],[3,2]],输出[0,1,2,3]。

3. 代码实现

相关代码如下:

```cpp
#include <iostream>
#include <vector>
#include <queue>
using namespace std;
class Solution {
private:
    vector<vector<int>> edges;              //存储课程之间的依赖关系,即每个课程的前置课程
    vector<int> indeg;
    vector<int> result;
public:
    vector<int> findOrder(int numCourses, vector<vector<int>> &prerequisites) {
        edges.resize(numCourses);           //初始化依赖关系向量
        indeg.resize(numCourses, 0);
        for (const auto &info : prerequisites) {
            edges[info[1]].push_back(info[0]);
            ++indeg[info[0]];
        }
        queue<int> q;                       //创建一个队列,用于拓扑排序
        for (int i = 0; i < numCourses; ++i) {
            if (indeg[i] == 0) {
                q.push(i);
            }
        }
        while (!q.empty()) {
            int u = q.front();              //取出队列中的第一个课程
            q.pop();                        //移除队列中的第一个课程
            //将课程 u 加入结果向量
            result.push_back(u);
            //遍历课程 u 的所有前置课程
            for (int v : edges[u]) {
                --indeg[v];
                if (indeg[v] == 0) {
                    q.push(v);
                }
            }
        }
        if (result.size() != numCourses) {
```

```cpp
                return {};
            }
            return result;
        }
};
int main() {
    Solution solution;
    int n = 4;
    vector<vector<int>> prerequisites = {{1, 0}, {2, 0}, {3, 1}, {3, 2}};
    vector<int> order = solution.findOrder(n, prerequisites);
    cout << "输入:n = 4,[[1, 0],[2, 0],[3, 1],[3, 2]]\n输出:[";
    for (int i = 0; i < order.size(); ++i) {
        cout << order[i];
        if (i != order.size() - 1)
            cout << ",";
    }
    cout << "]" << endl;
    return 0;
}
```

4. 运行结果

输入：n=4,[[1,0],[2,0],[3,1],[3,2]]

输出：[0,1,2,3]

【实例 154】 单词表示数字

1. 问题描述

给定一个非负整数，根据数字以英文单词输出数字大小。

2. 问题示例

输入 10245，输出 ten thousand two hundred forty five。

3. 代码实现

相关代码如下：

```cpp
#include <iostream>
#include <vector>
using namespace std;
class Solution {
public:
    vector<string> less20 {
        "", "one", "two", "three", "four", "five", "six", "seven", "eight", "nine", "ten", "eleven", "twelve", "thirteen", "fourteen", "fifteen", "sixteen", "seventeen", "eighteen", "nineteen" };
    vector<string> more20Less100 {
        "twenty", "thirty", "forty", "fifty", "sixty", "seventy", "eighty", "ninety"
    };
    string convertWords(int number) {
        if (number == 0)
            return "zero";                          //如果数字为0,直接返回"zero"
```

```cpp
            string result = dfs(number);
            int index = result.size() - 1;          //从字符串的最后一个字符开始向前遍历
            while (index >= 0) {                    //移除字符串末尾的空格
                if (result[index] == ' ')
                    index--;
                else
                    break;
            }
            return result.substr(0, index + 1);     //返回处理后的字符串
        }
        //递归函数,用于将数字转换为英文单词表示
        string dfs(int number) {
            if (number < 20) {                      //如果数字小于20,直接返回对应的英文单词
                return less20[number];
            } else if (number < 100) {
                return more20Less100[number/10 - 2] + " " + dfs(number % 10);
            } else if (number < 1000) {
                return dfs(number / 100) + " hundred " + dfs(number % 100);
            } else if (number < 1000000) {
                return dfs(number/ 1000) + " thousand " + dfs(number % 1000);
            } else if (number < 1000000000) {
                return dfs(number/1000000) + "million " + dfs(number % 1000000);
            } else if (number < 10000000000) {
                return dfs(number/1000000000) + "billion" + dfs(number % 1000000000);
            }
        }
};
int main() {
    Solution solution;
    int number = 10245;
    string result = solution.convertWords(number);
    cout << "输入:" << number << endl;
    cout << "输出:" << result << endl;
    return 0;
}
```

4. 运行结果

输入:10245

输出:ten thousand two hundred forty five

【实例 155】 长度为 k 的最大子数组

1. 问题描述

给定一个整数数组,返回长度为 k 的最大子数组。

2. 问题示例

输入 nums=[1,4,5,2,3],k=4,输出[4,5,2,3]。长度为 4 的子数组有:[1,4,5,2] 和 [4,5,2,3],[4,5,2,3] 是最大的。

3. 代码实现

相关代码如下：

```cpp
#include <iostream>
#include <vector>
using namespace std;
class Solution {
public:
    vector<int> largestSubarray(vector<int> &nums, int k) {
        int n = (int)nums.size();              //获取 nums 的大小并存储在 n 中
        if (n == 0 || k > n)
            return {};                         //返回一个空向量
        if (k == n)
            return nums;
        int p = 0;                             //定义一个变量 p 用于存储子数组的起始位置
        for (int i = 1; i < n - k + 1; i++) {  //从 1 开始遍历到 n-k+1
            for (int j = 0; j < k; j++) {
                if (nums[i + j] != nums[p + j]) {
                    if (nums[i + j] > nums[p + j])
                        p = i;
                    break;
                }
            }
        }
        vector<int> res;
        for (int i = 0; i < k; i++)
            res.push_back(nums[i + p]);
        return res;
    }
};
int main() {
    Solution solution;                                      //创建一个 Solution 类的对象 solution
    vector<int> nums = {1, 4, 5, 2, 3};                     //定义一个整数向量 nums 并初始化
    int k = 4;                                              //定义一个整数 k 并初始化为 4
    vector<int> result = solution.largestSubarray(nums, k);
    cout << "输入:[1, 4, 5, 2, 3], k = 4\n输出:[";
    for (int i = 0; i < result.size(); i++) {               //遍历 result
        cout << result[i] << " ";
        if (i != result.size() - 1) {
            cout << ",";
        }
    }
    cout << "]" << endl;
    return 0;
}
```

4. 运行结果

输入：nums=[1,4,5,2,3],k=4

输出：[4,5,2,3]

【实例156】 移除子串

1. 问题描述
给出一个字符串 s 及 n 个子字符串。可以从字符串 s 中循环移除 n 个子字符串中的任意一个,使剩下字符串 s 的长度最小,然后输出这个最小长度。

2. 问题示例
输入"ccdaabcdbb",子字符串为["ab","cd"],输出 2,移除过程为 ccdaabcdbb→ccdacdbb→cabb→cb,移除后的长度为 length=2。

3. 代码实现
相关代码如下:

```cpp
#include <iostream>
#include <string>
#include <unordered_set>
#include <queue>
using namespace std;
class Solution {
public:
    int minLength(string &s, unordered_set<string> &dict) {
        int N = s.size();                        //获取字符串 s 的长度
        if (N == 0)                              //如果字符串 s 的长度为 0
            return 0;
        queue<string> q;                         //定义一个字符串队列 q
        unordered_set<string> hashSet;           //定义一个无序字符串集合 hashSet
        int minLen = N;
        q.push(s);
        hashSet.insert(s);                       //将字符串 s 插入 hashSet 中
        while (!q.empty()) {
            string s = q.front();                //获取队列 q 的前端元素
            q.pop();
            for (auto str : dict) {              //遍历 dict 中的每个字符串 str
                int pos = s.find(str);           //在字符串 s 中查找 str 的起始位置
                while (pos != -1) {
                    string new_s = s.substr(0, pos) + s.substr(pos + str.size());
                    if (hashSet.find(new_s) == hashSet.end()) {
                        q.push(new_s);
                        hashSet.insert(new_s);
                        minLen = min(minLen, (int)new_s.size());
                    }
                    pos = s.find(str, pos + 1);
                }
            }
        }
        return minLen;
    }
};
int main() {
    Solution solution;
```

```cpp
string s = "ccdaabcdbb";
unordered_set<string> dict = {"ab", "cd"};
int result = solution.minLength(s, dict);    //调用函数,并将结果存储在 result 中
cout << "输入:ccdaabcdbb, ab, cd" << endl;
cout << "输出:" << result << endl;
return 0;
}
```

4．运行结果

输入：ccdaabcdbb，ab，cd

输出：2

【实例 157】 数组划分

1．问题描述

给出一个整数数组 nums 和一个整数 k。划分数组（移动数组 nums 中的元素），使所有小于 k 的元素移到左边，所有大于或等于 k 的元素移到右边，最后返回数组划分的位置，即数组中第一个位置 i，满足 nums[i] 大于或等于 k。

2．问题示例

输入 nums＝[3,2,2,1]，k＝2，输出 1。

3．代码实现

相关代码如下：

```cpp
#include <iostream>
#include <vector>
using namespace std;
class Solution {
public:
    int partitionArray(vector<int> &nums, int k) {
        int left = 0, right = nums.size() - 1;
        //初始化左指针 left 和右指针 right,分别指向向量的第一个和最后一个元素
        while (left < right) {                      //当左指针小于右指针时,进行循环
            while (left <= right && nums[left] < k) {
                left++;
            }
            while (left <= right && nums[right] >= k) {
                right--;
            }
            if (left < right) {
                swap(&nums[left], &nums[right]);//交换左右指针所指向的元素
                left++;
                right--;
            }
        }
        return left;
    }
    void swap(int * left, int * right) {           //定义一个成员函数 swap,用于交换两个整数的值
        int tmp = * left;
```

```cpp
        *left = *right;
        *right = tmp;
    }
};
int main() {
    Solution solution;
    vector<int> nums = {3, 2, 2, 1};
    int k = 2;
    int result = solution.partitionArray(nums, k);
    cout << "输入:[3, 2, 2, 1], k = 2\n输出:";
    cout << result << endl;
    return 0;
}
```

4. 运行结果

输入:[3,2,2,1],k=2
输出:1

【实例158】 矩形重叠

1. 问题描述

给定两个矩形,判断这两个矩形是否有重叠,返回结果以 [x1,y1,x2,y2] 的形式表示,其中 (x1,y1) 是左下角的坐标,(x2,y2) 是右上角的坐标。如果相交的面积为正,则两个矩形为重叠。需要明确的是,只在角或边接触的两个矩形不构成重叠。

2. 问题示例

输入 rec1=[0,0,2,2],rec2=[1,1,3,3],输出:True。

3. 代码实现

相关代码如下:

```cpp
#include <iostream>
#include <vector>
using namespace std;
class Solution {
public:
    bool isRectangleOverlap(vector<int> &rec1, vector<int> &rec2) {
        int x1 = rec1[0], y1 = rec1[1], x2 = rec1[2], y2 = rec1[3];
        //从 rec2 中提取 4 个坐标值,分别代表第 2 个矩形的左上角和右下角的坐标
        int xx1 = rec2[0], yy1 = rec2[1], xx2 = rec2[2], yy2 = rec2[3];
        if (x1 >= xx2 || x2 <= xx1 || y1 >= yy2 || y2 <= yy1) {
            return false;
        }
        return true;
    }
};
int main() {
    Solution solution;                          //创建一个 Solution 类的对象
    vector<int> rec1 = {0, 0, 2, 2};
    vector<int> rec2 = {1, 1, 3, 3};
```

```cpp
    bool result = solution.isRectangleOverlap(rec1, rec2);
    cout << "输入:[0, 0, 2, 2],[1, 1, 3, 3]\n输出:";
    cout << (result ? "True" : "False") << endl;
    return 0;
}
```

4. 运行结果

输入：[0,0,2,2],[1,1,3,3]

输出：True

【实例159】 最长回文串

1. 问题描述

给出一个包含大小写字母的字符串，求出由这些字母构成最长的回文串长度。其中，数据是大小写敏感的，也就是说，"Aa"并不是回文串。

2. 问题示例

输入 s="abccccdd"，输出 7，一种可以构建出来的最长回文串方案是"dccaccd"。

3. 代码实现

相关代码如下：

```cpp
#include <iostream>
#include <cstring>
using namespace std;
class Solution {
public:
    int longestPalindrome(string &s) {
        int cnt[52];
        int OddCount = 0;          //定义整型变量 OddCount,记录出现次数为奇数的字符个数
        int ans = 0;               //定义一个整型变量 ans,记录回文串的长度
        memset(cnt, 0, sizeof(cnt));
        for (char c : s) {
            if (c >= 97) {
                cnt[26 + c - 'a']++;
            } else {
                cnt[c - 'A']++;
            }
        }
        for (int i = 0; i < 52; i++) {
            ans += cnt[i] / 2 * 2;
            if (cnt[i] % 2) {
                OddCount = 1;
            }
        }
        //如果存在出现次数为奇数的字符,则回文串长度需要加 1
        ans += OddCount;
        return ans;
    }
};
int main() {
```

```
    string s = "abccccdd";
    Solution solution;
    int result = solution.longestPalindrome(s);
    cout << "输入:abccccdd\n输出:";
    cout << result << endl;
    return 0;
}
```

4. 运行结果

输入：abccccdd

输出：7

【实例160】 子数组最小乘积的最大值

1. 问题描述

一个数组的最小乘积定义为这个数组中最小值乘以数组的和。例如，数组 [3,2,5]（最小值是 2）的最小乘积为 $2\times(3+2+5)=2\times10=20$。

给定一个正整数数组 nums，返回 nums 任意非空子数组的最小乘积的最大值。由于答案可能很大，返回答案对 10^9+7 取余的结果。

注：最小乘积的最大值考虑的是取余操作之前的结果。题目保证最小乘积的最大值在不取余的情况下可以用 64 位有符号整数保存。

2. 问题示例

输入 nums=[1,2,3,2]，输出 14。

3. 代码实现

相关代码如下：

```
#include <iostream>
#include <vector>
#include <stack>
using namespace std;
class Solution {
private:
    using LL = long long;                       //定义一个类型别名 LL,表示长整型
    static constexpr int mod = 1000000007;      //定义一个常量 mod,表示取模运算的模数
public:
    int maxSumMinProduct(vector<int> &nums) {
        int n = nums.size();                    //获取 nums 向量的大小
        vector<int> left(n), right(n, n - 1);   //定义两个向量 left 和 right,用于存储每个元
//素左边第一个比它小的元素索引和右边第一个比它小的元素索引
        stack<int> s;
        for (int i = 0; i < n; ++i) {           //遍历 nums 向量
            while (!s.empty() && nums[s.top()] >= nums[i]) {
                right[s.top()] = i - 1;
                s.pop();
            }
            if (!s.empty()) {
                left[i] = s.top() + 1;
```

```cpp
            }
            s.push(i);
        }
        vector<LL> pre(n + 1);        //定义一个长整型向量 pre,用于存储 nums 向量中前 i 个元素的和
        for (int i = 1; i <= n; ++i) {   //遍历 nums 向量,计算前缀和
            pre[i] = pre[i - 1] + nums[i - 1];
        }
        LL best = 0;                  //定义一个长整型变量 best,用于存储最大的乘积和
        for (int i = 0; i < n; ++i) {
            best = max(best, (pre[right[i] + 1] - pre[left[i]]) * nums[i]);
        }
        return best % mod;
    }
};
int main() {
    vector<int> nums = {1, 2, 3, 2};
    Solution solution;
    int result = solution.maxSumMinProduct(nums);
    cout << "输入:nums = [1,2,3,2]" << endl;
    cout << "输出:" << result << endl;
    return 0;
}
```

4. 运行结果

输入:nums=[1,2,3,2]

输出:14

【实例161】 删除子数组的最大得分

1. 问题描述

给定一个正整数数组 nums,请从中删除一个含有若干不同元素的子数组。删除子数组的得分就是子数组各元素之和。最后返回只删除一个子数组可获得的最大得分。

2. 问题示例

输入 nums=[4,2,4,5,6],输出 17。注:最优子数组是 [2,4,5,6]。

3. 代码实现

相关代码如下:

```cpp
#include <iostream>
#include <vector>
#include <unordered_map>
using namespace std;
class Solution {
public:
    int maximumUniqueSubarray(vector<int> &nums) {
//定义公共方法 maximumUniqueSubarray,接收一个整数向量 nums 的引用
        const int N = nums.size();                //定义常量 N,表示 nums 的大小
        vector<int> preSum(N + 1);                //定义前缀和数组 preSum,大小为 N+1
        for (int i = 0; i < N; i++)               //遍历 nums
```

```cpp
            preSum[i + 1] = nums[i] + preSum[i];    //计算前缀和
        int left{}, right{}, res{};                 //初始化左边界、右边界和结果变量
        unordered_map < int, int > mp;
        while (right < N) {                         //当右边界小于N时,执行循环
            if (mp.find(nums[right]) != mp.end() && mp[nums[right]] >= left)
            {
                left = mp[nums[right]] + 1;
            }
            res = max(res, preSum[right + 1] - preSum[left]);
            mp[nums[right]] = right;
            right++;
        }
        return res;
    }
};
int main() {
    vector < int > nums = {4, 2, 4, 5, 6};
    Solution solution;
    int result = solution.maximumUniqueSubarray(nums);
    cout << "输入:nums = [4,2,4,5,6]" << endl;
    cout << "输出:" << result << endl;
    return 0;
}
```

4．运行结果

输入：nums＝[4,2,4,5,6]

输出：17

【实例 162】 长度为 k 子数组中的最大和

1．问题描述

给定一个整数数组 nums 和一个整数 k。请从 nums 中满足下述条件的全部子数组中找出最大子数组和：子数组的长度是 k,且子数组中的所有元素各不相同。

返回满足题面要求的最大子数组和。如果不存在子数组满足这些条件,返回 0。子数组是数组中一段连续非空的元素序列。

2．问题示例

输入：nums＝[1,5,4,2,9,9,9],k＝3。输出：15。注：nums 中长度为 3 的子数组如下：

[1,5,4]满足全部条件,和为 10。

[5,4,2]满足全部条件,和为 11。

[4,2,9]满足全部条件,和为 15。

[2,9,9]不满足全部条件,因为元素 9 重复。

[9,9,9]不满足全部条件,因为元素 9 重复。

因为 15 是满足全部条件的所有子数组中的最大子数组和,所以返回 15。

3. 代码实现

相关代码如下：

```cpp
#include <iostream>
#include <vector>
using namespace std;
class Solution {
public:
    static const int N = 100010;    //定义一个静态常量 N,用于确定数组 s 和 cnt 的大小
    long long s[N];                 //定义一个长整型数组 s,用于存储前缀和
    int cnt[N];                     //定义一个整型数组 cnt,用于记录每个数字出现的次数
    long long maximumSubarraySum(vector<int> &nums, int k) {
        int n = nums.size();        //获取 nums 的大小
        for (int i = 1; i <= n; i++)    //从 1 开始计算 nums 的前缀和
            s[i] = s[i - 1] + nums[i - 1];
        long long res = 0;
        for (int i = 0, j = 0; i < n; i++) {
            cnt[nums[i]]++;         //当前数字 nums[i]出现的次数加 1
            while (j <= i && cnt[nums[i]] > 1)
                cnt[nums[j++]]--;   //将 nums[j]出现的次数减 1,并将 j 向右移动
            if (i - j + 1 > k)      //如果当前子数组的长度大于 k
                cnt[nums[j++]]--;   //子数组最左边数字 nums[j]出现次数减 1,j 向右移动
            if (i - j + 1 >= k)     //如果当前子数组的长度大于或等于 k
                res = max(res, s[i + 1] - s[j]);
        }
        return res;
    }
};
int main() {
    vector<int> nums = {1, 5, 4, 2, 9, 9, 9};
    int k = 3;
    Solution solution;
    long long result = solution.maximumSubarraySum(nums, k);
    cout << "输入:nums = [1,5,4,2,9,9,9], k = 3" << endl;
    cout << "输出:" << result << endl;
    return 0;
}
```

4. 运行结果

输入：nums=[1,5,4,2,9,9,9],k=3
输出：15

【实例 163】 矩阵中的局部最大值

1. 问题描述

给定一个大小为 n×n 的整数矩阵 grid。生成一个大小为 (n−2)×(n−2) 的整数矩阵 maxLocal,并满足 maxLocal[i][j]等于 grid 中以 i+1 行和 j+1 列为中心的 3×3 矩阵中的最大值,返回生成的矩阵。

2. 问题示例

输入 grid=[[9,9,8,1],[5,6,2,6],[8,2,6,4],[6,2,2,2]],输出[[9,9],[8,6]]。注：原矩阵和生成的矩阵如图 163-1 所示。在生成的矩阵中,每个值都对应 grid 中一个 3×3 矩阵的最大值。

9	9	8	1
5	6	2	6
8	2	6	4
6	2	2	2

9	9
8	6

图 163-1 原矩阵和生成的矩阵

3. 代码实现

相关代码如下：

```
#include <iostream>
#include <vector>
using namespace std;
class Solution {
 public:
    vector<vector<int>> largestLocal(vector<vector<int>> &grid) {
    int n = grid.size();
    vector<vector<int>> res(n - 2, vector<int>(n - 2, 0));
    for (int i = 0; i < n - 2; i++) {
        for (int j = 0; j < n - 2; j++) {
            //对于 res 中的每个位置,遍历其对应的 3×3 子矩阵
            for (int x = i; x < i + 3; x++) {
                for (int y = j; y < j + 3; y++) {
                    //更新 res[i][j]为当前 3×3 子矩阵中的最大值
                    res[i][j] = max(res[i][j], grid[x][y]);
                }
            }
        }
    }
    return res;
 }
};
int main() {
 vector<vector<int>> grid = {{9, 9, 8, 1}, {5, 6, 2, 6}, {8, 2, 6, 4}, {6, 2, 2, 2}};
 Solution solution;
 vector<vector<int>> result = solution.largestLocal(grid);
 cout << "输入:[[9, 9, 8, 1], [5, 6, 2, 6], [8, 2, 6, 4], [6, 2, 2, 2]]\n";
 cout << "输出:[";
 for (int i = 0; i < result.size(); i++) {
     cout << "[";
     for (int j = 0; j < result[i].size(); j++) {
         cout << result[i][j];
         if (j != result[i].size() - 1) {
             cout << ",";
         }
```

```cpp
        cout << "]";
    }
    cout << "]";
    return 0;
}
```

4．运行结果

输入：[[9,9,8,1],[5,6,2,6],[8,2,6,4],[6,2,2,2]]
输出：[[9,9],[8,6]]

【实例164】 二叉树的直径

1．问题描述

给定一棵二叉树的根节点，返回该树的直径。二叉树的直径是指树中任意两个节点之间最长路径的长度。这条路径可能经过也可能不经过根节点。两节点之间路径的长度由它们之间边数表示。

2．问题示例

输入：root=[1,2,3,4,5]。输出：3。注：3 是路径 [4,2,1,3] 或 [5,2,1,3] 的长度，如图 164-1 所示。

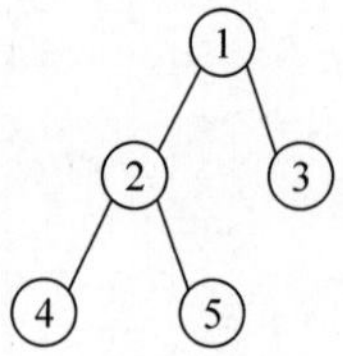

图 164-1 二叉树示例

3．代码实现

相关代码如下：

```cpp
#include <iostream>
#include <algorithm>
using namespace std;
struct TreeNode {
    int val;
    TreeNode *left;
    TreeNode *right;
    TreeNode(int x) : val(x), left(NULL), right(NULL) {}
};
class Solution {
public:
    int ans;                            //用于存储二叉树直径的变量
    int depth(TreeNode *rt) {
        if (rt == NULL) {
            return 0;
        }
        int L = depth(rt->left);        //递归计算左子树的深度
        int R = depth(rt->right);       //递归计算右子树的深度
        ans = max(ans, L + R + 1);      //计算当前节点的直径并更新全局最大值 ans
        return max(L, R) + 1;
    }
    int diameterOfBinaryTree(TreeNode *root) {
        ans = 1;
        depth(root);
        return ans - 1;
```

```cpp
    }
};
int main() {
    TreeNode *root = new TreeNode(1);
    root->left = new TreeNode(2);
    root->right = new TreeNode(3);
    root->left->left = new TreeNode(4);
    root->left->right = new TreeNode(5);
    Solution solution;
    int result = solution.diameterOfBinaryTree(root);
    cout << "输入:[1,2,3,4,5]\n";
    cout << "输出:" << result << endl;
    delete root->left->left;
    delete root->left->right;
    delete root->left;
    delete root->right;
    delete root;
    return 0;
}
```

4．运行结果

输入：[1,2,3,4,5]

输出：3

【实例165】 寻找重复的数

1．问题描述

给出包含 n+1 个整数的数组 nums，数组中整数值在 1～n（包括边界），保证至少存在 1 个重复的整数。假设只有 1 个重复的整数，返回这个重复的数。

2．问题示例

输入[5,4,4,3,2,1]，输出 4。

3．代码实现

相关代码如下：

```cpp
#include <iostream>
#include <vector>
using namespace std;
class Solution {
public:
    int findDuplicate(vector<int> &nums) {
        int n = nums.size() - 1;        //获取向量的大小并减 1
        int lo = 1, hi = n;             //定义二分查找的上下界
        int mid;                        //定义中间值
        int ans = -1;                   //定义结果变量并初始化为-1
        while (lo <= hi) {
            mid = lo + (hi - lo) / 2;
            int count = countLessEqual(nums, mid);
            if (count >= mid + 1) {
                ans = mid;
```

```cpp
                    hi = mid - 1;
                } else {
                    lo = mid + 1;
                }
            }
            return ans;
        }
    private:
        int countLessEqual(vector<int> &nums, int x) {
            int count = 0;              //定义计数器并初始化为0
            for (int &num : nums) {     //遍历向量中的每个元素
                if (num <= x) {         //如果元素小于或等于x
                    count++;
                }
            }
            return count;
        }
};
int main() {
    vector<int> nums = {5, 4, 4, 3, 2, 1};
    Solution solution;
    int duplicate = solution.findDuplicate(nums);
    cout << "输入:[5, 4, 4, 3, 2, 1]\n";
    cout << "输出:" << duplicate << endl;
    return 0;
}
```

4．运行结果

输入：[5,4,4,3,2,1]

输出：4

【实例166】 有序数组中的单一元素

1．问题描述

给定一个只包含整数的有序数组 nums，每个元素都会出现2次，唯有一个数只会出现1次，请找出这个唯一的数字。

2．问题示例

输入 nums＝[1,1,2,3,3,4,4,8,8]，输出2。

3．代码实现

相关代码如下：

```cpp
#include <iostream>
#include <vector>
using namespace std;
class Solution {
public:
    int singleNonDuplicate(vector<int> &nums) {
        int low = 0, high = nums.size() - 1;
        //当low小于high时,执行循环
```

```cpp
        while (low < high) {
            int mid = (high - low) / 2 + low;
            if (nums[mid] == nums[mid ^ 1]) {
                low = mid + 1;
            } else {
                high = mid;
            }
        }
        return nums[low];
    }
};
int main() {
    vector<int> nums = {1, 1, 2, 3, 3, 4, 4, 8, 8};
    Solution solution;
    int result = solution.singleNonDuplicate(nums);
    cout << "输入:[1, 1, 2, 3, 3, 4, 4, 8, 8]\n";
    cout << "输出: " << result << endl;
    return 0;
}
```

4. 运行结果

输入:[1,1,2,3,3,4,4,8,8]

输出:2

【实例 167】 132 模式识别

1. 问题描述

给定 n 个整数的序列 a1,a2,…,an,设计一个算法检查序列中是否存在 132 模式(一个 132 模式是对于一个子串 ai,aj,ak,满足 i<j<k 和 ai<ak<aj),N<20000。

2. 问题示例

输入 nums=[1,2,3,4],输出 False,即在这个序列中没有 132 模式。

3. 代码实现

相关代码如下:

```cpp
#include <iostream>
#include <vector>
#include <stack>
#include <climits>
using namespace std;
class Solution {
public:
    bool find132pattern(vector<int> &nums) {
        int n = nums.size();
        stack<int> stk;
        int top = INT_MIN;                  //初始化栈顶元素为最小整数
        for (int i = n - 1; i >= 0; --i) {
            if (nums[i] < top)
                return true;
            while (!stk.empty() && nums[i] > stk.top()) {
```

```cpp
                top = stk.top();
                stk.pop();
            }
            stk.push(nums[i]);
        }
        //遍历结束后,如果没有找到132模式,返回false
        return false;
    }
};
int main() {
    Solution solution;
    vector<int> nums = {1, 2, 3, 4};
    bool result = solution.find132pattern(nums);
    cout << "输入:[1, 2, 3, 4]\n输出:";
    cout << (result ? "True" : "False") << endl;
    return 0;
}
```

4. 运行结果

输入:[1,2,3,4]

输出:False

【实例168】 检查缩写字

1. 问题描述

给定一个非空字符串 word 和缩写 abbr,判断字符串是否可以和给定的缩写匹配。例如一个 word 的字符串仅包含以下有效缩写:["word","1ord","w1rd","wo1d","wor1","2rd","w2d","wo2","1o1d","1or1","w1r1","1o2","2r1","3d","w3","4"]。

2. 问题示例

输入 s= "internationalization",abbr= "i12iz4n",输出 True。

3. 代码实现

相关代码如下:

```cpp
#include <iostream>
#include <string>
using namespace std;
class Solution {
public:
    bool validWordAbbreviation(string &word, string &abbr) {
        int a = 0;                      //初始化变量a,用于遍历缩写字符串abbr
        int n = 0;
        while (a < abbr.length() && n < word.length()) {
            if (abbr[a] == word[n]) {
                a++;
                n++;
            }
            else if (isdigit(abbr[a])) {
                if ((abbr[a] - '0') == 0)
```

```cpp
                    return false;
                int v = 0, i = 0;
                while (isdigit(abbr[a])) {
                    v = v * 10 + (abbr[a] - '0');
                    i++;
                    a++;              //移动到下一个字符
                }
                while (v) {
                    v--;
                    n++;
                }
            }
            //如果缩写中的当前字符既不是字母也不是数字,则返回 false
            else {
                return false;
            }
        }
        if (a == abbr.length() && n == word.length())
            return true;
        return false;
    }
};
int main() {
    Solution solution;
    string s = "internationalization";
    string abbr = "i12iz4n";
    bool result = solution.validWordAbbreviation(s, abbr);
    cout << "输入:internationalization, i12iz4n\n输出:";
    cout << (result ? "True" : "False") << endl;
    return 0;
}
```

4. 运行结果

输入:internationalization,i12iz4n

输出:True

【实例169】 一次编辑距离

1. 问题描述
给出两个字符串 s 和 t,判断它们是否只差一步编辑,即可变成相同的字符串。

2. 问题示例
输入 s="aDb",t="adb",输出 True。

3. 代码实现
相关代码如下:

```cpp
#include <iostream>
#include <string>
using namespace std;
class Solution {
```

```cpp
public:
    bool isOneEditDistance(string &s, string &t) {
        if (s == t) {
            return false;
        }
        int idx1 = 0;
        int idx2 = 0;
        while (idx1 < s.length() && idx2 < t.length()) {
            if (s[idx1] == t[idx2]) {      //如果字符相等,则索引都前移
                idx1++;
                idx2++;
            } else {
                bool choice1 = fun(s, t, idx1, idx2 + 1);
                bool choice2 = fun(s, t, idx1 + 1, idx2);
                bool choice3 = fun(s, t, idx1 + 1, idx2 + 1);
                if (choice1 || choice2 || choice3) {
                    return true;
                }
                return false;
            }
        }
        if (idx1 >= s.length() && idx2 < t.length()) {
            int count = (t.length() - 1 - idx2 + 1);
            if (count == 1) {
                return true;
            }
            return false;
        }
        //如果遍历完t后,s还有剩余字符,并且只有一个剩余字符,则返回true
        else if (idx1 < s.length() && idx2 >= t.length()) {
            int count = (s.length() - 1 - idx1 + 1);
            if (count == 1) {
                return true;
            }
            return false;
        }
        return false;
    }
    bool fun(string &str1, string &str2, int idx1, int idx2) {
        while (idx1 < str1.length() && idx2 < str2.length()) {
            if (str1[idx1] == str2[idx2]) {
                idx1++;
                idx2++;
            } else {
                return false;
            }
        }
        if (idx1 >= str1.length() && idx2 >= str2.length()) {
            return true;
        }
        return false;
    }
};
int main() {
    Solution solution;
```

```cpp
    string s = "aDb";
    string t = "adb";
    bool result = solution.isOneEditDistance(s, t);
    cout << "输入:aDb, adb\n输出:";
    cout << (result ? "True" : "False") << endl;
    return 0;
}
```

4. 运行结果

输入：aDb,adb

输出：True

【实例170】 数据流滑动窗口平均值

1. 问题描述

给出一串数据流和窗口大小的整数，计算滑动窗口中所有整数的平均值。

2. 问题示例

如果定义 MovingAverage m＝new MovingAverage(3)，则 m.next(1)＝1，即返回 1；m.next(10)＝(1＋10)/2，即返回 5.5；m.next(3)＝(1 ＋ 10 ＋ 3)/3，即返回 4.66667；m.next(5)＝(10＋3＋5)/3，即返回 6。

3. 代码实现

相关代码如下：

```cpp
#include <iostream>
#include <queue>
using namespace std;
class MovingAverage {
public:
    queue<int> Queue;
    int length;
    double sum;
    MovingAverage(int size) {
        length = size;
        sum = 0;
    }
    double next(int val) {
        if (Queue.size() < length) {
            Queue.push(val);
            sum += val;
            return sum / Queue.size();
        } else {
            sum = sum - Queue.front();
            Queue.pop();
            Queue.push(val);
            sum += val;
            return sum / length;
        }
    }
}
```

```cpp
};
int main() {
    MovingAverage m = MovingAverage(3);
    cout << "输入:m.next(1);输出:" << m.next(1) << endl;
    cout << "输入:m.next(10);输出:" << m.next(10) << endl;
    cout << "输入:m.next(3);输出:" << m.next(3) << endl;
    cout << "输入:m.next(5);输出:" << m.next(5) << endl;
    return 0;
}
```

4. 运行结果

输入：m.next(1)；输出：1

输入：m.next(10)；输出：5.5

输入：m.next(3)；输出：4.66667

输入：m.next(5)；输出：6

【实例 171】 长度最小的子数组

1. 问题描述

给定一个含有 n 个正整数的数组和一个正整数 target。找出该数组中满足大于或等于 target 长度的最小连续子数组[numsl, numsl+1, ⋯, numsr−1, numsr]，并返回其长度。如果不存在符合条件的子数组，返回 0。

2. 问题示例

输入 target=7, nums=[2,3,1,2,4,3]，输出 2。注：子数组[4,3]是该条件下长度最小的子数组。

3. 代码实现

相关代码如下：

```cpp
#include <iostream>
#include <vector>
#include <algorithm>
using namespace std;
class Solution {
public:
    int minSubArrayLen(int s, vector<int> &nums) {
        int n = nums.size();                    //获取 nums 数组的大小
        if (n == 0) {                           //如果数组为空,则直接返回 0
            return 0;
        }
        int ans = INT_MAX;
        vector<int> sums(n + 1, 0);
        //计算 sums 向量,其中 sums[i]表示 nums 数组中前 i 个元素的和
        for (int i = 1; i <= n; i++) {
            sums[i] = sums[i - 1] + nums[i - 1];
        }
        //遍历 nums 数组中的每个元素,尝试找到满足条件的最短子数组
        for (int i = 1; i <= n; i++) {
```

```cpp
            int target = s + sums[i - 1];
            auto bound = lower_bound(sums.begin(), sums.end(), target);
            if (bound != sums.end()) {
                ans = min(ans, static_cast<int>((bound - sums.begin()) - (i - 1)));
            }
        }
        return ans == INT_MAX ? 0 : ans;
    }
};
int main() {
    Solution solution;
    vector<int> nums = {2, 3, 1, 2, 4, 3};
    int target = 7;
    cout << "输入:target = " << target << ", nums = [";
    for (int i = 0; i < nums.size(); i++) {
        cout << nums[i];
        if (i < nums.size() - 1) {
            cout << ", ";
        }
    }
    cout << "]" << endl;
    int result = solution.minSubArrayLen(target, nums);
    cout << "输出:" << result << endl;
    return 0;
}
```

4. 运行结果

输入：target＝7,nums＝[2,3,1,2,4,3]

输出：2

【实例172】 乘积小于 k 的子数组

1. 问题描述

给定一个正整数数组 nums 和整数 k,请找出该数组内乘积小于 k 的连续的子数组的个数。

2. 问题示例

输入 nums＝[10,5,2,6],k＝100,输出 8。注：8 个乘积小于 100 的子数组如下：[10],[5],[2],[6],[10,5],[5,2],[2,6],[5,2,6]。

3. 代码实现

相关代码如下：

```cpp
#include <iostream>
#include <vector>
#include <algorithm>
#include <cmath>
using namespace std;
class Solution {
public:
```

```cpp
    int numSubarrayProductLessThanK(vector<int> &nums, int k) {
        //如果k为0,则任何子数组的乘积都不会小于0,所以返回0
        if (k == 0) {
            return 0;
        }
        int n = nums.size();
        vector<double> logPrefix(n + 1);
        for (int i = 0; i < n; i++) {
            logPrefix[i + 1] = logPrefix[i] + log(nums[i]);
        }
        double logk = log(k);
        int ret = 0;
        for (int j = 0; j < n; j++) {
            //1e-10是一个小的正数,用于处理浮点数比较时的精度问题
            int l = upper_bound(logPrefix.begin(), logPrefix.begin() + j + 1, logPrefix[j + 1] - logk + 1e-10) - logPrefix.begin();
            //更新满足条件的子数组数量
            ret += j + 1 - l;
        }
        return ret;
    }
};
int main() {
    vector<int> nums = {10, 5, 2, 6};
    int k = 100;
    Solution solution;
    int result = solution.numSubarrayProductLessThanK(nums, k);
    cout << "输入:nums = [10,5,2,6], k = 100" << endl;
    cout << "输出:" << result << endl;
    return 0;
}
```

4. 运行结果

输入:nums=[10,5,2,6],k=100

输出:8

【实例173】 漂亮数组

1. 问题描述

如果长度为 n 的数组 nums 满足如下条件,则认为该数组是一个漂亮数组。nums 是由 [1,n] 范围的整数组成的一个排列。

对于每个 $0 \leqslant i < j < n$,均不存在下标 $k(i < k < j)$,使得 $2 \times nums[k] = nums[i] + nums[j]$。给定整数 n,返回长度为 n 的任意一个漂亮数组,保证对于给定的 n 至少存在一个有效答案。

2. 问题示例

输入 n=4,输出[1,3,2,4]。

3. 代码实现

相关代码如下：

```cpp
#include <iostream>
#include <vector>
#include <unordered_map>
using namespace std;
class Solution {
public:
    unordered_map<int, vector<int>> mp;
    vector<int> beautifulArray(int N) {
        return f(N);
    }
    vector<int> f(int N) {
        vector<int> ans(N, 0);
        int t = 0;
        if (mp.find(N) != mp.end()) {
            return mp[N];
        }
        if (N != 1) {
            for (auto x : f((N + 1) / 2)) {
                ans[t++] = 2 * x - 1;
            }
            for (auto x : f(N / 2)) {
                ans[t++] = 2 * x;
            }
        } else {
            ans[0] = 1;
        }
        mp[N] = ans;
        return ans;
    }
};
int main() {
    Solution solution;
    int n = 4;
    vector<int> result = solution.beautifulArray(n);
    cout << "输入:n = 4\n";
    cout << "输出:[";
    for (int i = 0; i < result.size(); i++) {
        cout << result[i];
        if (i != result.size() - 1) {
            cout << ",";
        }
    }
    cout << "]" << endl;
    return 0;
}
```

4. 运行结果

输入：n＝4

输出：[1,3,2,4]

【实例 174】 等差子数组

1. 问题描述

给定一个由 n 个整数组成的数组 nums、两个由 m 个整数组成的数组 l 和 r,后两个数组表示 m 组范围查询,其中第 i 个查询对应范围是[l[i],r[i]]。注:所有数组的下标都是从 0 开始的。

返回 boolean 元素构成的答案列表 answer。如果子数组 nums[l[i]],nums[l[i]+1],…,nums[r[i]] 可以重新排列形成等差数列,answer[i] 的值是 True,否则是 False。

2. 问题示例

输入 nums=[4,6,5,9,3,7],l=[0,0,2],r=[2,3,5],输出[True,False,True]。

注:第 0 个查询,对应子数组 [4,6,5],可以重新排列为等差数列 [6,5,4];第 1 个查询,对应子数组 [4,6,5,9],无法重新排列形成等差数列;第 2 个查询,对应子数组 [5,9,3,7],可以重新排列为等差数列 [3,5,7,9]。

3. 代码实现

相关代码如下:

```cpp
#include <iostream>
#include <vector>
#include <algorithm>
using namespace std;
class Solution {
public:
    vector<bool> checkArithmeticSubarrays(vector<int> &nums, vector<int> &l, vector<int> &r) {
        int n = l.size();
        vector<bool> ans;
        //遍历每个子数组
        for (int i = 0; i < n; ++i) {
            //获取当前子数组的左右边界
            int left = l[i], right = r[i];
            //获取当前子数组中的最小值
            int minv = *min_element(nums.begin() + left, nums.begin() + right + 1);
            //获取当前子数组中的最大值
            int maxv = *max_element(nums.begin() + left, nums.begin() + right + 1);
            //如果子数组中的所有元素都相同,那么它是等差数组
            if (minv == maxv) {
                ans.push_back(true);
                continue;
            }
            if ((maxv - minv) % (right - left) != 0) {
                ans.push_back(false);
                continue;
            }
            int d = (maxv - minv) / (right - left);
            bool flag = true;
            vector<int> seen(right - left + 1);
```

```cpp
            //遍历当前子数组中的每个元素
            for (int j = left; j <= right; ++j) {
                //检查当前元素是否满足等差数列的条件
                if ((nums[j] - minv) % d != 0) {
                    flag = false;
                    break;
                }
                int t = (nums[j] - minv) / d;
                if (seen[t]) {
                    flag = false;
                    break;
                }
                seen[t] = true;
            }
            ans.push_back(flag);
        }
        return ans;
    }
};
int main() {
    Solution solution;
    vector<int> nums = {4, 6, 5, 9, 3, 7};
    vector<int> l = {0, 0, 2};
    vector<int> r = {2, 3, 5};
    vector<bool> result = solution.checkArithmeticSubarrays(nums, l, r);
    cout << "输入:nums = [4,6,5,9,3,7], l = [0,0,2], r = [2,3,5]\n输出:[";
    for (int i = 0; i < result.size(); i++) {
        cout << (result[i] ? "True" : "False");
        if (i != result.size() - 1) {
            cout << ",";
        }
    }
    cout << "]" << endl;
    return 0;
}
```

4. 运行结果

输入：nums=[4,6,5,9,3,7],l=[0,0,2],r=[2,3,5]

输出：[True,False,True]

【实例 175】 数组拆分

1. 问题描述

给定长度为 2n 的整数数组 nums,任务是将这些数分成 n 对,例如,(a1,b1),(a2,b2),…,(an,bn),使得 1~n 的 min(ai,bi) 总和最大,最后返回最大总和。

2. 问题示例

输入 nums=[1,4,3,2],输出 4。注：所有可能的分法(忽略元素顺序)如下：

(1,4),(2,3)→min(1,4) + min(2,3)=1+2=3

(1,3),(2,4)→min(1,3) + min(2,4)=1+2=3

$(1,2),(3,4) \to \min(1,2) + \min(3,4) = 1+3 = 4$

所以最大总和为 4。

3．代码实现

相关代码如下：

```cpp
#include <iostream>
#include <vector>
#include <algorithm>
using namespace std;
class Solution {
public:
    int arrayPairSum(vector<int> &nums) {
        sort(nums.begin(), nums.end());              //对输入的向量 nums 进行排序
        int ans = 0;
        for (int i = 0; i < nums.size(); i += 2) {
            //使用 for 循环,步长为 2,遍历排序后的数组
            ans += nums[i];       //将每个下标为偶数元素(即排序后较小的数)累加到 ans 中
        }
        return ans;
    }
};
int main() {
    vector<int> nums = {1, 4, 3, 2};
    Solution solution;
    int result = solution.arrayPairSum(nums);
    cout << "输入:nums = [1,4,3,2]\n";
    cout << "输出:" << result << endl;
    return 0;
}
```

4．运行结果

输入：nums=[1,4,3,2]

输出：4

【实例 176】 通过翻转子数组使两个数组相等

1．问题描述

给定两个长度相同的整数数组 target 和 arr。每步可以选择 arr 的任意非空子数组并将它翻转,此过程可以执行无数次。如果翻转后能使 arr 与 target 相同,返回 True,否则返回 False。

2．问题示例

输入：target=[1,2,3,4],arr=[2,4,1,3]。输出：True。注：可以按照如下步骤使 arr 变成 target：翻转子数组 [2,4,1],arr 变成 [1,4,2,3]；翻转子数组 [4,2],arr 变成 [1,2,4,3]；翻转子数组 [4,3],arr 变成 [1,2,3,4]。

3. 代码实现

相关代码如下：

```cpp
#include <iostream>
#include <vector>
#include <algorithm>
using namespace std;
class Solution {
public:
    bool canBeEqual(vector<int> &target, vector<int> &arr) {
        //定义一个公有成员函数,用于判断两个向量是否可以通过重排后相等
        sort(target.begin(), target.end());    //对 target 向量进行排序
        sort(arr.begin(), arr.end());
        return target == arr;                  //比较排序后的两个向量是否相等,并返回结果
    }
};
int main() {
    vector<int> target = {1, 2, 3, 4};
    vector<int> arr = {2, 4, 1, 3};
    Solution solution;
    bool result = solution.canBeEqual(target, arr);
    cout << "输入:target = [1,2,3,4], arr = [2,4,1,3]\n 输出:";
    cout << (result ? "True" : "False") << endl;
    return 0;
}
```

4. 运行结果

输入：target=[1,2,3,4],arr=[2,4,1,3]

输出：True

【实例 177】 二叉树垂直遍历

1. 问题描述

给定二叉树，返回其节点值的垂直遍历顺序，即逐列从上到下。如果两个节点在同一行和同一列中，则顺序为从左到右。

2. 问题示例

输入二叉树，表示为{3,9,20,#,#,15,7},输出[[9],[3,15],[20],[7]]。

```
    3
   / \
  /   \
 9    20
     /  \
    /    \
   15     7
```

3. 代码实现

相关代码如下：

```cpp
#include <iostream>
#include <vector>
#include <map>
#include <set>
using namespace std;
class TreeNode {
public:
    int val;
    TreeNode *left, *right;
    TreeNode(int val) {
        this->val = val;
        this->left = this->right = NULL;          //初始化左右子节点指针为 NULL
    }
};
//定义一个求解类
class Solution {
public:
    vector<vector<int>> verticalOrder(TreeNode *root) {
    //定义一个函数,输入是一个二叉树的根节点,输出是一个二维向量,表示垂直顺序的结果
        if (root == NULL) {                        //如果根节点为空,则直接返回空向量
            return {};
        }
        helper(root, 0, 0);                        //调用辅助函数,开始递归遍历二叉树
        vector<vector<int>> res;                   //定义一个结果向量
        for (auto i = pos_to_vec.begin(); i != pos_to_vec.end(); ++i) {
        //遍历映射中的每个元素
            res.push_back({});
            for (auto j = i->second.begin(); j != i->second.end(); ++j)
            {
                res.back().push_back(j->val);
            }
        }
        return res;
    }
private:
    struct Data {
        int level;
        int count;
        int val;
        Data (int l, int c, int v) : level(l), count(c), val(v) {};
        bool operator < (const Data &rhs) const {
            if (level == rhs.level) {
                return count < rhs.count;
            }
            return level < rhs.level;
        }
    };
    //定义一个映射,用于存储每个位置对应的节点集合
    map<int, set<Data>> pos_to_vec;
    int count = 0;                                 //记录节点在同一层级的序号
    //定义一个辅助函数,用于递归遍历二叉树
```

```cpp
    void helper (TreeNode * root, int pos, int level) {
        if (root == NULL) {                              //如果当前节点为空,则返回
            return;
        }
        helper (root -> left, pos - 1, level + 1);       //递归遍历左子树
        pos_to_vec[pos].insert(Data(level, count++, root -> val));
        //将当前节点的信息插入映射中对应的位置集合中
        helper (root -> right, pos + 1, level + 1);      //递归遍历右子树
    }
};
int main() {
    TreeNode * root = new TreeNode(3);                   //创建一个二叉树的根节点
    root -> left = new TreeNode(9);                      //创建左子节点
    root -> right = new TreeNode(20);                    //创建右子节点
    root -> right -> left = new TreeNode(15);
    root -> right -> right = new TreeNode(7);
    Solution solution;
    vector< vector< int >> result = solution.verticalOrder(root);
    cout << "输入:[3,9,20,#,#,15,7]\n输出:[";
    for (int i = 0; i < result.size(); i++) {            //遍历结果向量中的每个向量
        cout << "[";
        for (int j = 0; j < result[i].size(); j++) {     //遍历当前向量中的每个元素
            cout << result[i][j];
            if (j != result[i].size() - 1) {
                cout << ",";
            }
        }
        cout << "]";
        if (i != result.size() - 1) {
            cout << ",";
        }
    }
    cout << "]";
    return 0;
}
```

4. 运行结果

输入:[3,9,20,#,#,15,7]
输出:[[9],[3,15],[20],[7]]

【实例 178】 因式分解

1. 问题描述

非负数可以被视为其因数的乘积,编写一个函数来返回整数 n 的因数的所有可能组合。组合中的元素($a1,a2,\cdots,ak$)必须是非降序,即 $a1 \leqslant a2 \leqslant \cdots \leqslant ak$。结果不能包含重复的组合。

2. 问题示例

输入 8,输出[[2,4],[2,2,2]],即 $8 = 2 \times 4 = 2 \times 2 \times 2$。

3. 代码实现

相关代码如下：

```cpp
#include <iostream>
#include <vector>
#include <cmath>
using namespace std;
class Solution {
public:
    //定义一个公开方法 getFactors,输入一个整数 n,返回一个二维向量,包含 n 的所有因子组合
    vector<vector<int>> getFactors(int n) {
        vector<int> res;                            //用于临时存储当前搜索路径上的因子
        vector<vector<int>> ans;                    //用于存储所有因子组合的结果
        dfs(n, 2, res, ans);                        //从 2 开始,进行深度优先搜索
        return ans;
    }
    //定义一个辅助的递归方法 dfs,进行深度优先搜索
    void dfs(int n, int biggerFactor, vector<int> &res, vector<vector<int>> &ans) {
        if (!res.empty()) {
            res.push_back(n);
            ans.push_back(res);
            res.pop_back();
        }
        //从 biggerFactor 开始,遍历到 sqrt(n),寻找 n 的因子
        for (int i = biggerFactor; i <= sqrt(n); ++i) {
            //如果 i 是 n 的因子
            if (n % i == 0) {
                res.push_back(i);                   //将 i 添加到当前搜索路径 res 中
                dfs(n / i, i, res, ans);            //递归调用 dfs,处理 n/i,并以 i 作为下一个搜
//索的起始因子
                res.pop_back();
            }
        }
    }
};
int main() {
    Solution solution;
    int n = 8;
    vector<vector<int>> result = solution.getFactors(n);
    cout << "输入:n=8\n输出:[";
    for (int i = 0; i < result.size(); i++) {
        cout << "[";
        for (int j = 0; j < result[i].size(); j++) {    //遍历当前因子组合中的每个因子
            cout << result[i][j];
            if (j != result[i].size() - 1) {            //不是当前组合的最后因子,则输出逗号
                cout << ",";
            }
        }
        cout << "]";
        if (i != result.size() - 1) {
            cout << ",";
        }
    }
    cout << "]";
```

```
        return 0;
}
```

4. 运行结果

输入：n=8

输出：[[2,4],[2,2,2]]

【实例 179】 将一维数组转变成二维数组

1. 问题描述

给定一个下标从 0 开始的一维整数数组 original 和两个整数 m、n。需要使用 original 中所有元素创建一个 m 行 n 列的二维数组。original 中下标从 0～(n−1) 的元素构成二维数组的第一行，下标从 n～2×(n−1) 的元素构成二维数组的第二行，以此类推。

根据上述过程返回一个 m×n 的二维数组，如果无法构成则返回一个空的二维数组。

2. 问题示例

输入 original=[1,2,3,4],m=2,n=2,输出[[1,2],[3,4]]，构造出的二维数组应该包含 2 行 2 列。original 中第一个 n=2 的[1,2]构成二维数组的第一行，第二个 n=2 的[3,4]构成二维数组的第二行。

3. 代码实现

相关代码如下：

```
#include<iostream>
#include<vector>
using namespace std;
class Solution {
public:
    vector<vector<int>> construct2DArray(vector<int> &original, int m, int n) {
        vector<vector<int>> ans;
        //如果原始向量的长度不等于 m 和 n 的乘积,则直接返回空的二维向量
        if (original.size() != m * n) {
            return ans;
        }
        //使用迭代器遍历原始向量,每 n 个元素作为一个子向量加入 ans 中
        for (auto it = original.begin(); it != original.end(); it += n) {
            ans.emplace_back(it, it + n);
        }
        return ans;
    }
};
int main() {
    vector<int> original = {1, 2, 3, 4};
    int m = 2;
    int n = 2;
    Solution solution;
    //调用函数,并将结果存储在 result 中
    vector<vector<int>> result = solution.construct2DArray(original, m, n);
    cout << "输入:original = [1,2,3,4], m = 2, n = 2\n输出:[";
```

```cpp
    for (int i = 0; i < result.size(); i++) {
        cout << "[";
        for (int j = 0; j < result[i].size(); j++) {
            cout << result[i][j];
            if (j != result[i].size() - 1) {
                cout << ",";
            }
        }
        cout << "]";
    }
    cout << "]";
    return 0;
}
```

4. 运行结果

输入：original=[1,2,3,4],m=2,n=2

输出：[[1,2],[3,4]]

【实例 180】 下载插件

1. 问题描述

程序员给 VS code 安装插件，初始状态下带宽每分钟可以完成 1 个插件的下载。假定每分钟选择以下两种方式之一：使用当前带宽下载插件；将带宽加倍（下载插件数量随之加倍）。请返回完成下载 n 个插件最少需要多少分钟。注意：实际下载的插件数量可以超过 n 个。

2. 问题示例

输入 n=2，输出 2。以下两个方案，都能实现 2 分钟内下载 2 个插件。方案一：第 1 分钟带宽加倍，带宽可每分钟下载 2 个插件，第 2 分钟下载 2 个插件。方案二：第 1 分钟下载 1 个插件，第 2 分钟下载 1 个插件。

3. 代码实现

相关代码如下：

```cpp
#include <iostream>
#include <cmath>
using namespace std;
class Solution {
public:
    int leastMinutes(int n) {
        int dp[n + 1];                              //定义一个动态规划数组 dp,长度为 n+1
        dp[0] = 0;                                  //当 n 为 0 时,最少需要 0 分钟
        dp[1] = 1;                                  //当 n 为 1 时,最少需要 1 分钟
        for (int i = 2; i <= n; i++) {
            dp[i] = min(dp[int(ceil(i / 2.0))], dp[i - 1]) + 1;
        }
        return dp[n];
    }
};
```

```cpp
int main() {
    int n = 2;
    Solution solution;
    cout << "输入:n = 2\n输出:";
    cout << solution.leastMinutes(n) << endl;
    return 0;
}
```

4. 运行结果

输入：n=2

输出：2

【实例181】 能否连接形成数组

1. 问题描述

给定一个整数数组 arr，数组中的每个整数互不相同。另外一个由整数数组构成的数组 pieces，其中的整数也互不相同。请以任意顺序连接 pieces 中的数组。条件是不允许对每个数组 pieces[i] 中的整数重新排序。如果可以连接 pieces 中的数组形成 arr，返回 True，否则返回 False。

2. 问题示例

输入 arr=[91,4,64,78]，pieces=[[78],[4,64],[91]]，输出 True。注：依次连接 [91]、[4,64] 和 [78]。

3. 代码实现

相关代码如下：

```cpp
#include <iostream>
#include <vector>
#include <unordered_map>
using namespace std;
class Solution {
public:
    //判断是否可以从给定的pieces数组中拼出arr数组
    bool canFormArray(vector<int> &arr, vector<vector<int>> &pieces) {
        unordered_map<int, int> index;
        for (int i = 0; i < pieces.size(); i++) {
            index[pieces[i][0]] = i;
        }
        for (int i = 0; i < arr.size();) {
            auto it = index.find(arr[i]);
            if (it == index.end()) {
                return false;
            }
            //获取arr[i]对应的pieces子数组
            vector<int> &currentPiece = pieces[it->second];
            for (int x : currentPiece) {
                if (arr[i++] != x || i >= arr.size()) {
                    return false;
```

                }
            }
        }
        return true;
    }
};
int main() {
    vector<int> arr = {91, 4, 64, 78};
    vector<vector<int>> pieces = {{78}, {4, 64}, {91}};
    Solution solution;
    bool result = solution.canFormArray(arr, pieces);
    cout << "输入:arr = [91,4,64,78], pieces = [[78],[4,64],[91]]\n";
    cout << "输出:" << (result ? "True" : "False") << endl;
    return 0;
}
```

4. 运行结果

输入：arr＝[91,4,64,78],pieces＝[[78],[4,64],[91]]

输出：True

## 【实例 182】 数 1 的个数

### 1. 问题描述

给定整数 n，计算出小于或等于 n 的所有非负整数中的数字 1 的总数。

### 2. 问题示例

输入 13，输出 6。有以下 5 个数字包含 1：1、10、11(2 个 1)、12、13。

### 3. 代码实现

相关代码如下：

```cpp
#include <iostream>
using namespace std;
class Solution {
public:
    int countDigitOne(int n) {
        int res = 0;
        for (long long k = 1; k <= n; k *= 10) {
            long long r = n / k, m = n % k;
            res += (r + 8) / 10 * k + (r % 10 == 1 ? m + 1 : 0);
        }
        return res;
    }
};
int main() {
    Solution solution;
    int n = 13;
    int result = solution.countDigitOne(n);
    cout << "输入:" << n << endl;
    cout << "输出:" << result << endl;
    return 0;
}
```
```

4. 运行结果

输入：13

输出：6

【实例183】 平面范围求和——不可变矩阵

1. 问题描述

给定二维矩阵，计算由左上角坐标（row1,col1）和右下角坐标（row2,col2）划定的矩形内元素的和。假设矩阵不变，row1≤row2 并且 col1≤col2。

2. 问题示例

输入[[3,0,1,4,2],[5,6,3,2,1],[1,2,0,1,5],[4,1,0,1,7],[1,0,3,0,5]],sumRegion(2,1,4,3),sumRegion(1,1,2,2),sumRegion(1,2,2,4),输出 8,11,12。矩阵如下：

[

  [3,0,1,4,2],

  [5,6,3,2,1],

  [1,2,0,1,5],

  [4,1,0,1,7],

  [1,0,3,0,5]

]

sumRegion(2,1,4,3)= 2+0+1+1+0+1+0+3+0=8

sumRegion(1,1,2,2)= 6+3+2+0=11

sumRegion(1,2,2,4)= 3+2+1+0+1+5=12

3. 代码实现

相关代码如下：

```cpp
#include <iostream>
#include <vector>
using namespace std;
class NumMatrix {
public:
    //定义一个二维向量 sums 用于存储前缀和
    vector<vector<int>> sums;
    //构造函数，接收一个二维向量 matrix 作为输入
    NumMatrix(vector<vector<int>> matrix) {
        vector<int> tmp;
        for (int i = 0; i <= matrix[0].size(); i++)
            tmp.push_back(0);
        for (int i = 0; i <= matrix.size(); i++)
            sums.push_back(tmp);
        //计算 sums 的前缀和
        for (int i = 0; i < matrix.size(); i++) {
            for (int j = 0; j < matrix[i].size(); j++) {
```

```cpp
            //将当前元素的值赋给 sums 的对应位置
            int x = i + 1, y = j + 1;
            sums[x][y] = matrix[i][j];
            //使用容斥原理计算前缀和
            sums[x][y] += sums[x - 1][y] + sums[x][y - 1] - sums[x - 1][y - 1];
        }
    }
    //定义一个函数,用于计算指定区域内的元素和
    int sumRegion(int row1, int col1, int row2, int col2) {
        //为了避免数组越界,将输入的行列坐标加 1
        row1 += 1;
        col1 += 1;
        row2 += 1;
        col2 += 1;
        return sums[row2][col2] - sums[row2][col1 - 1] - sums[row1 - 1][col2] + sums[row1 - 1][col1 - 1];
    }
};
int main() {
    vector< vector< int >> matrix = {{3, 0, 1, 4, 2}, {5, 6, 3, 2, 1}, {1, 2, 0, 1, 5}, {4, 1, 0, 1, 7}, {1, 0, 3, 0, 5}};
    NumMatrix nm(matrix);
    cout << "输入:[[3, 0, 1, 4, 2], [5, 6, 3, 2, 1], [1, 2, 0, 1, 5], [4, 1, 0, 1, 7], [1, 0, 3, 0, 5]]\n";
    cout << "输出:" << nm.sumRegion(2, 1, 4, 3) << ", ";
    cout << nm.sumRegion(1, 1, 2, 2) << ", ";
    cout << nm.sumRegion(1, 2, 2, 4) << endl;
    return 0;
}
```

4.运行结果

输入:[[3,0,1,4,2],[5,6,3,2,1],[1,2,0,1,5],[4,1,0,1,7],[1,0,3,0,5]]
输出:8,11,12

【实例 184】 对数组执行操作

1.问题描述

给定一个下标从 0 开始的数组 nums,数组大小为 n,且由非负整数组成。需要对数组执行 n-1 步操作,其中第 i 步操作(从 0 开始计数)要求对 nums 中第 i 个元素执行下述指令:如果 nums[i]=nums[i+1],则 nums[i]的值变成原来的 2 倍,nums[i+1]的值变成 0;否则,跳过这步操作。在执行完全部操作后,将所有 0 移动到数组的末尾。例如,数组[1,0,2,0,0,1]将所有 0 移动到末尾后变为[1,2,1,0,0,0],返回结果数组。注:操作应当依次有序执行,而不是一次性全部执行。

2.问题示例

输入 nums=[1,2,2,1,1,0],输出[1,4,2,0,0,0]。具体操作如下:

i=0:nums[0]和 nums[1]不相等,跳过这步操作。

i=1:nums[1]和 nums[2]相等,nums[1]的值变成原来的 2 倍,nums[2]的值变成 0,

数组变成[1,4,0,1,1,0]。

i＝2：nums[2]和nums[3]不相等，跳过这步操作。

i＝3：nums[3]和nums[4]相等，nums[3]的值变成原来的2倍，nums[4]的值变成0，数组变成[1,4,0,2,0,0]。

i＝4：nums[4]和nums[5]相等，nums[4]的值变成原来的2倍，nums[5]的值变成0。数组变成[1,4,0,2,0,0]。

执行完所有操作后，将0全部移动到数组末尾，得到结果数组[1,4,2,0,0,0]。

3. 代码实现

相关代码如下：

```cpp
#include <iostream>
#include <vector>
using namespace std;
class Solution {
public:
    vector<int> applyOperations(vector<int> &nums) {
        int n = nums.size();                    //获取nums向量的大小
//使用两个索引i和j,i用于遍历nums,j用于记录非零元素的位置
        for (int i = 0, j = 0; i < n; i++) {
            if (i + 1 < n && nums[i] == nums[i + 1]) {
                nums[i] *= 2;
                nums[i + 1] = 0;
            }
            if (nums[i] != 0) {
                swap(nums[i], nums[j]);
                j++;
            }
        }
        return nums;
    }
};
int main() {
    vector<int> nums = {1, 2, 2, 1, 1, 0};
    Solution solution;
    vector<int> result = solution.applyOperations(nums);
    cout << "输入:[1,2,2,1,1,0]\n";
    cout << "输出:[";
    for (int i = 0; i < result.size(); i++) {
        cout << result[i];
        if (i != result.size() - 1) {
            cout << ",";
        }
    }
    cout << "]" << endl;
    return 0;
}
```

4. 运行结果

输入：[1,2,2,1,1,0]

输出：[1,4,2,0,0,0]

【实例 185】 按符号重排数组

1. 问题描述

给定一个下标从 0 开始的整数数组 nums,数组长度为偶数,由数目相等的正整数和负整数组成。重排 nums 中的元素,使修改后的数组满足如下条件:任意连续的两个整数符号相反;对于符号相同的所有整数,保留它们在 nums 中的顺序;重排后数组以正整数开头;重排元素满足上述条件后,返回修改后的数组。

2. 问题示例

输入 nums=[3,1,-2,-5,2,-4],输出[3,-2,1,-5,2,-4]。注:nums 中的正整数是[3,1,2],负整数是[-2,-5,-4]。重排的唯一可行方案是[3,-2,1,-5,2,-4],能满足所有条件。[1,-2,2,-5,3,-4]、[3,1,2,-2,-5,-4]、[-2,3,-5,1,-4,2]是不正确的,因为不满足一个或者多个条件。

3. 代码实现

相关代码如下:

```cpp
#include <iostream>
#include <vector>
using namespace std;
class Solution {
public:
    vector<int> rearrangeArray(vector<int> &nums) {
        int n = nums.size();
        int pos = 0, neg = 0;           //pos 找到下一个正数位置,neg 找到下一个负数位置
        vector<int> ans;                //存储重新排列后的数组
        for (int i = 0; i < n; ++i) {
            while (pos < n && nums[pos] < 0) {
                ++pos;
            }
            if (pos < n) {
                ans.push_back(nums[pos]);
                ++pos;                  //移动到下一个元素
            }
            //找到下一个负数的位置
            while (neg < n && nums[neg] > 0) {
                ++neg;
            }
            if (neg < n) {
                ans.push_back(nums[neg]);
                ++neg;
            }
        }
        return ans;
    }
};
int main() {
    vector<int> nums = {3, 1, -2, -5, 2, -4};
```

```cpp
    Solution solution;
    vector<int> result = solution.rearrangeArray(nums);
    cout << "输入:[3,1,-2,-5,2,-4]\n";
    cout << "输出:[";
    for (int i = 0; i < result.size(); i++) {
        cout << result[i];
        if (i != result.size() - 1) {
            cout << ",";
        }
    }
    cout << "]" << endl;
    return 0;
}
```

4．运行结果

输入：[3,1,-2,-5,2,-4]
输出：[3,-2,1,-5,2,-4]

【实例186】 1和0

1．问题描述

给定一个只包含 0 和 1 的字符串数组，只具有 m 个 0 和 n 个 1 资源，找到由 m 个 0 和 n 个 1 构成字符串中的最大个数，每个 0 和 1 均只能使用一次。

2．问题示例

输入["10","0001","111001","1","0"]，m=5，n=3，输出 4。5 个 0、3 个 1 总共有 4 个字符串，"10"、"0001"、"1"和"0"，包含在字符串数组中。

3．代码实现

相关代码如下：

```cpp
#include <iostream>
#include <vector>
#include <string>
using namespace std;
class Solution {
public:
    int findMaxForm(vector<string> &strs, int m, int n) {
        int size = strs.size();          //获取输入字符串数组的大小
        vector<vector<int>> dp(m + 1, vector<int>(n + 1));
        int one, zero;
        //遍历输入的字符串数组
        for (int i = 1; i <= size; ++i) {
            one = 0, zero = 0;
            //遍历当前字符串的每个字符
            for (char c : strs[i - 1]) {
                if (c == '0')
                    zero++;
                else
                    one++;
```

```cpp
            }
            for (int j = m; j >= 0; --j) {
                for (int k = n; k >= 0; --k) {
                    if (j >= zero && k >= one) {
                        //更新 dp 数组,表示可以使用当前字符串
                        dp[j][k] = max(dp[j][k], dp[j - zero][k - one] + 1);
                    }
                }
            }
        }
        return dp[m][n];
    }
};
int main() {
    vector<string> strs = {"10", "0001", "111001", "1", "0"};
    int m = 5, n = 3;
    Solution solution;
    int result = solution.findMaxForm(strs, m, n);
    cout << "输入:[10, 0001, 111001, 1, 0], m = 5, n = 3\n";
    cout << "输出:" << result << endl;
    return 0;
}
```

4. 运行结果

输入:[10,0001,111001,1,0],m=5,n=3

输出:4

【实例 187】 搜索旋转排序数组

1. 问题描述

整数数组 nums 按升序排列,数组中的值互不相同。传递给函数之前,nums 在预先未知的某个下标 $k(0 \leqslant k < nums.length)$ 上进行旋转,使数组变为 $[nums[k], nums[k+1], \cdots, nums[n-1], nums[0], nums[1], \cdots, nums[k-1]]$(下标从 0 开始计数)。例如,$[0,1,2,4,5,6,7]$ 在下标 3 处经旋转后可能变为 $[4,5,6,7,0,1,2]$。

给定旋转后的数组 nums 和一个整数 target,如果 nums 中存在目标值 target,则返回它的下标,否则返回-1。

2. 问题示例

输入 nums=[4,5,6,7,0,1,2],target=0,输出 4。

3. 代码实现

相关代码如下:

```cpp
#include <iostream>
#include <vector>
using namespace std;
class Solution {
public:
    int search(vector<int> &nums, int target) {
        int n = (int)nums.size();                    //获取 nums 向量的长度
```

```cpp
        if (!n) {
            return -1;                              //返回一个表示未找到的索引值
        }
        if (n == 1) {
            return nums[0] == target ? 0 : -1;
        }
        int l = 0, r = n - 1;                       //定义二分查找的左右边界
        while (l <= r) {                            //当左边界小于或等于右边界时执行循环
            int mid = (l + r) / 2;
            if (nums[mid] == target)                //如果中间位置的值等于target
                return mid;
            if (nums[0] <= nums[mid]) {
                if (nums[0] <= target && target < nums[mid]) {
                    r = mid - 1;
                } else {
                    l = mid + 1;
                }
            } else {
                if (nums[mid] < target && target <= nums[n - 1]) {
                    l = mid + 1;
                } else {
                    r = mid - 1;
                }
            }
        }
        return -1;
    }
};
int main() {
    vector<int> nums = {4, 5, 6, 7, 0, 1, 2};       //初始化一个旋转排序的整数数组
    int target = 0;
    Solution solution;
    int result = solution.search(nums, target);
    cout << "输入:nums = [4,5,6,7,0,1,2],target = 0\n";
    cout << "输出:" << result << endl;
    return 0;
}
```

4. 运行结果

输入:nums=[4,5,6,7,0,1,2],target=0

输出:4

【实例 188】 区间子数组个数

1. 问题描述

给定一个整数数组 nums 和两个整数 left、right。找出 nums 中连续、非空且其中最大元素在范围[left,right]内的子数组,并返回满足条件的子数组的个数。

2. 问题示例

输入 nums=[2,1,4,3],left=2,right=3,输出 3。注:满足条件的 3 个子数组:[2],

[2,1],[3]。

3. 代码实现

相关代码如下：

```cpp
#include <iostream>
#include <vector>
using namespace std;
class Solution {
public:
    int numSubarrayBoundedMax(vector<int> &nums, int left, int right) {
        int res = 0, last2 = -1, last1 = -1;
        for (int i = 0; i < nums.size(); i++) {        //遍历数组 nums
            if (nums[i] >= left && nums[i] <= right) {
                last1 = i;
            } else if (nums[i] > right) {
                last2 = i;
                last1 = -1;
            }
            if (last1 != -1) {
                res += last1 - last2;
            }
        }
        return res;
    }
};
int main() {
    vector<int> nums = {2, 1, 4, 3};
    int left = 2;
    int right = 3;
    Solution solution;
    int result = solution.numSubarrayBoundedMax(nums, left, right);
    cout << "输入:nums = [2,1,4,3], left = 2, right = 3\n";
    cout << "输出:" << result << endl;
    return 0;
}
```

4. 运行结果

输入：nums=[2,1,4,3],left=2,right=3

输出：3

【实例 189】 最大子数组之和为 k

1. 问题描述

给定一个数组 nums 和目标值 k，找到数组中最长的子数组，使其中的元素和为 k。如果没有，则返回 0。

2. 问题示例

输入 nums=[1,-1,5,-2,3],k=3,输出 4,子数组[1,-1,5,-2]的和为 3,且长度最大。

3. 代码实现

相关代码如下：

```cpp
#include <iostream>
#include <vector>
#include <unordered_map>
using namespace std;
class Solution {
public:
    int maxSubArrayLen1(vector<int> &nums, int k) {
        int max_k = 0;
        for (int span = 1; span <= nums.size(); span++) {
            int i = 0;
            while (i < nums.size()) {
                int sum = 0;
                //如果当前子数组长度超出数组范围,则退出内层循环
                if (i + span > nums.size()) {
                    break;
                }
                for (int j = i; j < i + span; j++) {
                    sum += nums[j];
                }
                if (k == sum) {
                    max_k = std::max(max_k, span);
                }
                i++;
            }
        }
        return max_k;
    }
    int maxSubArrayLen2(vector<int> &nums, int k) {
        int n = nums.size();
        if (0 == n) {
            return 0;
        }
        std::vector<std::vector<int>> dp;
        int max_k = 0;
        for (int i = 0; i < n; i++) {
            dp.push_back(std::vector<int>(n));
            dp[i][i] = nums[i];
            if (k == dp[i][i]) {
            max_k = std::max(max_k, 1);
            }
            //计算以当前元素为结尾的所有子数组和
            for (int j = i + 1; j < n; j++) {
                dp[i][j] = dp[i][j - 1] + nums[j];
                if (k == dp[i][j]) {
                    max_k = std::max(max_k, j - i + 1);
                }
            }
        }
        return max_k;
    }
    int maxSubArrayLen3(vector<int> &nums, int k) {
```

```cpp
        int n = nums.size();
        if (0 == n) {
            return 0;                              //如果数组为空,则最大长度为0
        }
        int max_k = 0;
        for (int i = 0; i < n; i++) {
            int sum = nums[i];
            if (k == sum) {
                max_k = std::max(max_k, 1);        //如果单个元素是k,则最大长度为1
            }
            for (int j = i + 1; j < n; j++) {
                sum += nums[j];
                if (k == sum) {
                    max_k = std::max(max_k, j - i + 1);
                }
            }
        }
        return max_k;
    }
    int maxSubArrayLen(vector<int> &nums, int k) {
        std::unordered_map<int, int> h;
        h.insert({0, -1});
        int max_k = 0;
        int sum = 0;
        for (int i = 0; i < nums.size(); i++) {
            sum += nums[i];
            if (h.find(sum - k) != h.end()) {
                max_k = std::max(max_k, i - h[sum - k]);
            }
            h.insert({sum, i});
        }
        return max_k;
    }
};
int main() {
    Solution solution;
    vector<int> nums = {1, -1, 5, -2, 3};
    int k = 3;
    int result = solution.maxSubArrayLen(nums, k);
    cout << "输入:[1, -1, 5, -2, 3], k = 3\n输出:";
    cout << result << endl;
    return 0;
}
```

4. 运行结果

输入:[1,−1,5,−2,3],k=3
输出:4

【实例190】 等差切片

1. 问题描述

如果数字序列由至少 3 个元素组成,并且任何 2 个连续元素之间的差值相同,则称为等差数列。

给定由 N 个数组成且下标从 0 开始的数组 A。这个数组的一个切片是指任意一个满足 $0 \leq P < Q < N$ 的整数对 (P, Q)。

如果 A 中的一个切片 (P, Q) 是等差切片，则需要满足 $A[P], A[p+1], \cdots, A[Q-1], A[Q]$ 是等差的。注：$p+1 < Q$，需要实现的函数应该返回数组 A 中等差切片的数量。

2. 问题示例

输入 $[1, 2, 3, 4]$，输出 3，A 中的 3 个等差切片为 $[1,2,3]$, $[2,3,4]$ 和 $[1,2,3,4]$。

3. 代码实现

相关代码如下：

```cpp
#include <iostream>
#include <vector>
using namespace std;
class Solution {
public:
    int numberOfArithmeticSlices(vector<int> &A) {
        int result = 0;
        int size = A.size();            //获取数组 A 的大小
        if (size == 0)                  //如果数组为空
            return 0;
        vector<int> dp(size, 0);        //初始化一个大小为 size 的向量 dp,所有元素初始值为 0
        dp[0] = 1;
        dp[1] = 2;
        for (int i = 2; i < size; i++) {
//如果当前元素与前两个元素构成等差数列
            if (A[i] - A[i - 1] == A[i - 1] - A[i - 2]) {
                dp[i] = dp[i - 1] + 1;
            } else {
                dp[i] = 2;
            }
        }
        for (int i = 0; i < size; i++) {
            if (dp[i] > 2) {
                result += dp[i] - 2;
            }
        }
        return result;                  //返回算术切片的总数
    }
};
int main() {
    Solution solution;
    vector<int> A = {1, 2, 3, 4};       //初始化一个向量 A,包含 4 个整数
    int result = solution.numberOfArithmeticSlices(A);
    cout << "输入:[1, 2, 3, 4]" << endl;
    cout << "输出:" << result << endl;
    return 0;
}
```

4. 运行结果

输入：$[1, 2, 3, 4]$

输出：3

【实例 191】 2D 战舰

1. 问题描述

给出一个 2D（二维）甲板，统计有多少艘战舰，战舰用 X 表示，空地用 . 表示。规则如下：战舰只能横向或者纵向放置，也就是说，战舰大小只能是 1×N(1 行 N 列)或者 N×1(N 行 1 列)，N 可以是任意数。注：在两艘战舰之间至少有 1 个横向或者纵向的格子分隔，不能使战舰相邻。

2. 问题示例

输入：

X . . X

. . . X

. . . X

输出 2，在甲板上只能有两艘战舰。

3. 代码实现

相关代码如下：

```cpp
#include <iostream>
#include <vector>
using namespace std;
class Solution {
public:
    //定义一个函数，用于计算战舰的数量
    int countBattleships(vector<vector<char>> &board) {
        int row = board.size();              //获取二维向量的行数
        int col = board[0].size();           //获取二维向量的列数
        int ans = 0;
        for (int i = 0; i < row; ++i) {
            for (int j = 0; j < col; ++j) {
                if (board[i][j] == 'X') {
                    board[i][j] = '.';       //将当前位置标记为已访问，防止重复计数
                    for (int k = j + 1; k < col && board[i][k] == 'X'; ++k) {
                        board[i][k] = '.';
                    }
                    for (int k = i + 1; k < row && board[k][j] == 'X'; ++k) {
                        board[k][j] = '.';
                    }
                    ans++;
                }
            }
        }
        return ans;
    }
};
int main() {
    vector<vector<char>> board = {{'X', '.', '.', 'X'},{'.', '.', '.', 'X'}, {'.', '.', '.', 'X'} };
    Solution solution;
```

```cpp
    int result = solution.countBattleships(board);   //调用函数计算战舰数量
    cout << "输入:['X..X', '...X', '...X']" << endl;
    cout << "输出:" << result << endl;               //输出计算得到的战舰数量
    return 0;
}
```

4. 运行结果

输入:['X..X','...X','...X']

输出:2

【实例 192】 连续数组

1. 问题描述

给定一个二进制数组,找到 0 和 1 数量相等的子数组的最大长度。

2. 问题示例

输入[0,1,0],输出 2、[0,1]或[1,0]。

3. 代码实现

相关代码如下:

```cpp
#include <iostream>
#include <vector>
#include <unordered_map>
using namespace std;
class Solution {
public:
    int findMaxLength(vector<int> &nums) {
        unordered_map<int, int> diffIdx;
        int curDiff = 0;
        int idx = 0;
        //初始化前缀和为 0 的索引为 -1,代表数组开始前的状态
        diffIdx[0] = -1;
        //maxLen 用于记录最长连续子数组的长度,初始值为 0
        int maxLen = 0;
        for (auto &n : nums) {
            //更新前缀和,如果当前元素为 0 则前缀和减 1,否则前缀和加 1
            curDiff += n == 0 ? -1 : 1;
            //在无序映射中查找当前前缀和是否已存在
            auto iter = diffIdx.find(curDiff);
            //如果当前前缀和不存在于映射中
            if (iter == diffIdx.end()) {
                diffIdx[curDiff] = idx;
            } else {
            //更新 maxLen 长度,为当前索引与已存在前缀对应索引差值的较大值
                maxLen = max(maxLen, idx - iter->second);
            }
            idx++;
        }
        return maxLen;
    }
```

```cpp
};
int main() {
 Solution solution;
 vector<int> nums = {0, 1, 0};
 cout << "输入:[0,1,0]\n输出:" << solution.findMaxLength(nums) << endl;
 return 0;
}
```

4. 运行结果

输入:[0,1,0]

输出:2

【实例193】 买卖股票最佳时间

1. 问题描述

假设有一个数组,它的第 i 个元素是一支给定的股票在第 i 天的价格。如果最多只允许完成一次交易(例如,一次买卖股票),请找出最大利润。

2. 问题示例

输入[3,2,3,1,2],输出1。可以在第三天买入,第四天卖出,利润是2-1=1。

3. 代码实现

相关代码如下:

```cpp
#include <iostream>
#include <vector>
#include <stack>
#include <algorithm>
#include <climits>
using namespace std;
class Solution {
public:
    int maxProfit1(vector<int> &prices) {
        int max_profit = 0;
        for (int i = 0; i < prices.size(); i++) {
            for (int j = i + 1; j < prices.size(); j++) {
                max_profit = std::max(max_profit, prices[j] - prices[i]);
            }
        }
        return max_profit;
    }
    int maxProfit2(vector<int> &prices) {
        int min_price = INT_MAX;
        int max_profit = 0;
        for (int i = 0; i < prices.size(); i++) {
            min_price = std::min(min_price, prices[i]);
            max_profit = std::max(max_profit, prices[i] - min_price);
        }
        return max_profit;
    }
    int maxProfit(vector<int> &prices) {
```

```cpp
            if (prices.size() <= 1) {
                return 0;     //如果股票价格数组的长度小于或等于1,则无法进行交易,最大利润为 0
            }
            int max_profit = 0;
            std::stack<int> stack_;
            stack_.push(prices[0]);                    //将第一个价格推入栈中
            for (int i = 1; i < prices.size(); i++) {
                if (prices[i] < stack_.top()) {
                    stack_.push(prices[i]);
                } else if (prices[i] > stack_.top()) {
                    max_profit = std::max(max_profit, prices[i] - stack_.top());
                }
            }
            return max_profit;
        }
};
int main() {
    Solution solution;
    vector<int> prices = {3, 2, 3, 1, 2};
    cout << "输入:[3, 2, 3, 1, 2]" << endl;
    cout << "输出:" << solution.maxProfit(prices) << endl;
    return 0;
}
```

4. 运行结果

输入:[3,2,3,1,2]

输出:1

【实例 194】 小行星的碰撞

1. 问题描述

给定一个整数数组,代表小行星。对于每个小行星,绝对值表示其大小,符号表示其方向(正表示右,负表示左),每个小行星以相同的速度移动。

如果两颗小行星相遇,则较小的小行星会爆炸。如果两者的大小相同,则两者都会爆炸;沿同一方向移动的两颗小行星永远不会相遇。返回所有发生碰撞后剩下的小行星。

2. 问题示例

输入[5,10,−5],输出[5,10],10 和−5 碰撞得 10,而 5 和 10 永远不会碰撞。

3. 代码实现

相关代码如下:

```cpp
#include <iostream>
#include <vector>
#include <stack>
using namespace std;
class Solution {
public:
```

```cpp
    vector < int > asteroidCollision(vector < int > &asteroids) {
        stack < int > stackasteroids;                    //定义一个整数栈 stackasteroids
        for (int i = 0; i < asteroids.size(); i++) {     //遍历 asteroids 向量
            while (!stackasteroids.empty()) {
                if (stackasteroids.top() > 0 && asteroids[i] < 0) {
                    int tempsta = abs(stackasteroids.top());    //取栈顶元素的绝对值
                    int temparr = abs(asteroids[i]);            //取当前元素的绝对值
                    if (tempsta > temparr) {    //栈顶元素的绝对值大于当前元素的绝对值
                        break;
                    } else if (tempsta < temparr) {
                        //栈顶元素的绝对值小于当前元素的绝对值
                        stackasteroids.pop();
                    } else {
                        stackasteroids.pop();                   //弹出栈顶元素
                        break;
                    }
                } else {
                    stackasteroids.push(asteroids[i]);
                    break;
                }
            }
            if (stackasteroids.empty()) {
                stackasteroids.push(asteroids[i]);
            }
        }
        vector < int > ans(stackasteroids.size());       //定义一个与栈大小相同的向量 ans
        for (int j = stackasteroids.size() - 1; j >= 0; j--) {
            ans[j] = stackasteroids.top();               //将栈顶元素放入 ans 向量中
            stackasteroids.pop();
        }
        return ans;
    }
};
int main() {
    Solution solution;
    vector < int > input = {5, 10, -5};
    vector < int > output = solution.asteroidCollision(input);
    cout << "输入:[5, 10, -5]" << endl;
    cout << "输出:[";
    for (int i = 0; i < output.size(); i++) {
        cout << output[i];                               //输出当前元素
        if (i != output.size() - 1) {
            cout << ",";
        }
    }
    cout << "]" << endl;
    return 0;
}
```

4. 运行结果

输入:[5,10,−5]

输出:[5,10]

【实例 195】 扩展弹性词

1. 问题描述

用重复扩展的字母表达某种感情。例如，hello→heeellooo，hi→hiiii。前者对 e 和 o 进行了扩展，而后者对 i 进行了扩展。用"组"表示一串连续相同字母。例如，abbcccaaaa 的"组"包括 a、bb、ccc、aaaa。

给定字符串 S，如果通过扩展一个单词能够得到 S，则称该单词是 S 的"弹性词"。可以对单词的某个组进行扩展，使该组的长度大于或等于 3。不允许将 h 这样的组扩展到 hh，因为长度只有 2，给定一个单词列表 words，返回 S 的弹性词数量。

2. 问题示例

输入 S="heeellooo"，words=["hello","hi","helo"]，输出 1。可以通过扩展 hello 中的 e 和 o 得到 heeellooo，不能通过扩展 helo 得到 heeellooo，因为 ll 的长度只有 2。

3. 代码实现

相关代码如下：

```
#include<iostream>
#include<vector>
#include<string>
#include<sstream>
using namespace std;
class RLE {
public:
 string key;
 vector<int> counts;
 RLE(string S) {
    int prev = -1;
    int n = S.size();
    stringstream ss;
    for (int i = 0; i < n; i++) {
        //当到达字符串末尾或当前字符与下一个字符不同时，进行压缩
        if (i == n - 1 || S.at(i) != S.at(i + 1)) {
            ss << S.at(i);                      //将当前字符添加到 key 中
            counts.push_back(i - prev);         //记录当前字符连续出现的次数
            prev = i;                           //更新上一个字符的索引位置
        }
    }
    key = ss.str();                             //从字符串流中获取压缩后的字符序列
 }
};
class Solution {
public:
 int expressiveWords(string s, vector<string> &words) {
    RLE R(s);
    int ans = 0;
    for (string &word : words) {                //遍历向量 words 中的每个字符串
        RLE R2(word);
```

```cpp
            if (R.key != R2.key) {              //如果压缩后的字符序列不同,则跳过该字符串
                continue;
            }
            bool flag = true;
            for (int i = 0; i < R.key.size(); i++) {   //遍历压缩后的字符序列
                int c1 = R.counts[i];
                int c2 = R2.counts[i];
                if ((c1 < 3 && c1 != c2) || c1 < c2) {
                    //如果出现次数不满足条件,则设置标志位为false
                    flag = false;
                    break;
                }
            }
            if (flag) {
                ans++;
            }
        }
        return ans;
    }
};
int main() {
    string S = "heeellooo";
    vector< string > words = {"hello", "hi", "helo"};
    Solution solution;
    int result = solution.expressiveWords(S, words);
    cout << "输入:heeellooo,[hello, hi, helo]\n";
    cout << "输出:" << result << endl;
    return 0;
}
```

4.运行结果

输入:heeellooo,[hello,hi,helo]

输出:1

【实例 196】 找到最终的安全状态

1.问题描述

在一个有向图中,从某个节点开始,每次沿着图的有向边走。如果到达一个终端节点(也就是说,它没有指向外面的边),就停止。

对于自然数 K,对于任何行走的路线,都可以在少于 K 步的情况下停在终端节点,则最终是安全的。判断哪些节点最终是安全的,返回它们升序排列的数组。

有向图具有 N 个节点,其标签为 0,1,…,N−1,其中 N 是图的长度。该图以下面的形式给出:graph[i]是从 i 出发,通过边(i,j),所有能够到达的节点 j 组成的链表。

2.问题示例

输入[[1,2],[2,3],[5],[0],[5],[],[]],输出[2,4,5,6],如图 196-1 所示。最终安全状态的节点,要在自然数 K 步内停止(就是再没有向外的边,即没有出度)。节点 5 和 6 就

是出度为 0，因为 graph[5] 和 graph[6] 均为空。除了没有出度的节点 5 和 6 之外，节点 2 和 4 都只能到达节点 5，而节点 5 本身就是安全状态点，所以 2 和 4 也就是安全状态点了。可以得出结论，若某节点唯一能到达的是安全状态，那么该节点也同样是安全状态。

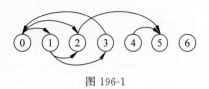

图 196-1

3. 代码实现

相关代码如下：

```cpp
#include <iostream>
#include <vector>
using namespace std;
class Solution {
 private:
    enum State {
        NotVisited,
        Visiting,
        Visited,
        Unsafe
    };
 public:
    vector<int> eventualSafeNodes(vector<vector<int>> &graph) {
        int n = graph.size();
        vector<State> st(n, NotVisited);
        for (int i = 0; i < n; i++) {
            if (st[i] == NotVisited)
                dfs(i, graph, st);
        }
        vector<int> ans;                        //存储最终安全的节点
        for (int i = 0; i < n; i++) {
            if (st[i] != Unsafe)
                ans.push_back(i);
        }
        return ans;
    }
    void dfs(int now, vector<vector<int>> &graph, vector<State> &st) {
        st[now] = Visiting;
        for (int nxt : graph[now]) {
            if (st[nxt] == NotVisited)
                dfs(nxt, graph, st);
            if (st[nxt] != Visited)
                st[now] = st[nxt] = Unsafe;
        }
//如果当前节点标记为正在访问，则说明遍历完成，可以标记为已访问
        if (st[now] == Visiting)
            st[now] = Visited;
    }
};
int main() {
 Solution solution;
 vector<vector<int>> graph = {{1, 2}, {2, 3}, {5}, {0}, {5}, {}, {}};
 vector<int> result = solution.eventualSafeNodes(graph);
```

```cpp
        cout << "输入:[[1, 2], [2, 3], [5], [0], [5], [], []]\n输出:[";
        for (int i = 0; i < result.size(); i++) {
            cout << result[i];
            if (i != result.size() - 1) {
                cout << ",";
            }
        }
        cout << "]" << endl;
        return 0;
    }
```

4. 运行结果

输入：[[1,2],[2,3],[5],[0],[5],[],[]]
输出：[2,4,5,6]

【实例 197】 使序列递增的最小交换次数

1. 问题描述

两个具有相同非零长度的整数序列 A 和 B，可以交换它们的一些元素 A[i] 和 B[i]，两个可交换的元素在它们各自的序列中处于相同的索引位置。进行交换之后，A 和 B 需要严格递增。给定 A 和 B，返回使两个序列严格递增的最小交换次数。保证给定的输入经过交换可以满足递增的条件。

2. 问题示例

输入 A=[1,3,5,4]，B=[1,2,3,7]，输出 1，交换 A[3] 和 B[3]，两个序列变为 A=[1,3,5,7] 和 B=[1,2,3,4]。

3. 代码实现

相关代码如下：

```cpp
#include <iostream>
#include <vector>
using namespace std;
class Solution {
public:
    int minSwap(vector<int> &A, vector<int> &B) {
        int len = A.size();
        if (len == 0 || len != B.size()) {
            return 0;
        }
        vector<vector<int>> dp(len, vector<int>(2, 0x3f3f3f3f));
        dp[0][0] = 0;
        dp[0][1] = 1;
        for (int i = 1; i < len; ++i) {
            if (A[i] > A[i - 1] && B[i] > B[i - 1]) {
                dp[i][0] = min(dp[i][0], dp[i - 1][0]);
                dp[i][1] = min(dp[i][1], dp[i - 1][1] + 1);
            }
            if (A[i] > B[i - 1] && B[i] > A[i - 1]) {
```

```
                dp[i][0] = min(dp[i][0], dp[i - 1][1]);
                dp[i][1] = min(dp[i][1], dp[i - 1][0] + 1);
            }
        }
        return min(dp[len - 1][0], dp[len - 1][1]);
    }
};
int main() {
    vector<int> A = {1, 3, 5, 4};              //定义数组 A
    vector<int> B = {1, 2, 3, 7};              //定义数组 B
    Solution solution;                          //创建 Solution 对象
    int result = solution.minSwap(A, B);       //调用 minSwap 函数计算最小交换次数
    cout << "输入:[1, 3, 5, 4],[1, 2, 3, 7]" << endl;
    cout << "输出:" << result << endl;
    return 0;
}
```

4. 运行结果

输入:[1,3,5,4],[1,2,3,7]

输出:1

【实例 198】 所有可能的路径

1. 问题描述

给定 N 个节点的有向无环图。查找从节点 0 到节点 N−1 的所有可能的路径,以任意顺序返回。该图给出方式如下:节点为 0,1,⋯,graph.length−1。graph[i]是一个列表,其中任意一个元素 j 表示图中含有一条 i→j 的有向边。

2. 问题示例

输入[[1,2],[3],[3],[]],输出[[0,1,3],[0,2,3]],如下所示,一共有 0→1→3 和 0→2→3 两条路径。

0→1

↓ ↓

2→3

3. 代码实现

相关代码如下:

```
#include <iostream>
#include <vector>
using namespace std;
class Solution {
public:
    vector<vector<int>> allPathsSourceTarget(vector<vector<int>> &graph) {
        int N = graph.size();
        vector<bool> inPath(N, false);        //初始化布尔向量,标记节点是否在当前路径中
        vector<vector<int>> ans;              //用于存储所有找到的路径
        vector<int> path;                     //当前正在构建的路径
```

```cpp
            path.push_back(0);                    //从源点(编号为 0 的节点)开始
            inPath[0] = true;                     //将源点标记为已访问
            dfs(0, graph, path, inPath, ans);
            return ans;
        }
        void dfs(int now, vector < vector < int >> &graph, vector < int > &path,
            vector < bool > &inPath, vector < vector < int >> &ans) {
            if (now == graph.size() - 1) {
                ans.push_back(path);
                return;
            }
            for (int nxt : graph[now]) {
                if (!inPath[nxt]) {               //如果相邻节点不在当前路径中
                    path.push_back(nxt);          //将相邻节点加入当前路径
                    inPath[nxt] = true;           //标记相邻节点为已访问
                    dfs(nxt, graph, path, inPath, ans);
                    inPath[nxt] = false;          //标记相邻节点为未访问
                    path.pop_back();              //从当前路径中移除相邻节点
                }
            }
        }
};
int main() {
    Solution solution;
    vector < vector < int >> graph = {{1, 2}, {3}, {3}, {}};
    vector < vector < int >> result = solution.allPathsSourceTarget(graph);
    cout << "输入:[[1, 2], [3], [3], []]\n输出:[";
    for (int i = 0; i < result.size(); i++) {
        cout << "[";
        for (int j = 0; j < result[i].size(); j++) {   //遍历路径中的每个节点
            cout << result[i][j];
            if (j != result[i].size() - 1) {
                cout << ",";
            }
        }
        cout << "]";
        if (i != result.size() - 1) {
            cout << ",";
        }
    }
    cout << "]";
    return 0;
}
```

4. 运行结果

输入:[[1,2],[3],[3],[]]
输出:[[0,1,3],[0,2,3]]

【实例 199】 合法的井字棋状态

1. 问题描述

一个井字棋盘以字符串数组 board 的形式给出。board 是一个 3×3 的数组,包含字符"O"、"X"和" "。字符" "意味着这一格是空的。井字棋的游戏规则如下：玩家需要轮流在空格上放置字符。第 1 个玩家总是放置"X"字符，第 2 个玩家总是放置"O"字符。"X"和"O"总是被放置在空格上，不能放置在已有字符的格子上；当有 3 格相同的（非空）字符占据一行、一列或者一个对角线的时候，游戏结束，当所有格子都非空的时候游戏也结束，游戏结束后不允许多余操作。当且仅当在一个合法的井字棋游戏当中可以结束时，返回 True。

2．问题示例

输入 board＝["O "," "," "]，输出 False。

3．代码实现

相关代码如下：

```cpp
#include <iostream>
#include <vector>
#include <algorithm>
using namespace std;
class Solution {
public:
    bool validTicTacToe(vector<string> &board) {
        int xCount = 0, oCount = 0;
        for (string &line : board) {
            //统计每一行中 X 和 O 的数量
            xCount += count(line.begin(), line.end(), 'X');
            oCount += count(line.begin(), line.end(), 'O');
        }
        if (xCount != oCount && xCount != oCount + 1) {
            return false;
        }
        int winState = getWinState(board[0][0], board[1][1], board[2][2]) + getWinState(board[0][2], board[1][1], board[2][0]);
        for (int i = 0; i < 3; i++) {
            winState += getWinState(board[i][0], board[i][1], board[i][2]);
            winState += getWinState(board[0][i], board[1][i], board[2][i]);
        }
        return winState == 0 || (winState == -10 && xCount == oCount) ||((winState == 1 || winState == 2) && xCount == oCount + 1);
    }
private:
    int getWinState(char c1, char c2, char c3) {
        if (c1 != ' ' && c1 == c2 && c2 == c3) {
            return c1 == 'X' ? 1 : -10;
        } else {
            return 0;
        }
    }
};
int main() {
    vector<string> board = {"O","",""};
    Solution solution;
    bool result = solution.validTicTacToe(board);
    cout << "输入:[\"O \", \" \", \" \"]\n输出:";
    cout << (result ? "True" : "False") << endl;
```

```
        return 0;
}
```

4. 运行结果

输入：["O"," "," "]

输出：False

【实例200】 满足要求的子串个数

1. 问题描述

给定一个字符串 S 和一个单词字典 words，判断 words 中共有多少个单词 words[i]是字符串 S 的子序列。子序列不同于子串，子序列不要求连续。

2. 问题示例

输入 S="abcde"，words=["a","bb","acd","ace"]，输出 3，words 内有 3 个单词是 S 的子串"a"、"acd"和"ace"。

3. 代码实现

相关代码如下：

```
#include <iostream>
#include <vector>
#include <string>
#include <algorithm>
using namespace std;
class Solution {
public:
    int numMatchingSubseq(string &S, vector<string> &words) {
        int n = S.size();                       //获取字符串 S 的长度
        vector<vector<int>> nxtPos;             //定义二维向量,存储每个字符在 S 中最后出现的位置
        vector<int> tmp(26, -1);
        for (int i = n - 1; i >= 0; i--) {
            tmp[S[i] - 'a'] = i;                //将当前字符的位置存储在 tmp 的对应位置
            nxtPos.push_back(tmp);
        }
        reverse(nxtPos.begin(), nxtPos.end());
        int ans = 0;                            //初始化结果变量,表示匹配的子序列个数
        //遍历 words 中的每个单词
        for (string &word : words) {
            if (isSubseq(word, nxtPos)) {
                //调用 isSubseq 函数判断当前单词是否是 S 的子序列
                ans++;
            }
        }
        return ans;                             //返回匹配的子序列个数
    }
    //定义成员函数 isSubseq,用于判断一个单词是否是字符串 S 的子序列
    bool isSubseq(string &word, vector<vector<int>> &nxtPos) {
        int lenw = word.size();                 //获取单词的长度
        int lens = nxtPos.size();               //获取 nxtPos 的长度,即字符串 S 的长度
```

```
        int i, j;                          //定义两个循环变量
        for (i = 0, j = 0; i < lenw && j < lens; i++, j++) {
            j = nxtPos[j][word[i] - 'a'];  //当前位置后查找单词下一个字符在S中的位置
            if (j < 0) {                   //如果位置为-1,表示在当前位置之后未找到该字符
                return false;              //单词不是S的子序列
            }
        }
        return i == lenw;                  //如果循环结束后i等于单词的长度,说明单词是S的子序列
    }
};
int main() {
    string S = "abcde";
    vector < string > words = {"a", "bb", "acd", "ace"};
    Solution solution;
    int result = solution.numMatchingSubseq(S, words);
    cout << "输入:S = abcde, words = [a, bb, acd, ace]\n输出:";
    cout << result << endl;
    return 0;
}
```

4. 运行结果

输入:S=abcde,words=[a,bb,acd,ace]

输出:3

【实例 201】 多米诺和三格骨牌铺砖问题

1. 问题描述

有两种瓷砖:一种为 2×1 多米诺形状,用 2 个并排的相同字母表示;一种为 L 型三格骨牌形状,用 3 个排成 L 形的相同字母表示,形状可以旋转。给定 N,有多少种方法可以铺完一个 2×N 的地板? 返回答案对 ($10^9 + 7$) 取模之后的结果,每个方格都必须被覆盖。

2. 问题示例

输入 N=3,输出 5,不同的字母表示不同的瓷砖。

第一种:XYZ　　第二种:XXZ　　第三种:XYY　　第四种:XXY　　第五种:XYY
　　　　XYZ　　　　　　YYZ　　　　　　XZZ　　　　　　XYY　　　　　　XXY

3. 代码实现

相关代码如下:

```
#include < iostream >
#include < vector >
using namespace std;
class Solution {
public:
    //定义一个成员函数 numTilings,用于计算给定长度 N 的地面铺设方案数
    int numTilings(int N) {
        if (N < 3) {
            return N;
        }
```

```cpp
        const long long MOD = 1000000007LL;
        vector < vector < long long >> f(N + 1, vector < long long >(3, 0));
        //初始化 f 数组,长度为 0 和 1 的地面铺设方案数均为 1,且结尾类型均为 0
        f[0][0] = f[1][0] = f[1][1] = f[1][2] = 1;
        //从长度为 2 的地面开始循环计算到长度为 N 的地面
        for (int i = 2; i <= N; i++) {
            f[i][0] = (f[i - 1][0] + f[i - 2][0] + f[i - 2][1] + f[i - 2][2]) % MOD;
            f[i][1] = (f[i - 1][0] + f[i - 1][2]) % MOD;
            f[i][2] = (f[i - 1][0] + f[i - 1][1]) % MOD;
        }
        return f[N][0];
    }
};
int main() {
    Solution solution;
    int inputnum = 3;                       //定义输入变量 inputnum,并赋值为 3
    cout << "输入:" << inputnum << endl;
    cout << "输出:" << solution.numTilings(inputnum) << endl;
    return 0;
}
```

4. 运行结果

输入:3

输出:5

【实例 202】 逃离幽灵

1. 问题描述

玩一个简单版的吃豆人游戏,起点在点(0,0),目的地是(target[0],target[1])。在地图上有几个幽灵,第 i 个幽灵位置是(ghosts[i][0],ghosts[i][1])。

在每一轮中,玩家和幽灵可以同时向东南西北 4 个方向之一移动 1 个单位距离。当且仅当玩家能够在碰到任何幽灵之前(幽灵可能以任意的路径移动)到达终点时,能够成功逃脱。如果玩家和幽灵同时到达某一个位置(包括终点),这一场游戏记为逃脱失败。

如果可以成功逃脱,返回 True,否则返回 False。

2. 问题示例

输入 ghosts=[[1,0],[0,3]],target=[0,1],输出 True,玩家可以在时间 1 直接到达目的地(0,1),在位置(1,0)或者(0,3)的幽灵没有办法抓到玩家。

3. 代码实现

相关代码如下:

```cpp
#include < iostream >
#include < vector >
#include < cmath >
using namespace std;
class Solution {
public:
```

```cpp
    bool escapeGhosts(vector < vector < int >> &ghosts, vector < int > &target) {
        //计算玩家到达目标点的距离
        int dis = abs(target[0]) + abs(target[1]);
        for (auto &i : ghosts) {
            //计算幽灵到达目标点的距离
            if (abs(i[0] - target[0]) + abs(i[1] - target[1]) <= dis) {
                //如果幽灵到达目标点的距离小于或等于玩家到达目标点的距离,玩家无法逃离
                return false;
            }
        }
        //遍历完所有幽灵后,如果都没有比玩家更早到达目标点,则玩家可以逃离
        return true;
    }
};
int main() {
    Solution solution;
    vector < vector < int >> ghosts = {{1, 0}, {0, 3}};
    vector < int > target = {0, 1};
    bool result = solution.escapeGhosts(ghosts, target);
    cout << "输入:ghosts = [[1, 0], [0, 3]], target = [0, 1]\n";
    cout << "输出:" << (result ? "True" : "False") << endl;
    return 0;
}
```

4. 运行结果

输入:ghosts=[[1,0],[0,3]],target=[0,1]

输出:True

【实例 203】 图是否可以被二分

1. 问题描述

给定一个无向图 graph,且仅当这个图是可以被二分的(又称二部图),输出 True。如果一个图是二部图,则意味着可以将图里的点集分为两个独立的子集 A 和 B,并且图中所有的边都是一个端点属于 A,另一个端点属于 B。

关于图的表示:graph[i]为一个列表,表示与节点 i 有边相连的节点。这个图中一共有 graph.length 个节点,为从 0 到 graph.length-1。图中没有自边或者重复的边,即 graph[i]中不包含 i,也不会包含某个点两次。

2. 问题示例

输入[[1,3],[0,2],[1,3],[0,2]],输出 True,如下所示:

```
0----1
|    |
|    |
3----2
```

可以把图分成{0,2}和{1,3}两部分,并且各自内部没有连线。

3. 代码实现

相关代码如下：

```cpp
#include <iostream>
#include <vector>
#include <queue>
using namespace std;
class Solution {
 private:
    const int UNCOLORED = 0;
    const int RED = 1;
    const int GREEN = 2;
    vector<int> color;
 public:
    bool isBipartite(vector<vector<int>> &graph) {
        int n = graph.size();
        color = vector<int>(n, UNCOLORED);
        for (int i = 0; i < n; ++i) {
            if (color[i] == UNCOLORED) {
                queue<int> q;
                q.push(i);
                color[i] = RED;
                while (!q.empty()) {
                    int node = q.front();
                    int cNei = (color[node] == RED ? GREEN : RED);
                    q.pop();
                    for (int neighbor : graph[node]) {
                        if (color[neighbor] == UNCOLORED) {
                            q.push(neighbor);
                            color[neighbor] = cNei;
                        } else if (color[neighbor] != cNei) {
                            return false;
                        }
                    }
                }
            }
        }
        return true;
    }
};
int main() {
    Solution solution;
    vector<vector<int>> graph = {{1, 3}, {0, 2}, {1, 3}, {0, 2}};
    bool result = solution.isBipartite(graph);
    cout << "输入:[[1, 3], [0, 2], [1, 3], [0, 2]]" << endl;
    cout << "输出:" << (result ? "True" : "False") << endl;
    return 0;
}
```

4. 运行结果

输入：[[1,3],[0,2],[1,3],[0,2]]

输出：True

【实例 204】 寻找最便宜的航行旅途

1. 问题描述

有 n 个城市由航班连接，每个航班(u、v、w)表示从城市 u 出发，到达城市 v，价格为 w。给定城市数目 n 和所有的航班 flights。找到从起点 src 到终点站 dst 线路最便宜的价格。旅途中最多只能中转 K 次。如果未找到合适的线路，返回 −1。

2. 问题示例

输入 n＝3，flights＝[[0,1,100],[1,2,100],[0,2,500]]，src＝0，dst＝2，K＝0，输出 500，即不中转的条件下，最便宜的价格为 500。

3. 代码实现

相关代码如下：

```cpp
#include <iostream>
#include <vector>
#include <unordered_map>
#include <queue>
using namespace std;
class Solution {
public:
    int findCheapestPrice(int n, vector<vector<int>> &flights, int src, int dst, int k) {
        //使用 unordered_map 存储已经访问过的节点及其到达的最小价格
        unordered_map<int, int> vi;
        vi[src] = 0;
        unordered_map<int, vector<pair<int, int>>> fdic;
        for (auto &f : flights) {
            fdic[f[0]].emplace_back(f[1], f[2]);
        }
        queue<pair<int, int>> que;
        //将起始节点及其价格加入队列
        que.push({src, 0});
        //循环 k 次，表示最多中转 k 次
        while (k-- >= 0) {
            //获取当前层的节点数量
            for (int len = (int)que.size(); len > 0; len--) {
                auto [pos, price] = que.front();
                que.pop();
                for (auto [d, p] : fdic[pos]) {
                    //如果该节点已经被访问过且当前价格不低于已记录的最小价格，则跳过
                    if (vi.find(d) != vi.end() && vi[d] <= price + p)
                        continue;
                    vi[d] = price + p;
                    que.push({d, price + p});
                }
            }
        }
        return vi.find(dst) == vi.end() ? -1 : vi[dst];
    }
};
```

```cpp
int main() {
    int n = 3;
    vector<vector<int>> flights = {{0, 1, 100}, {1, 2, 100}, {0, 2, 500}};
    int src = 0;
    int dst = 2;
    int K = 0;
    Solution solution;
    //调用 findCheapestPrice 函数计算最便宜的价格
    int result = solution.findCheapestPrice(n, flights, src, dst, K);
    cout << "输入:flights = [[0,1,100],[1,2,100],[0,2,500]],src = 0,dst = 2,K = 0";
    cout << "\n输出:" << result << endl;
    return 0;
}
```

4．运行结果

输入：flights=[[0,1,100],[1,2,100],[0,2,500]],src=0,dst=2,K=0

输出：500

【实例 205】 森林中的兔子

1．问题描述

在一片森林中,每只兔子都有颜色。兔子中的一部分(也可能是全部)会告诉你有多少兔子和它们有同样的颜色,这些答案被放在一个数组中,返回森林中兔子最少的数量。

2．问题示例

输入[1,1,2],输出 5,两个回答 1 的兔子可能是相同的颜色,定为红色；回答 2 的兔子一定不是红色,定为蓝色,一定还有 2 只蓝色的兔子在森林里但没有回答问题,所以森林里兔子的最少总数是 5,即 3 只回答问题的加上 2 只没回答问题的兔子。

3．代码实现

相关代码如下：

```cpp
#include <iostream>
#include <vector>
#include <unordered_map>                    //引入无序映射库,用于存储键值对
using namespace std;
class Solution {
public:
    int numRabbits(vector<int> &answers) {
        unordered_map<int, int> count;      //定义一个无序映射,用于统计每个答案出现的次数
        for (int y : answers) {             //遍历输入的 answers 向量
            ++count[y];                     //统计每个答案出现的次数,并存储在 count 中
        }
        int ans = 0;
        for (auto &[y, x] : count) {
            //计算每个答案对应的兔子组数,并乘以每组兔子数(y+1),累加到 ans 中
            ans += (x + y) / (y + 1) * (y + 1);
        }
        return ans;
    }
};
```

```cpp
};
int main() {
    Solution solution;
    vector<int> answers = {1, 1, 2};
    int result = solution.numRabbits(answers);        //调用函数,并传入 answers 向量
    cout << "输入:[1, 1, 2]" << endl;
    cout << "输出:" << result << endl;
    return 0;
}
```

4. 运行结果

输入:[1,1,2]

输出:5

【实例 206】 最大分块排序

1. 问题描述

数组 arr,是[0,1,…,arr.length−1]的一个排列,将数组拆分成若干块(分区),并单独对每个块进行排序,使得连接这些块后,结果为排好的升序数组,问最多可以分多少块?

2. 问题示例

输入 arr=[1,0,2,3,4],输出 4,可以将数组分解成[1,0]、[2]、[3]、[4]。

3. 代码实现

相关代码如下:

```cpp
#include <iostream>
#include <vector>
using namespace std;
class Solution {
public:
    int maxChunksToSorted(vector<int>& arr) {
    //定义公共成员函数,用于计算数组 arr 可以被分割成的最大有序块数
        int ans = 0, maxx = 0;          //初始化最大块数 ans 为 0,当前遍历过最大值 maxx 为 0
        for (int i = 0; i < arr.size(); ++i) {
            maxx = max(maxx, arr[i]);          //更新 maxx
            if (maxx == i)
                ans++;
        }
        return ans;
    }
};
int main() {
    Solution solution;
    vector<int> arr = {1, 0, 2, 3, 4};          //定义整数向量 arr
    int result = solution.maxChunksToSorted(arr);
    cout << "输入:[1, 0, 2, 3, 4]" << endl;
    cout << "输出:" << result << endl;          //输出计算得到的最大块数
    return 0;
}
```

4. 运行结果

输入：[1,0,2,3,4]

输出：4

【实例 207】 分割标签

1. 问题描述

给出由小写字母组成的字符串 S，将这个字符串分割成尽可能多的部分，使得每个字母最多只出现在一部分中，并且返回每部分的长度。

2. 问题示例

输入 S="ababcbacadefegdehijhklij"，输出[9,7,8]，划分后成为"ababcbaca""defegde""hijhklij"。

3. 代码实现

相关代码如下：

```cpp
#include <iostream>
#include <vector>
using namespace std;
class Solution {
public:
    vector<int> partitionLabels(string &s) {      //定义函数,计算字符串 s 的分区长度
        int last[26];              //定义一个数组用于记录每个字母最后一次出现的位置
        int length = s.size();
        //遍历字符串 s,记录每个字母最后一次出现的位置
        for (int i = 0; i < length; i++) {
            last[s[i] - 'a'] = i;
        }
        vector<int> partition;
        int start = 0, end = 0;
        for (int i = 0; i < length; i++) {
            //更新 end 为当前字母最后一次出现的位置和当前 end 中的较大值
            end = max(end, last[s[i] - 'a']);
            if (i == end) {
                partition.push_back(end - start + 1);
                start = end + 1;
            }
        }
        return partition;
    }
};
int main() {
    Solution solution;
    string S = "ababcbacadefegdehijhklij";      //定义并初始化一个字符串 S
    vector<int> result = solution.partitionLabels(S);
    cout << "输入:ababcbacadefegdehijhklij" << endl;
    cout << "输出:[";
    for (int i = 0; i < result.size(); i++) {
        cout << result[i];
```

```cpp
            if (i != result.size() - 1) {
                cout << ",";
            }
        }
        cout << "]" << endl;
        return 0;
    }
```

4. 运行结果

输入:ababcbacadefegdehijhklij

输出:[9,7,8]

【实例208】 网络延迟时间

1. 问题描述

有 N 个网络节点,从 1 到 N 标记,给定 times、一个传输时间和有向边列表 times[i]=(u,v,w),其中 u 是起始点,v 是目标点,w 是一个信号从起始到目标点花费的时间。从一个特定节点 K 发出信号,计算所有节点收到信号需要花费多长时间;如果不可能,返回−1。

2. 问题示例

输入 times=[[2,1,1],[2,3,1],[3,4,1]],N=4,K=2,输出 2,从节点 2 到节点 1 时间为 1,从节点 2 到节点 3 时间为 1,从节点 2 到节点 4 时间为 2,所以最长花费时间为 2。

3. 代码实现

相关代码如下:

```cpp
#include <iostream>
#include <vector>
#include <algorithm>
using namespace std;
class Solution {
public:
    int networkDelayTime(vector<vector<int>>& times, int n, int k) {
        const int inf = INT_MAX / 2;
        vector<vector<int>> g(n, vector<int>(n, inf));
        for (auto& t : times) {
            int x = t[0] - 1, y = t[1] - 1;      //节点编号从 1 开始,数组从 0 开始,减 1
            g[x][y] = t[2];                       //设置边的权重
        }
        vector<int> dist(n, inf);
        dist[k - 1] = 0;
        //记录节点是否已访问
        vector<int> used(n);
        for (int i = 0; i < n; ++i) {
            int x = -1;
            for (int y = 0; y < n; ++y) {
                if (!used[y] && (x == -1 || dist[y] < dist[x])) {
                    x = y;
                }
            }
```

```
                used[x] = true;                        //标记节点 x 为已访问
                for (int y = 0; y < n; ++y) {
                    dist[y] = min(dist[y], dist[x] + g[x][y]);
                }
            }
            int ans = *max_element(dist.begin(), dist.end());
            return ans == inf ? -1 : ans;
        }
};
int main() {
    vector<vector<int>> times = {{2, 1, 1}, {2, 3, 1}, {3, 4, 1}};
    int N = 4;
    int K = 2;
    Solution solution;
    int result = solution.networkDelayTime(times, N, K);
    cout << "输入:[[2, 1, 1], [2, 3, 1], [3, 4, 1]],N = 4,K = 2\n";
    cout << "输出:" << result << endl;
    return 0;
}
```

4. 运行结果

输入：[[2,1,1],[2,3,1],[3,4,1]],N=4,K=2
输出：2

【实例209】 洪水填充

1. 问题描述

用一个 2D 整数数组表示一张图片,数组中每个整数(从 0～65535)代表图片的像素行和列坐标。给定一个坐标(sr,sc)代表洪水填充的起始像素,同时给定一个像素颜色 newColor,"洪水填充"整张图片。

为了实现"洪水填充",从起始像素点开始,将与起始像素颜色相同的 4 个方向连接的像素都填充为新颜色,然后将与填充成新颜色的像素 4 个方向相连的、与起始像素颜色相同的像素也填充为新颜色,以此类推,返回修改后的图片。

2. 问题示例

输入 image=[[1,1,1],[1,1,0],[1,0,1]],sr=1,sc=1,newColor=2,输出[[2,2,2],[2,2,0],[2,0,1]],从图片的中心(坐标为(1,1)),所有和起始像素通过相同颜色相连的点都填充为新颜色 2。右下角没有被染成 2,因为它和起始像素不是 4 个方向相连。

3. 代码实现

相关代码如下：

```
#include <iostream>
#include <vector>
using namespace std;
class Solution {
public:
```

```cpp
        const int dx[4] = {1, 0, 0, -1};           //定义4个方向的x轴偏移量
        const int dy[4] = {0, 1, -1, 0};           //定义4个方向的y轴偏移量
        void dfs(vector<vector<int>>& image, int x, int y, int color, int newColor) {
            if (image[x][y] == color) {            //如果当前像素的颜色与指定颜色相同
                image[x][y] = newColor;            //将当前像素颜色更新为新颜色
                for (int i = 0; i < 4; i++) {
                    int mx = x + dx[i], my = y + dy[i];
                    if (mx >= 0 && mx < image.size() && my >= 0 && my < image[0].size()) {
                                                   //检查新坐标是否在图像范围内
                        dfs(image, mx, my, color, newColor);
                    }
                }
            }
        }
        vector<vector<int>> floodFill(vector<vector<int>>& image, int sr, int sc, int newColor) {
            int currColor = image[sr][sc];
            if (currColor != newColor) {
                dfs(image, sr, sc, currColor, newColor);
            }
            return image;
        }
    };
int main() {
    vector<vector<int>> image = {{1, 1, 1}, {1, 1, 0}, {1, 0, 1}};
    int sr = 1, sc = 1, newColor = 2;
    Solution solution;
    vector<vector<int>> result = solution.floodFill(image, sr, sc, newColor);
//调用floodFill函数进行颜色填充,并获取结果
    cout << "输入:[[1,1,1],[1,1,0],[1,0,1]],sr = 1, sc = 1, newColor = 2\n";
    cout << "输出:[";
    for (int i = 0; i < result.size(); i++) {
        cout << "[";
        for (int j = 0; j < result[i].size(); j++) {
            cout << result[i][j];
            if (j != result[i].size() - 1) {
                cout << ",";
            }
        }
        cout << "]";
        if (i != result.size() - 1) {
            cout << ",";
        }
    }
    cout << "]";
    return 0;
}
```

4. 运行结果

输入:[[1,1,1],[1,1,0],[1,0,1]],sr=1,sc=1,newColor=2

输出:[[2,2,2],[2,2,0],[2,0,1]]

【实例 210】 二倍数对数组

1. 问题描述

给定一个长度为偶数的整数数组 arr，如果对 arr 进行重组后可以满足 $0 \leq i < len(arr)/2$ 的条件，且都有 $arr[2 \times i+1] = 2 \times arr[2 \times i]$ 时，返回 True，否则返回 False。

2. 问题示例

输入 arr=[4,−2,2,−4]，输出 True。注：可用[−2,−4]和[2,4]组成[−2,−4,2,4]或[2,4,−2,−4]。

3. 代码实现

相关代码如下：

```cpp
#include <iostream>
#include <vector>
#include <unordered_map>
#include <algorithm>
using namespace std;
class Solution {
public:
    bool canReorderDoubled(vector<int> &arr) {
        unordered_map<int, int> cnt;              //使用无序映射统计每个数字出现的次数
        for (int x : arr) {
            ++cnt[x];                             //遍历数组,统计每个数字出现的次数
        }
        if (cnt[0] % 2) {
            return false;      //如果数字 0 出现的次数不是偶数,则无法重新排列,返回 false
        }
        vector<int> vals;
        vals.reserve(cnt.size());
        for (auto &[x, _] : cnt) {
            vals.push_back(x);
        }
        //对向量中的数字按绝对值从小到大排序
        sort(vals.begin(), vals.end(), [](int a, int b) {
            return abs(a) < abs(b);
        });
        for (int x : vals) {                      //遍历排序后的数字
            if (cnt[2 * x] < cnt[x]) {
                return false;
            }
            cnt[2 * x] -= cnt[x];
        }
        return true;                              //所有数字都能成功配对,返回 true
    }
};
int main() {
    Solution solution;
    vector<int> arr = {4, -2, 2, -4};
    bool result = solution.canReorderDoubled(arr);
```

```cpp
        cout << "输入:arr = [4,-2,2,-4]\n 输出:";
        cout << (result ? "True" : "False") << endl;        //输出 True 或 False
        return 0;
    }
```

4. 运行结果

输入：arr=[4,-2,2,-4]

输出：True

【实例 211】 最长升序子序列的个数

1. 问题描述

给定一个无序的整数序列,找到最长的升序子序列的个数。

2. 问题示例

输入[1,3,5,4,7],输出 2,两个最长的升序子序列分别是[1,3,4,7]和[1,3,5,7]。

3. 代码实现

相关代码如下：

```cpp
#include <iostream>
#include <vector>
using namespace std;
class Solution {
public:
    int findNumberOfLIS(vector<int> &nums) {
        int n = nums.size(), maxLen = 0, ans = 0;
        vector<int> dp(n), cnt(n);
        for (int i = 0; i < n; ++i) {
            dp[i] = 1;
            cnt[i] = 1;
            for (int j = 0; j < i; ++j) {
                //如果当前元素大于之前的元素,则可能形成更长的递增子序列
                if (nums[i] > nums[j]) {
                    //如果以 nums[j]结尾的子序列加上当前元素可以形成更长的子序列
                    if (dp[j] + 1 > dp[i]) {
                        //更新以 nums[i]结尾的最长递增子序列长度
                        dp[i] = dp[j] + 1;
                        cnt[i] = cnt[j];
                    }
                    else if (dp[j] + 1 == dp[i]) {
                        cnt[i] += cnt[j];
                    }
                }
            }
            if (dp[i] > maxLen) {
                maxLen = dp[i];
                ans = cnt[i];
            }
            //如果当前元素的最长子序列长度与最长递增子序列长度相同
            else if (dp[i] == maxLen) {
```

```
                ans += cnt[i];
            }
        }
        return ans;
    }
};
int main() {
    Solution solution;
    vector<int> nums = {1, 3, 5, 4, 7};
    int result = solution.findNumberOfLIS(nums);
    cout << "输入:[1, 3, 5, 4, 7]\n";
    cout << "输出:" << result << endl;
    return 0;
}
```

4. 运行结果

输入:[1,3,5,4,7]

输出:2

【实例212】 最大的交换

1. 问题描述

给定一个非负整数,可以选择交换它的两个数位,返回能获得的最大的合法数。

2. 问题示例

输入2736,输出7236,交换数字2和7。

3. 代码实现

相关代码如下:

```
#include <iostream>
#include <vector>
#include <string>
using namespace std;
class Solution {
public:
/**
 * @param num: 一个非负整数
 * @return: 返回通过交换数字得到的最大整数值
 */
int maximumSwap(int num) {
    vector<int> pos(10, -1);
    //创建大小为10的向量,存储每个数字最后出现的位置,-1表示尚未出现
    string number = to_string(num);          //将整数转换为字符串,方便按位操作
    int n = number.size();                   //获取字符串的长度,即整数的位数
    //遍历整数对应的字符串,记录每个数字最后出现的位置
    for (int i = 0; i < n; i++) {
        pos[number[i] - '0'] = i;
    }
    for (int i = 0; i < n; i++) {
        for (char j = '9'; j > number[i]; j--) {
```

```cpp
            if (pos[j - '0'] > i) {
                swap(number[i], number[pos[j - '0']]);
                return stoi(number);
            }
        }
    }
    return num;
  }
};
int main() {
 Solution solution;
 int num = 2736;
 int result = solution.maximumSwap(num);
 cout << "输入:" << num << endl;
 cout << "输出:" << result << endl;
 return 0;
}
```

4. 运行结果

输入：2736

输出：7236

【实例 213】 分割数组为连续子序列

1. 问题描述

给定一个整数数组 nums，将它拆分成若干（至少 2 个）子序列，并且每个子序列至少包含 3 个连续的整数，返回是否能做到这样的拆分。

2. 问题示例

输入[1,2,3,3,4,5]，输出 True，可以把数组拆分成两个子序列[1,2,3],[3,4,5]。

3. 代码实现

相关代码如下：

```cpp
#include <iostream>
#include <vector>
#include <unordered_map>
using namespace std;
class Solution {
public:
  bool isPossible(vector<int> &nums) {
    unordered_map<int, int> nc, tail;
    for (auto num : nums) {
        nc[num]++;
    }
    for (auto num : nums) {
        if (nc[num] == 0)
            continue;
        else if (nc[num] > 0 && tail[num - 1] > 0) {
            nc[num]--;                              //该数字使用次数减 1
```

```cpp
                tail[num - 1]--;                    //前一个数字的尾数减1
                tail[num]++;                        //当前数字的尾数加1
            }
            //如果该数字存在且其后两个数字也都有剩余
            else if (nc[num] > 0 && nc[num + 1] > 0 && nc[num + 2] > 0) {
                nc[num]--;
                nc[num + 1]--;
                nc[num + 2]--;
                tail[num + 2]++;
            }
            //如果以上两种情况都不满足,则无法组成有效的序列,返回false
            else {
                return false;
            }
        }
        //遍历结束后,所有数字都能组成有效序列,返回true
        return true;
    }
};
int main() {
    Solution solution;
    vector<int> nums = {1, 2, 3, 3, 4, 5};
    bool result = solution.isPossible(nums);
    cout << "输入:[1, 2, 3, 3, 4, 5]\n";
    cout << "输出:" << (result ? "True" : "False") << endl;
    return 0;
}
```

4. 运行结果

输入:[1,2,3,3,4,5]

输出:True

【实例214】 数组美丽值求和

1. 问题描述

给定一个下标从 0 开始的整数数组 nums。对于每个下标 i($1 \leqslant i$ nums.length-2),nums[i]的美丽值如下:

2,对于所有 $0 \leqslant j < i$ 且 $i < k \leqslant$ nums.length-1,满足 nums[j]< nums[i] < nums[k];

1,如果满足 nums[i$-$1] < nums[i] < nums[i+1],且不满足前面的条件;

0,如果上述条件都不满足,返回符合 $1 \leqslant i \leqslant$ nums.length-2 的所有 nums[i]的美丽值的总和。

2. 问题示例

输入 nums=[1,2,3],输出 2。注:对于符合 $1 \leqslant i \leqslant 1$ 的下标 i 条件的,nums[1]的美丽值等于 2。

3. 代码实现

相关代码如下：

```cpp
#include <iostream>
#include <vector>
#include <algorithm>
using namespace std;
class Solution {
public:
    int sumOfBeauties(vector<int> &nums) {          //定义成员函数,计算数组中的美丽值之和
        int n = nums.size();                         //获取 nums 数组的大小
        //定义并初始化 l_max 向量,存储 nums 数组中每个位置左边的最大值,初始化为 INT_MIN
        vector<int> l_max(n, INT_MIN);
        l_max[0] = nums[0];
        //定义并初始化 r_min 向量,存储 nums 数组中每个位置右边的最小值,初始化为 INT_MAX
        vector<int> r_min(n, INT_MAX);
        r_min[n - 2] = nums[n - 1];
        //从左到右遍历 nums 数组,更新 l_max 中的每个位置左边的最大值
        for (int i = 1; i < n; ++i) {
            l_max[i] = max(l_max[i - 1], nums[i - 1]);
        }
        //从右到左遍历 nums 数组,更新 r_min 中的每个位置右边的最小值
        for (int i = n - 2; i >= 0; --i) {
            r_min[i] = min(r_min[i + 1], nums[i + 1]);
        }
        int ans = 0;                                 //定义变量 ans,用于存储美丽值之和,初始化为 0
        //遍历 nums 数组的中间元素,根据题目条件计算美丽值
        for (int i = 1; i < n - 1; ++i) {
            //如果当前元素大于其左边的最大值且小于其右边的最小值,则增加 2 个美丽值
            if (nums[i] > l_max[i] && nums[i] < r_min[i])
                ans += 2;
            //如果当前元素大于前一个元素且小于后一个元素,则增加 1 个美丽值
            else if (nums[i] > nums[i - 1] && nums[i] < nums[i + 1])
                ++ans;
        }
        return ans;                                  //返回计算得到的美丽值之和
    }
};
int main() {
    Solution solution;
    vector<int> nums = {1, 2, 3};
    int result = solution.sumOfBeauties(nums);
    cout << "输入:nums = [1,2,3]\n";
    cout << "输出:" << result << endl;
    return 0;
}
```

4. 运行结果

输入：nums＝[1,2,3]

输出：2

【实例 215】 合法的三角数

1. 问题描述

给定一个包含非负整数的数组,用从数组中选出的可以制作三角形的三元组数目,作为三角形的边长。

2. 问题示例

输入[2,2,3,4],输出 3,合法的组合为 2,3,4(使用第 1 个 2),2,3,4(使用第 2 个 2),2,2,3。

3. 代码实现

相关代码如下:

```cpp
#include <iostream>
#include <vector>
#include <algorithm>
using namespace std;
class Solution {
public:
    int triangleNumber(vector<int> &nums) {
        int n = nums.size();                          //获取输入数组的大小
        sort(nums.begin(), nums.end());               //对数组进行升序排序
        int ans = 0;                                  //初始化计数器,用于记录可以构成三角形的数量
        for (int i = 0; i < n; ++i) {
            int k = i;
            for (int j = i + 1; j < n; ++j) {
                //寻找可以与nums[i]和nums[j]构成三角形的最小元素
                while (k + 1 < n && nums[k + 1] < nums[i] + nums[j]) {
                    ++k;                              //k向右移动,直到找到不能构成三角形的元素
                }
                ans += max(k - j, 0);
            }
        }
        return ans;                                   //返回可以构成三角形的总数
    }
};
int main() {
    Solution solution;
    vector<int> nums = {2, 2, 3, 4};
    int result = solution.triangleNumber(nums);
    cout << "输入:[2, 2, 3, 4]" << endl;
    cout << "输出:" << result << endl;
    return 0;
}
```

4. 运行结果

输入:[2,2,3,4]

输出:3

【实例 216】 删除最短的子数组使剩余数组有序

1. 问题描述

给定一个整数数组 arr,请删除一个子数组(可以为空),使 arr 中剩下的元素是非递减的,然后返回满足题目要求的最短子数组的长度。一个子数组指的是原数组中连续的一个子序列。

2. 问题示例

输入 arr=[1,2,3,10,4,2,3,5],输出 3。注:需要删除的最短子数组是[10,4,2],长度是 3。剩余元素形成非递减数组[1,2,3,3,5]。另一个正确的解为删除子数组[3,10,4]。

3. 代码实现

相关代码如下:

```cpp
#include <iostream>
#include <vector>
#include <algorithm>
using namespace std;
class Solution {
public:
    int findLengthOfShortestSubarray(vector<int> &arr) {
        int n = arr.size(), j = n - 1;
        while (j > 0 && arr[j - 1] <= arr[j]) {
            j--;
        }
        if (j == 0) {
            return 0;
        }
        int res = j;
        for (int i = 0; i < n; i++) {
            while (j < n && arr[j] < arr[i]) {
                j++;
            }
            res = min(res, j - i - 1);
            if (i + 1 < n && arr[i] > arr[i + 1]) {
                break;
            }
        }
        return res;
    }
};
int main() {
    vector<int> arr = {1, 2, 3, 10, 4, 2, 3, 5};
    Solution solution;
    int result = solution.findLengthOfShortestSubarray(arr);
    cout << "输入:arr = [1,2,3,10,4,2,3,5]\n";
    cout << "输出:" << result << endl;
    return 0;
}
```

4. 运行结果

输入：arr=[1,2,3,10,4,2,3,5]

输出：3

【实例 217】 两个字符串的删除操作

1. 问题描述

给定 word1 和 word2 两个字符串，找到使 word1 和 word2 相同所需的最少步骤，每个步骤可以删除任意字符串中的一个字符。

2. 问题示例

输入 sea,eat，输出 2，第 1 步需要将 sea 变成 ea，第 2 步 eat 变成 ea。

3. 代码实现

相关代码如下：

```cpp
#include <iostream>
#include <string>
#include <vector>
#include <algorithm>
using namespace std;
class Solution {
public:
    int minDistance(string &word1, string &word2) {
        int m = word1.size();                   //获取 word1 的长度
        int n = word2.size();                   //获取 word2 的长度
        vector<vector<int>> dp(m + 1, vector<int>(n + 1));
        //初始化 dp 数组的第一行,当 word1 为空字符串时,word2 的每个字符都需要插入
        for (int i = 1; i <= m; ++i) {
            dp[i][0] = i;
        }
        //初始化 dp 数组的第一列,当 word2 为空字符串时,word1 的每个字符都需要删除
        for (int j = 1; j <= n; ++j) {
            dp[0][j] = j;
        }
        for (int i = 1; i <= m; i++) {
            char c1 = word1[i - 1];             //获取 word1 当前字符
            for (int j = 1; j <= n; j++) {
                char c2 = word2[j - 1];         //获取 word2 当前字符
                if (c1 == c2) {
                    dp[i][j] = dp[i - 1][j - 1];
                } else {
                    dp[i][j] = min(dp[i - 1][j], dp[i][j - 1]) + 1;
                }
            }
        }
        return dp[m][n];
    }
};
int main() {
```

```cpp
    Solution solution;
    string word1 = "sea";
    string word2 = "eat";
    int result = solution.minDistance(word1, word2);
    cout << "输入:word1 = sea, word2 = eat\n";
    cout << "输出:" << result << endl;
    return 0;
}
```

4. 运行结果

输入：word1=sea,word2=eat

输出：2

【实例218】 下一个更大的元素

1. 问题描述

给定一个32位整数n,用与n中相同数字元素组成新的比n大的32位整数。返回符合要求的最小整数,如果不存在这样的整数,返回-1。

2. 问题示例

输入123,输出132。

3. 代码实现

相关代码如下：

```cpp
#include <iostream>
#include <string>
using namespace std;
class Solution {
public:
    int nextGreaterElement(int n) {
        string a = to_string(n);
        int i = a.size() - 2;
        while (i >= 0 && a[i + 1] <= a[i])
            i -= 1;
        if (i < 0)
            return -1;
        int j = a.size() - 1;
        //从字符串末尾开始向前遍历,找到第一个大于a[i]的字符位置j
        while (j >= 0 && a[j] <= a[i])
            j -= 1;
        //交换a[i]和a[j]的位置
        int t = a[i];
        a[i] = a[j];
        a[j] = t;
        //将位置i+1到字符串末尾的部分进行反转,以得到最大的排列
        i += 1;
        j = a.size() - 1;
        while (i < j) {
            t = a[i];
            a[i++] = a[j];
```

```cpp
                a[j--] = t;
            }
            try {
                return stoi(a);
            } catch (exception e) {
                return -1;
            }
        }
};
int main() {
    Solution solution;
    int input = 123;
    int result = solution.nextGreaterElement(input);
    cout << "输入:" << input << "\n输出:" << result << endl;
    return 0;
}
```

4. 运行结果

输入：123

输出：132

【实例 219】 最优除法

1. 问题描述

给定一个正整数列表，对相邻的整数执行浮点数除法，(如给定[2,3,4]表示 2/3/4)。在任意位置加入任意数量的括号，以改变运算优先级。找出如何加括号能使结果最大，以字符串的形式返回表达式，表达式不包括多余的括号。

2. 问题示例

输入[1000,100,10,2]，输出"1000/(100/10/2)"，1000/(100/10/2)＝1000/((100/10)/2)＝200，"1000/((100/10)/2)" 中的多重括号是多余的，因为它没有改变运算优先级，所以应该返回"1000/(100/10/2)"。

3. 代码实现

相关代码如下：

```cpp
#include <iostream>
#include <vector>
#include <string>
using namespace std;
class Solution {
public:
    string optimalDivision(vector<int> &nums) {
        string res;
        //如果 nums 中只有一个元素，直接返回该元素的字符串表示
        if (nums.size() == 1) {
            return to_string(nums[0]);
        }
        //如果 nums 中有两个元素，返回两个元素的除法字符串表示
```

```cpp
        else if (nums.size() == 2) {
            return to_string(nums[0]) + "/" + to_string(nums[1]);
        }
        res = to_string(nums[0]) + "/(";
        res += to_string(nums[1]);
        for (int i = 2; i < nums.size(); i++) {
            res += "/" + to_string(nums[i]);
        }
        res += ")";
        return res;
    }
};
int main() {
    Solution solution;
    vector<int> nums = {1000, 100, 10, 2};
    string result = solution.optimalDivision(nums);
    cout << "输入:[1000, 100, 10, 2]\n 输出:" << result << endl;
    return 0;
}
```

4. 运行结果

输入：[1000,100,10,2]

输出：1000/(100/10/2)

【实例220】 通过删除字母匹配到字典里最长单词

1. 问题描述

给定字符串和字符串字典，找到字典中可以通过删除给定字符串的某些字符所形成的最长字符串。如果有多个可能的结果，则返回具有最小字典顺序的最长单词。如果没有可能的结果，则返回空字。

2. 问题示例

输入 s＝abpcplea,d＝[ale,apple,monkey,plea],输出 apple。

3. 代码实现

相关代码如下：

```cpp
#include <iostream>
#include <vector>
#include <string>
using namespace std;
bool camp(const string &a, const string &b) {
    if (a.size() != b.size())                    //如果两个字符串长度不相等
        return a.size() > b.size();              //返回长度较大的字符串(降序)
    return a < b;                                //如果长度相等,返回字典序较小的字符串(升序)
}
class Solution {
public:
    //在字符串数组 d 中查找由字符串 s 的字符组成的最长单词
    string findLongestWord(string &s, vector<string> &d) {
```

```cpp
        string res = "";
        for (string t : d) {                    //遍历字符串数组d中的每个字符串
            int i = 0, j = 0;                   //初始化两个指针,分别指向当前字符串t和s的起始位置
            while (i < t.size() && j < s.size()) {
                if (t[i] == s[j])               //如果当前字符相等
                    i += 1;                     //将t的指针向后移动一位
                j += 1;                         //将s的指针向后移动一位
            }
            if (i == t.size() && camp(t, res))
                res = t;
        }
        return res;
    }
};
int main() {
    string s = "abpcplea";                      //初始化字符串s
    vector< string > d = {"ale", "apple", "monkey", "plea"};
    Solution solution;
    string result = solution.findLongestWord(s, d);
    cout << "输入:s = abpcplea, d = [ale, apple, monkey, plea]\n";
    cout << "输出:" << result << endl;
    return 0;
}
```

4. 运行结果

输入:s=abpcplea,d=[ale,apple,monkey,plea]

输出:apple

【实例221】 寻找树中最左下节点的值

1. 问题描述

给定一棵二叉树,找到这棵树最后一行中最左边的值。

2. 问题示例

如下所示,查找的值为4。

```
    1
   / \
  2   3
 / \
4   5
```

3. 代码实现

相关代码如下:

```cpp
# include < iostream >
# include < queue >
using namespace std;
class TreeNode {
 public:
```

```cpp
        int val;
        TreeNode *left, *right;
        TreeNode(int val) {
            this->val = val;
            this->left = this->right = NULL;
        }
    };
    class Solution {
    public:
        int findBottomLeftValue(TreeNode *root) {
            queue<TreeNode *> stc;
            TreeNode *res;
            stc.push(root);
            while (!stc.empty()) {
                res = stc.front();
                stc.pop();
                if (res->right != nullptr)
                    stc.push(res->right);
                if (res->left != nullptr)
                    stc.push(res->left);
            }
            return res->val;
        }
    };
    int main() {
     TreeNode *root = new TreeNode(1);
     root->left = new TreeNode(2);
     root->right = new TreeNode(3);
     root->left->left = new TreeNode(4);
     root->right->left = new TreeNode(5);
     Solution solution;
     int result = solution.findBottomLeftValue(root);
     cout << "输入:[1,2 3,4 5 # #]" << endl;
     cout << "输出:" << result << endl;
     return 0;
    }
```

4. 运行结果

输入:[1,2 3,4 5 # #]

输出:4

【实例222】 出现频率最高的子树和

1. 问题描述

给定一棵树的根,找到出现频率最高的子树和[以该节点为根的子树(包括节点本身)形成的所有节点值的总和]。如果存在多个,则以任意顺序返回频率最高的所有值。

2. 问题示例

输入{5,2,−3},输出[4,2,−3],如下所示,所有的值都只出现一次,所以可以任意顺序返回。

```
    5
   / \
  2  -3
```

3. 代码实现

相关代码如下：

```cpp
#include<iostream>
#include<vector>
#include<unordered_map>
#include<map>
using namespace std;
struct TreeNode {
 int val;
 TreeNode *left, *right;
 TreeNode(int x) : val(x), left(NULL), right(NULL) {}   //构造函数
};
class Solution {
public:
 vector<int> findFrequentTreeSum(TreeNode *root) {
    if (root == nullptr)                                //如果根节点为空,则返回空向量
        return {};
    unordered_map<int, int> sum_map;
    int sum = 0;                                        //记录当前路径的和
    backTrack(root, sum_map, sum);                      //递归遍历二叉树,计算每个路径的和
    //使用映射存储和出现的次数,并按照次数降序排列
    map<int, vector<int>, greater<int>> ordered_sum;
    for (auto &entry : sum_map) {                       //遍历无序映射
        ordered_sum[entry.second].push_back(entry.first);
    }
    //返回出现次数最多的和(可能有多个)
    return ordered_sum.begin()->second;
 }
 void backTrack(TreeNode *root, unordered_map<int, int> &sum_map, int &sum) {
    if (root == nullptr)                                //如果当前节点为空,则返回
        return;
    sum += root->val;                                   //将当前节点的值加到 sum 中
    int l_sum = 0, r_sum = 0;
    backTrack(root->left, sum_map, l_sum);              //递归计算左子树的和
    backTrack(root->right, sum_map, r_sum);             //递归计算右子树的和
    sum = sum + l_sum + r_sum;                          //更新 sum 为当前路径的和
    sum_map[sum]++;                                     //在 sum_map 中增加当前和出现的次数
 }
};
int main() {
 TreeNode *root = new TreeNode(5);
 root->left = new TreeNode(2);
 root->right = new TreeNode(-3);
 Solution solution;
 vector<int> result = solution.findFrequentTreeSum(root);
 cout << "输入:[5,2,-3]\n输出:[";
 for (int i = 0; i < result.size(); i++) {
     cout << result[i];
     if (i != result.size() - 1) {
```

```
            cout << ",";
        }
    }
    cout << "]" << endl;
    return 0;
}
```

4. 运行结果

输入:[5,2,-3]

输出:[4,2,-3]

【实例223】 寻找二叉搜索树中的元素

1. 问题描述

给定具有重复项的二叉搜索树(BST),找到 BST 中的所有 modes(出现最频繁的元素)。BST 定义如下:节点的左子树仅包含键小于或等于父节点的节点。节点的右子树仅包含大于或等于父节点的节点,左右子树也必须是二叉搜索树。

2. 问题示例

输入[1,♯,2,2],如下所示,输出[2],即 2 是出现最频繁的元素。

```
1
 \
  2
 /
2
```

3. 代码实现

相关代码如下:

```cpp
#include <iostream>
#include <vector>
#include <map>
using namespace std;
//定义二叉树节点结构
class TreeNode {
public:
    int val;
    TreeNode * left, * right;
    //构造函数
    TreeNode(int val) {
        this->val = val;
        this->left = this->right = NULL;
    }
};
class Solution {
public:
    map<int, int> cnt;                    //记录每个值出现的次数
```

```cpp
        int maxcnt = 0;                                    //记录出现次数的最大值
        void count(TreeNode * root) {
            if (!root)                                     //如果当前节点为空,直接返回
                return;
            cnt[root->val]++;                              //当前节点的值出现次数加 1
            //更新出现次数的最大值
            if (maxcnt < cnt[root->val])
                maxcnt = cnt[root->val];
            count(root->left);
            count(root->right);
        }
        vector<int> findMode(TreeNode * root) {
            count(root);                                   //统计每个值出现的次数
            vector<int> ans;
            for (auto i : cnt) {
                if (i.second == maxcnt)
                    ans.push_back(i.first);
            }
            return ans;
        }
};
int main() {
    TreeNode * root = new TreeNode(1);
    root->right = new TreeNode(2);
    root->right->left = new TreeNode(2);
    Solution solution;
    vector<int> result = solution.findMode(root);
    cout << "输入:[1,♯,2,2]\n输出:[";
    for (int i = 0; i < result.size(); i++) {
        cout << result[i];
        if (i != result.size() - 1) {
            cout << ",";
        }
    }
    cout << "]" << endl;
    return 0;
}
```

4. 运行结果

输入:[1,♯,2,2]
输出:[2]

【实例 224】 对角线遍历

1. 问题描述

给定 M×N 个元素的矩阵(M 行 N 列),以对角线顺序返回矩阵的所有元素,给定矩阵的元素总数不会超过 10000。

2. 问题示例

输入：
[
  [1,2,3],
  [4,5,6],
  [7,8,9]
]

输出：
[1,2,4,7,5,3,6,8,9]

3. 代码实现

相关代码如下：

```cpp
#include <iostream>
#include <vector>
#include <algorithm>
using namespace std;
class Solution {
public:
    vector<int> findDiagonalOrder(vector<vector<int>> &matrix) {
        if (matrix.size() == 0) {
            return {};
        }
        int N = matrix.size();
        int M = matrix[0].size();
        vector<int> result(N * M);
        int k = 0;
        vector<int> intermediate;
        for (int d = 0; d < N + M - 1; d++) {
            intermediate.clear();
            int r = d < M ? 0 : d - M + 1;
            int c = d < M ? d : M - 1;
            while (r < N && c > -1) {
                intermediate.push_back(matrix[r][c]);
                ++r;
                --c;
            }
            if (d % 2 == 0) {
                reverse(intermediate.begin(), intermediate.end());
            }
            for (int i = 0; i < intermediate.size(); i++) {
                result[k++] = intermediate[i];
            }
        }
        return result;
    }
};
int main() {
    Solution solution;
    vector<vector<int>> matrix = {
```

```cpp
        {1, 2, 3},
        {4, 5, 6},
        {7, 8, 9}
    };
    vector<int> result = solution.findDiagonalOrder(matrix);
    cout << "输入:[[1, 2, 3],[4, 5, 6],[7, 8, 9]]\n输出:[";
    for (int i = 0; i < result.size(); i++) {
        cout << result[i];
        if (i != result.size() - 1) {
            cout << ",";
        }
    }
    cout << "]" << endl;
    return 0;
}
```

4．运行结果

输入：[[1,2,3],[4,5,6],[7,8,9]]
输出：[1,2,4,7,5,3,6,8,9]

【实例 225】 提莫攻击

1．问题描述

在 LOL 中，有一个叫提莫的英雄，攻击能够让敌人艾希进入中毒状态。给定提莫的攻击时间点的升序序列，以及每次提莫攻击时的中毒持续时间，输出艾希中毒态的总时间。假定提莫在每个具体的时间段一开始就发动攻击，而且艾希立刻中毒；给定时间序列的长度不会超过 10000；提莫攻击的时间序列和中毒持续时间都是非负整数，不会超过 10000000。

2．问题示例

输入攻击时间序列[1,4]，中毒持续时间为 2，输出 4。在第 1 秒开始，提莫攻击了艾希，艾希立刻中毒。这次中毒持续 2 秒，直到第 2 秒末尾。在第 4 秒开头，提莫又攻击了艾希，又让艾希中毒了 2 秒，所以最终结果是 4。

3．代码实现

相关代码如下：

```cpp
#include <iostream>
#include <vector>
using namespace std;
class Solution {
public:
    int findPoisonedDuration(vector<int> &timeSeries, int duration) {
        int ans = 0;                          //初始化中毒总时长为 0
        int expired = 0;                      //初始化上一个中毒事件结束的时间为 0
        for (int i = 0; i < timeSeries.size(); ++i) {
            //如果当前时间大于或等于上一个中毒事件结束的时间
            if (timeSeries[i] >= expired) {
                ans += duration;
            } else {
```

```cpp
                ans += timeSeries[i] + duration - expired;
            }
            expired = timeSeries[i] + duration;
        }
        return ans;
    }
};
int main() {
    Solution solution;
    vector<int> timeSeries = {1, 4};
    int duration = 2;
    int result = solution.findPoisonedDuration(timeSeries, duration);
    cout << "输入:timeSeries = [1, 4],duration = 2\n";
    cout << "输出:" << result << endl;
    return 0;
}
```

4. 运行结果

输入：timeSeries=[1,4],duration=2

输出：4

【实例226】 目标和

1. 问题描述

给定一个非负整数的列表 a1,a2,…,an,再给定一个目标 S。用＋和－两种运算符号，对每个整数，选择一个作为其前面的符号。找出有多少种方法可以使这些整数的和正好等于 S。

2. 问题示例

输入 nums 为[1,1,1,1,1],S 为 3,输出 5,可以通过如下方式实现：

−1＋1＋1＋1＋1＝3

＋1−1＋1＋1＋1＝3

＋1＋1−1＋1＋1＝3

＋1＋1＋1−1＋1＝3

＋1＋1＋1＋1−1＝3

3. 代码实现

相关代码如下：

```cpp
#include <iostream>
#include <vector>
using namespace std;
class Solution {
public:
    int findTargetSumWays(vector<int> &nums, int target) {
        int sum = 0;
        for (int &num : nums) {                    //遍历 nums 数组中的每个元素
```

```cpp
            sum += num;                                  //计算 nums 数组中所有元素的总和
        }
        int diff = sum - target;                         //计算总和与目标值 target 的差值
        if (diff < 0 || diff % 2 != 0) {
            //如果差值小于 0 或者不是偶数,则不可能通过选择正负来得到 target,直接返回 0
            return 0;
        }
        int n = nums.size(), neg = diff / 2;             //n 是数组长度,neg 是差值的一半
        //初始化动态规划数组 dp
        vector<vector<int>> dp(n + 1, vector<int>(neg + 1));
        dp[0][0] = 1;
        for (int i = 1; i <= n; i++) {
            int num = nums[i - 1];
            for (int j = 0; j <= neg; j++) {
                dp[i][j] = dp[i - 1][j];
                if (j >= num) {
                    dp[i][j] += dp[i - 1][j - num];
                }
            }
        }
        return dp[n][neg];
    }
};
int main() {
    vector<int> nums = {1, 1, 1, 1, 1};
    int target = 3;
    Solution solution;
    int result = solution.findTargetSumWays(nums, target);
    cout << "输入:[1, 1, 1, 1, 1], target = 3\n";
    cout << "输出:" << result << endl;
    return 0;
}
```

4. 运行结果

输入:[1,1,1,1,1],target=3

输出:5

【实例 227】 升序子序列

1. 问题描述

给定一个整数数组,找到所有可能的升序子序列,一个升序子序列的长度至少应为 2。

2. 问题示例

输入[4,6,7,7],输出[[4,6],[4,6,7],[4,6,7,7],[4,7],[4,7,7],[6,7],[6,7,7],[7,7]]。

3. 代码实现

相关代码如下:

```cpp
#include <iostream>
#include <vector>
#include <unordered_set>
```

```cpp
using namespace std;
class Solution {
public:
    vector<vector<int>> findSubsequences(vector<int> &nums) {
        vector<int> subset;
        findHelper(nums, 0, subset);
        return solutions_;
    }
    void findHelper(const vector<int> &nums, const int &index, vector<int> subset) {
        bool visited[201];
        for (int i = 0; i < 201; i++) {
            visited[i] = false;
        }
        for (int i = index; i < nums.size(); i++) {
            if (subset.size() > 0 && subset[subset.size() - 1] > nums[i]) {
                continue;
            }
            if (visited[nums[i] + 100]) {
                continue;
            }
            subset.push_back(nums[i]);           //将当前数字添加到子序列中
            visited[nums[i] + 100] = true;       //标记当前数字为已访问
            if (subset.size() >= 2) {
                add(subset);
            }
            findHelper(nums, i + 1, subset);     //递归寻找下一个数字的递增子序列
            subset.pop_back();
        }
        return;
    }
    void add(const vector<int> &subset) {
        vector<int> solution = subset;            //复制当前子序列
        solutions_.push_back(solution);
    }
private:
    vector<vector<int>> solutions_;              //存储所有找到的递增子序列
};
int main() {
    Solution solution;
    vector<int> nums = {4, 6, 7, 7};
    vector<vector<int>> result = solution.findSubsequences(nums);
    cout << "输入:[4, 6, 7, 7]\n输出:";
    for (const auto &subsequence : result) {
        cout << "[";
        for (int i = 0; i < subsequence.size(); ++i) {
            cout << subsequence[i];
            if (i != subsequence.size() - 1) {
                cout << ",";                      //子序列中的数字用逗号分隔
            }
        }
        cout << "]" << endl;
    }
    return 0;
}
```

4. 运行结果

输入：[4,6,7,7]

输出：[[4,6],[4,6,7],[4,6,7,7],[4,7],[4,7,7],[6,7],[6,7,7],[7,7]]

【实例 228】 神奇字符串

1. 问题描述

一个字符串 S 仅包含 1 和 2，并遵守以下规则。

字符串 S 的前几个元素如下：S＝12211212221221121122…，如果将 S 中的连续 1 和 2 分组，它将是 1 22 11 2 1 22 1 22 11 2 11 22…，并且每组中出现 1 或 2 的情况是 1 2 2 1 1 2 1 2 2 1 2 2…。给定一个整数 N 作为输入，返回神奇字符串 S 中前 N 个数字中 1 的个数。

2. 问题示例

输入 6，输出 3，神奇字符串 S 的前 6 个元素是 122112，它包含 3 个 1，所以返回 3。

3. 代码实现

相关代码如下：

```cpp
#include <iostream>
using namespace std;
class Solution {
public:
    int magicalString(int n) {
        if (n <= 0)                                    //如果 n 小于或等于 0，则直接返回 0
            return 0;
        if (n <= 3)
            return 1;
        int a[100001];
        a[0] = 1;
        a[1] = 2;
        a[2] = 2;
        int head = 2, tail = 3, num = 1, result = 1;
        while (tail < n) {                             //循环直到 tail 指针达到 n 的位置
            for (int i = 0; i < a[head]; i++) {
                a[tail] = num;
                if (num == 1 && tail < n)
                    result++;
                tail++;                                //移动 tail 指针到下个位置
            }
            num = num ^ 3;
            head++;
        }
        return result;
    }
};
int main() {
    Solution solution;
    int n = 6;
    int result = solution.magicalString(n);
```

```cpp
        cout << "输入:" << n << "\n输出:" << result << endl;
        return 0;
    }
```

4. 运行结果

输入: 6

输出: 3

【实例229】 爆破气球的最小箭头数

1. 问题描述

在 x 轴和 y 轴确定的二维空间中, x 轴上方有许多气球。提供每个气球在 x 轴上投影的起点和终点坐标。起点总是小于终点, 最多有 10^4 个气球。

可以沿 x 轴从不同点垂直向上发射箭头。如果 xstart≤x≤xend, 则坐标为 xstart 和 xend 的气球被从 x 处发射的箭头戳爆。可以发射的箭头数量没有限制, 一次射击的箭头一直无限地向上移动。找到戳破所有气球的最小发射箭头数。

2. 问题示例

输入气球在 x 轴的投影起点和终点坐标为[[10,16],[2,8],[1,6],[7,12]], 输出 2。一种方法是在[2,6]发射一个箭头, 爆破气球[2,8]和[1,6], 在[10,12]发射另一个箭头, 爆破另外 2 个气球。

3. 代码实现

相关代码如下:

```cpp
#include <iostream>
#include <vector>
#include <algorithm>
using namespace std;
class Solution {
public:
    //定义一个成员函数,用于计算所需的最小箭数
    int findMinArrowShots(vector<vector<int>> &points) {
        if (points.empty()) {
            return 0;
        }
        //对点集进行排序,按照气球结束位置(每个向量的第二个元素)从小到大排序
        sort(points.begin(), points.end(), [](const vector<int> &u, const vector<int> &v) {
            return u[1] < v[1];
        });
        //pos 记录当前箭能射到的最远位置,初始化为第一个气球的结束位置
        int pos = points[0][1];
        int ans = 1;
        //遍历点集中的每个气球
        for (const vector<int> &balloon : points) {
            if (balloon[0] > pos) {
                pos = balloon[1];
                ++ans;
```

            }
        }
        return ans;
    }
};
int main() {
    Solution solution;
    vector<vector<int>> points = {{10, 16}, {2, 8}, {1, 6}, {7, 12}};
    //调用 solution 对象的 findMinArrowShots 函数,并将结果赋值给 result
    int result = solution.findMinArrowShots(points);
    cout << "输入:[[10,16], [2,8], [1,6], [7,12]]\n输出:" << result << endl;
    return 0;
}
```

4．运行结果

输入：[[10,16],[2,8],[1,6],[7,12]]

输出：2

## 【实例 230】 查找数组中的所有重复项

### 1．问题描述

给定一个整数数组，$1 \leqslant a[i] \leqslant n$（n 为数组的大小），找到在此数组中出现 2 次的所有元素。

### 2．问题示例

输入[4,3,2,7,8,2,3,1]，输出[3,2]。

### 3．代码实现

相关代码如下：

```
#include <iostream>
#include <vector>
using namespace std;
class Solution {
public:
    vector<int> findDuplicates(vector<int> &nums) {
        int n = nums.size();   //获取输入向量的长度
        for (int i = 0; i < n; ++i) {   //遍历输入向量
            while (nums[i] != nums[nums[i] - 1]) {
                swap(nums[i], nums[nums[i] - 1]);   //交换两个元素的位置
            }
        }
        vector<int> ans;   //定义一个用于存储结果的向量
        for (int i = 0; i < n; ++i) {
            if (nums[i] - 1 != i) {
                ans.push_back(nums[i]);
            }
        }
        return ans;
    }
};
```
```

```cpp
int main() {
    Solution solution;
    vector<int> input = {4, 3, 2, 7, 8, 2, 3, 1};
    cout << "输入:[";
    for (int i = 0; i < input.size(); ++i) {
        cout << input[i];
        if (i < input.size() - 1) {
            cout << ", ";
        }
    }
    cout << "]" << endl;
    vector<int> output = solution.findDuplicates(input);
    cout << "输出:[";
    for (int i = 0; i < output.size(); ++i) {
        cout << output[i];
        if (i < output.size() - 1) {
            cout << ", ";
        }
    }
    cout << "]" << endl;
    return 0;
}
```

4．运行结果

输入:[4,3,2,7,8,2,3,1]
输出:[3,2]

【实例231】 最小基因变化

1．问题描述

基因序列可以用 8 个字符串表示,可选择的字符包括 A、C、G、T。假设需要从起始点到结束点调查基因突变(基因序列中的单个字符发生突变,如 AACCGGTT→AACCGGTA 是 1 个突变)。此外,还有一个给定的基因库,记录了所有有效的基因突变(必须在基因库中才有效)。

给出 3 个参数起始点、结束点、基因库,确定从起始点到结束点变异所需的最小突变数,如果没有这样的突变,则返回 −1。

2．问题示例

输入起始点为 AACCGGTT,结束点为 AACCGGTA,基因库为[AACCGGTA],输出 1,即只需一次突变,且在基因库中。

3．代码实现

相关代码如下:

```cpp
#include <iostream>
#include <vector>
#include <unordered_map>
#include <queue>
```

```cpp
using namespace std;
class Solution {
public:
    int minMutation(string start, string end, vector<string> &bank) {
        unordered_map<string, int> mp;
        for (const auto &b : bank)
            mp[b] = 0;
        if (mp.count(end) == 0)
            return -1;
        //初始化两个队列,一个用于从 start 开始遍历,一个用于从 end 开始遍历
        queue<string> q1({start}), q2({end});
        int step = 0;                                 //步长初始化为 0
        const char table[4] = {'A', 'C', 'G', 'T'};
        for (mp[start] |= 1, mp[end]|= 2; q1.size() && q2.size(); ++step) {
            bool first = q1.size() < q2.size();       //判断当前队列中哪个更小
            queue<string> &q = first ? q1 : q2;
            int flag = first ? 1 : 2;
            for (int n = q.size(); n-- ; q.pop()) {
                string temp = q.front();
                if (mp[temp] == 3)
                    return step;
                for (int i = 0; i < temp.size(); ++i) {
                    for (int j = 0; j < 4; ++j) {
                        string s = temp;
                        if (s[i] == table[j])
                            continue;
                        s[i] = table[j];
                        if (mp.count(s) == 0 || mp[s] & flag)
                            continue;
                        mp[s] |= flag;
                        q.push(s);
                    }
                }
            }
        }
        return -1;                    //如果遍历完两个队列后仍未找到最短路径,则返回 -1
    }
};
int main() {
    string start = "AACCGGTT";        //定义起始字符串、目标字符串和基因库
    string end = "AACCGGTA";
    vector<string> bank = {"AACCGGTA"};
    Solution solution;
    int result = solution.minMutation(start, end, bank);
    cout << "输入:start = AACCGGTT, end = AACCGGTA, bank = AACCGGTA\n";
    cout << "输出:" << result << endl;
    return 0;
}
```

4. 运行结果

输入:start=AACCGGTT,end=AACCGGTA,bank=AACCGGTA

输出:1

【实例 232】 替换后的最长重复字符

1. 问题描述
给定一个仅包含大写英文字母的字符串,可以将字符串中的任何一个字母替换为另一个字母,最多替换 k 次。执行上述操作后,找到最长的、只含有同一字母的子字符串长度。

2. 问题示例
输入 ABAB,k=1,输出 3,因为将 1 个 A 替换成 1 个 B,反之亦然。

3. 代码实现
相关代码如下:

```cpp
#include <iostream>
#include <string>
#include <vector>
using namespace std;
class Solution {
public:
    int characterReplacement(string &s, int k) {
        vector<int> num(26);        //定义大小为 26 的整数向量,记录 26 个英文字母出现的次数
        int n = s.length();         //获取字符串 s 的长度
        int maxn = 0;               //定义一个变量,用于记录当前窗口中出现次数最多的字符的次数
        int left = 0, right = 0;    //定义滑动窗口的左右边界
        while (right < n) {
            num[s[right] - 'A']++;              //将当前字符出现次数加 1
            maxn = max(maxn, num[s[right] - 'A']);
            if (right - left + 1 - maxn > k) {
                num[s[left] - 'A']--;           //缩小窗口左边界,并将左边界字符的计数减 1
                left++;                          //左边界向右移动
            }
            right++;
        }
        return right - left;
    }
};
int main() {
    string input_str = "ABAB";
    int k = 1;
    cout << "输入:ABAB, k = 1\n";
    Solution solution;
    int result = solution.characterReplacement(input_str, k);
    cout << "输出:" << result << endl;
    return 0;
}
```

4. 运行结果
输入:ABAB,k=1

输出:3

【实例 233】 从英文中重建数字

1. 问题描述

给定一个非空字符串,包含用英文单词对应的数字 0~9,但是字母顺序是打乱的,以升序输出数字。

2. 问题示例

输入 owoztneoer,输出 012(zeroonetwo)。

3. 代码实现

相关代码如下:

```cpp
#include <iostream>
#include <string>
#include <unordered_map>
#include <vector>
using namespace std;
class Solution {
public:
    string originalDigits(string &s) {
        unordered_map<char, int> c;        //定义无序映射,存储字符串 s 中每个字符的计数
        for (char ch : s) {                //遍历字符串 s 中的每个字符
            ++c[ch];                       //将字符 ch 的计数加 1
        }
        vector<int> cnt(10);               //定义大小为 10 的向量,用于存储数字 0~9 的计数
        cnt[0] = c['z'];
        cnt[2] = c['w'];
        cnt[4] = c['u'];
        cnt[6] = c['x'];
        cnt[8] = c['g'];
        cnt[3] = c['h'] - cnt[8];
        cnt[5] = c['f'] - cnt[4];
        cnt[7] = c['s'] - cnt[6];
        cnt[1] = c['o'] - cnt[0] - cnt[2] - cnt[4];
        cnt[9] = c['i'] - cnt[5] - cnt[6] - cnt[8];
        string ans;
        for (int i = 0; i < 10; ++i) {
            for (int j = 0; j < cnt[i]; ++j) {
                ans += char(i + '0');
            }
        }
        return ans;
    }
};
int main() {
    string input = "owoztneoer";
    Solution solution;
    string output = solution.originalDigits(input);
    cout << "输入:" << input << endl;
    cout << "输出:" << output << endl;
    return 0;
}
```

4. 运行结果

输入：owoztneoer

输出：012

【实例 234】 数组中两个数字的最大异或

1. 问题描述

给定一个非空数组 $[a0, a1, a2, \cdots, an-1]$，其中 $0 \leqslant ai < 2^{31}$。找出 ai XOR aj 的最大结果，其中 $0 \leqslant i, j < n$。

2. 问题示例

输入 $[3, 10, 5, 25, 2, 8]$，输出 28，最大的结果为 5XOR25＝28。

3. 代码实现

相关代码如下：

```cpp
#include <iostream>
#include <vector>
#include <unordered_set>
using namespace std;
class Solution {
private:
    static constexpr int HIGH_BIT = 30;        //定义一个静态常量,表示二进制数的最高位
public:
    int findMaximumXOR(vector<int> &nums) {    //定义成员函数,用于找到最大的 XOR 值
        int x = 0;                              //初始化 x 为 0,x 用于存储当前已确定的 XOR 值
        for (int k = HIGH_BIT; k >= 0; --k) {  //从最高位开始遍历到最低位
            unordered_set<int> seen;
            for (int num : nums) {
                seen.insert(num >> k);
            }
            int x_next = x * 2 + 1;
            bool found = false;
            for (int num : nums) {
                if (seen.count(x_next ^ (num >> k))) {
                    found = true;              //如果找到,则设置 found 为 true
                    break;
                }
            }
            if (found) {
                x = x_next;
            } else {
                x = x_next - 1;
            }
        }
        return x;
    }
};
int main() {
    vector<int> nums = {3, 10, 5, 25, 2, 8};
```

```
        Solution solution;
        int result = solution.findMaximumXOR(nums);
        cout << "输入:[3, 10, 5, 25, 2, 8]" << endl;
        cout << "输出:" << result << endl;
        return 0;
    }
```

4. 运行结果

输入：[3,10,5,25,2,8]

输出：28

【实例 235】 根据身高重排队列

1. 问题描述

现有顺序被随机打乱后站成一列的人群,每个人由一个二元组(h,k)表示,其中 h 表示身高,k 表示在其之前身高大于或等于 h 的人数。需要将这个队列重新排列以恢复原有的顺序。

2. 问题示例

输入[[7,0] [4,4] [7,1] [5,0] [6,1] [5,2]],输出[[5,0] [7,0] [5,2] [6,1] [4,4] [7,1]]。

3. 代码实现

相关代码如下：

```cpp
#include <iostream>
#include <vector>
#include <algorithm>
using namespace std;
class Solution {
public:
    vector<vector<int>> reconstructQueue(vector<vector<int>> &people) {
        sort(people.begin(), people.end(), [](const vector<int> &u, const vector<int> &v) {
            //使用 lambda 表达式对 people 进行排序
            return u[0] > v[0] || (u[0] == v[0] && u[1] < v[1]);
        });
        vector<vector<int>> ans;                    //定义一个二维向量 ans,用于存储重建后的队列
        for (const vector<int> &person : people) {  //遍历排序后的 people
            ans.insert(ans.begin() + person[1], person);
        }
        return ans;
    }
};
int main() {
    Solution solution;
    vector<vector<int>> input = {{7, 0}, {4, 4}, {7, 1}, {5, 0}, {6, 1}, {5, 2}};
    vector<vector<int>> output = solution.reconstructQueue(input);
    cout << "输入:[7, 0][4, 4][7, 1][5, 0][6, 1][5, 2]\n输出:";
    for (const vector<int> &person : output) {
        cout << "[" << person[0] << ", " << person[1] << "]";
```

```
        }
        return 0;
}
```

4. 运行结果

输入：[7,0][4,4][7,1][5,0][6,1][5,2]
输出：[5,0][7,0][5,2][6,1][4,4][7,1]

【实例236】 左叶子的和

1. 问题描述

找出给定二叉树中所有左叶子的和。

2. 问题示例

输入{3,9,20,#,#,15,7}，输出 24。这棵二叉树中，有 2 个左叶子节点，它们的值分别为 9 和 15，所以返回 24。

```
    3
   / \
  9  20
     / \
    15  7
```

3. 代码实现

相关代码如下：

```cpp
#include <iostream>
#include <queue>
using namespace std;
struct TreeNode {
    int val;
    TreeNode *left;
    TreeNode *right;
    TreeNode(int x) : val(x), left(NULL), right(NULL) {}
};
class Solution {
public:
    bool isLeafNode(TreeNode *node) {
        return !node->left && !node->right;
    }
    int sumOfLeftLeaves(TreeNode *root) {
        if (!root) {
            return 0;
        }
        queue<TreeNode *> q;
        q.push(root);
        int ans = 0;
        //当队列不为空时,进行循环
        while (!q.empty()) {
```

```
            //获取队列的队首元素
            TreeNode *node = q.front();
            //弹出队首元素
            q.pop();
            if (node->left) {                        //如果节点有左子节点
                if (isLeafNode(node->left)) {
                    ans += node->left->val;
                } else {
                    q.push(node->left);
                }
            }
            if (node->right) {
                if (!isLeafNode(node->right)) {
                    q.push(node->right);
                }
            }
        }
        return ans;
    }
};
int main() {
    TreeNode *root = new TreeNode(3);              //根节点值为3
    root->left = new TreeNode(9);                  //左子节点值为9
    root->right = new TreeNode(20);                //右子节点值为20
    root->right->left = new TreeNode(15);
    root->right->right = new TreeNode(7);
    Solution solution;
    int result = solution.sumOfLeftLeaves(root);
    cout << "输入:[3,9,20,#,#,15,7]\n";
    cout << "输出:" << result << endl;
    return 0;
}
```

4. 运行结果

输入:[3,9,20,#,#,15,7]
输出:24

【实例237】 移除 k 位

1. 问题描述

给定一个以字符串表示的非负整数,从该数字中移除 k 个数位,使剩余数位组成的数字尽可能小,求最小结果。

2. 问题示例

输入 num=1432219,k=3,输出 1219,移除数位 4、3、2 后生成最小的新数字为 1219。

3. 代码实现

相关代码如下:

```
#include <iostream>
#include <string>
```

```cpp
#include <vector>
using namespace std;
class Solution {                              //定义一个 Solution 类
public:
    string removeKdigits(string &num, int k) {
        vector<char> stk;                     //定义一个字符类型的向量 stk,用于存储数字字符
        for (auto &digit : num) {             //遍历字符串 num 中的每个字符
            while (stk.size() > 0 && stk.back() > digit && k) {
                stk.pop_back();               //弹出栈顶元素
                k -= 1;
            }
            stk.push_back(digit);
        }
        for (; k > 0; --k) {
            stk.pop_back();
        }
        string ans = "";                      //定义一个空字符串 ans,用于存储最终结果
        bool isLeadingZero = true;
        for (auto &digit : stk) {
            if (isLeadingZero && digit == '0') { /
                continue;
            }
            isLeadingZero = false;
            ans += digit;
        }
        return ans == "" ? "0" : ans;
    }
};
int main() {
    Solution solution;
    string num = "1432219";
    int k = 3;
    string result = solution.removeKdigits(num, k);
    cout << "输入:" << num << endl;
    cout << "输出:" << result << endl;
    return 0;
}
```

4. 运行结果

输入:1432219

输出:1219

【实例 238】 轮转函数

1. 问题描述

给定一个整数数组 A,长度为 n。Bk 为 A 中元素顺时针旋转 k 个位置后得到的新数组,定义关于 A 的轮转函数 F 如下:$F(k)=0\times Bk[0]+1\times Bk[1]+\cdots+(n-1)\times Bk[n-1]$。计算 $F(0),F(1),\cdots,F(n-1)$ 中的最大值。

2. 问题示例

输入[4,3,2,6],输出 26。

$F(0) = (0 \times 4) + (1 \times 3) + (2 \times 2) + (3 \times 6) = 0 + 3 + 4 + 18 = 25$

$F(1) = (0 \times 6) + (1 \times 4) + (2 \times 3) + (3 \times 2) = 0 + 4 + 6 + 6 = 16$

$F(2) = (0 \times 2) + (1 \times 6) + (2 \times 4) + (3 \times 3) = 0 + 6 + 8 + 9 = 23$

$F(3) = (0 \times 3) + (1 \times 2) + (2 \times 6) + (3 \times 4) = 0 + 2 + 12 + 12 = 26$

所以 F(0),F(1),F(2),F(3)中最大的值是 F(3),为 26。

3. 代码实现

相关代码如下:

```cpp
#include <iostream>
#include <vector>
#include <numeric>
using namespace std;
class Solution {
public:
    int maxRotateFunction(vector<int> &a) {
        int f = 0, n = a.size();
        int aum = accumulate(a.begin(), a.end(), 0);
        for (int i = 0; i < n; i++) {           //遍历数组 a,计算初始的旋转函数值 f
            f += i * a[i];
        }
        int res = f;
        for (int i = n - 1; i > 0; i--) {
            f += aum - n * a[i];
            res = max(res, f);
        }
        return res;                              //返回最大的旋转函数值
    }
};
int main() {
    vector<int> input = {4, 3, 2, 6};
    Solution solution;
    int output = solution.maxRotateFunction(input);
    cout << "输入:[4, 3, 2, 6]" << endl;
    cout << "输出:" << output << endl;
    return 0;
}
```

4. 运行结果

输入:[4,3,2,6]

输出:26

【实例 239】 字符至少出现 k 次的最长子串

1. 问题描述

找出给定字符串的最长子串,使该子串中的每个字符至少出现 k 次,返回这个子串的长度。

2. 问题示例

输入 s＝aaabbb,k＝3,输出 6,最长子串为 aaabbb,2 个字母都重复了 3 次。

3. 代码实现

相关代码如下：

```cpp
#include <iostream>
#include <string>
#include <map>
using namespace std;
class Solution {
public:
    int longestSubstring(string s, int k) {        //定义函数,计算满足条件的最长子串长度
        if (s.size() == 0)
            return 0;
        if (k <= 1)
            return s.size();                        //返回整个字符串的长度
        map<char, int> cnt;
        for (int i = 0; i < s.size(); ++i) {
            cnt[s[i]]++;
        }
        bool allMoreK = true;                       //假设所有字符出现的次数都大于或等于k
        for (auto a : cnt) {
            if (a.second < k) {
                allMoreK = false;
            }
        }
        if (allMoreK)
            return s.size();                        //直接返回整个字符串的长度
        int longest = 0;                            //初始化最长子串的长度为0
        int start = 0;                              //初始化子串的起始位置为0
        while (start < s.size()) {                  //当起始位置小于字符串长度时循环
            while (start < s.size() && cnt[s[start]] < k) {
                start++;
            }
            int end = start;                        //初始化子串的结束位置为起始位置
            for (; end <= s.size(); ++end) {        //从起始位置开始向后遍历字符串
                if ((end == s.size() && start < s.size()) || (end < s.size() && cnt[s[end]] < k)) {
                    longest = max(longest, longestSubstring(s.substr(start, end - start), k));
                    //递归计算子串的最长长度
                    break;
                }
            }
            start = end + 1;
        }
        return longest;
    }
};
int main() {
    string s = "aaabbb";
    int k = 3;
    Solution solution;
    int result = solution.longestSubstring(s, k);
```

```
        cout << "输入:" << s << endl;
        cout << "输出:" << result << endl;
        return 0;
}
```

4．运行结果

输入：aaabbb

输出：6

【实例 240】 消除游戏

1．问题描述

从 1～n 的排序整数列表中删除第一个数字，然后从左到右每隔一个数字删一个，直到列表末尾；重复上一步骤，但这次从右到左，即从剩余的数字中删除最右边的数字和每隔一个数字删一个。左右交替重复上述步骤，直到剩下一个数字。找到长度为 n 的列表剩下的最后一个数字。

2．问题示例

输入 9，输出 6，删除后的列表依次如下：

1 2 3 4 5 6 7 8 9

2 4 6 8

2 6

6

3．代码实现

相关代码如下：

```
#include<iostream>
using namespace std;
class Solution {
public:
    int lastRemaining(int n) {
        int a1 = 1;
        int k = 0, cnt = n, step = 1;
        while (cnt > 1) {                          //当剩余人数大于1时,继续循环
            if (k % 2 == 0) {                      //如果轮数是偶数(正向移动)
                a1 = a1 + step;                    //将a1增加step,即正向移动
            } else {                               //如果轮数是奇数(反向移动)
                a1 = (cnt % 2 == 0) ? a1 : a1 + step;
            }
            k++;
            cnt = cnt >> 1;
            step = step << 1;
        }
        return a1;
    }
};
```

```cpp
int main() {
    Solution solution;
    int n = 9;
    int result = solution.lastRemaining(n);
    cout << "输入:" << n << endl;
    cout << "输出:" << result << endl;
    return 0;
}
```

4. 运行结果

输入：9

输出：6

【实例 241】 有序矩阵中的第 k 小元素

1. 问题描述

给定一个 n×n 矩阵，每行和每列都按照升序排序，找出矩阵中第 k 小的元素。注：所有元素有序排列第 k 小的元素，而不是第 k 个互不相同的元素。

2. 问题示例

输入[[1,5,9],[10,11,13],[12,13,15]]，k=8，输出 13。

3. 代码实现

相关代码如下：

```cpp
#include <iostream>
#include <vector>
#include <queue>
using namespace std;
class Solution {
public:
    int kthSmallest(vector<vector<int>> &matrix, int k) {
        struct point {
            int val, x, y;
            point(int val, int x, int y) : val(val), x(x), y(y) {}
            bool operator > (const point &a) const {
                return this->val > a.val;
            }
        };
        //创建一个最小堆,其中 point 对象按照 val 字段排序
        priority_queue<point, vector<point>, greater<point>> que;
        int n = matrix.size();
        for (int i = 0; i < n; i++) {
            que.emplace(matrix[i][0], i, 0);
        }
        for (int i = 0; i < k - 1; i++) {
            point now = que.top();                    //获取堆顶元素
            que.pop();                                //弹出堆顶元素
            if (now.y != n - 1) {
                que.emplace(matrix[now.x][now.y + 1], now.x, now.y + 1);
            }
```

```cpp
            return que.top().val;
        }
};
int main() {
    vector<vector<int>> matrix = {{1, 5, 9}, {10, 11, 13}, {12, 13, 15}};
    int k = 8;
    Solution solution;
    int result = solution.kthSmallest(matrix, k);
    cout << "输入:[[1, 5, 9], [10, 11, 13], [12, 13, 15]]" << endl;
    cout << "输出:" << result << endl;
    return 0;
}
```

4. 运行结果

输入:[[1,5,9],[10,11,13],[12,13,15]]

输出:13

【实例 242】 超级幂次

1. 问题描述

计算 ab 取模 1337,其中 a 是一个正整数,b 是一个超级大的正整数。

2. 问题示例

输入 a=2,b=[1,0],输出 1024。

3. 代码实现

相关代码如下:

```cpp
#include <iostream>
#include <vector>
using namespace std;
class Solution {
    const int MOD = 1337;
    int pow(int x, int n) {
        int res = 1;
        while (n) {                                    //当n不为0时循环
            if (n % 2) {
                res = (long) res * x % MOD;
            }
            x = (long) x * x % MOD;
            n /= 2;
        }
        return res;                                    //返回计算结果
    }
public:
    int superPow(int a, vector<int> &b) {
        int ans = 1;
        for (int e : b) {
            ans = (long) pow(ans, 10) * pow(a, e) % MOD;
        }
```

```cpp
            return ans;
        }
    };
    int main() {
        Solution solution;
        int a = 2;
        vector < int > b = {1, 0};
        cout << "输入:a = " << a << ",b = [1,0]" << endl;
        cout << "输出:" << solution.superPow(a, b) << endl;
        return 0;
    }
```

4．运行结果

输入：a＝2,b＝[1,0]

输出：1024

【实例 243】 水罐问题

1．问题描述

给出两个罐子,容量分别为 x 升和 y 升。可以获取到无限量的水,判断能否使用这两个罐子量出恰好 z 升的水(在若干次操作后,可以在一个或两个罐子中盛上 z 升的水)。操作方式如下：将任意一个罐子盛满水；倒空任意一个罐子里的水；将一个罐子中的水倒入另一个罐子,直到这个罐子完全空或者另一个罐子完全满。

2．问题示例

输入 x＝3,y＝5,z＝4,输出 True。可以用公式：z＝m×x＋n×y。其中 m、n 为舀水和倒水的次数,正数表示往里舀水,负数表示往外倒水。题目中的示例可以写成 4＝(－2)×3＋2×5,即 3 升水罐往外倒 2 次水,5 升水罐往里舀 2 次水。问题变成对于任意给定的 x、y、z,是否存在 m 和 n 使得上面的等式成立。

3．代码实现

相关代码如下：

```cpp
#include < iostream >
#include < algorithm >
using namespace std;
class Solution {
public:
    bool canMeasureWater(int x, int y, int z) {
        if (x + y < z) {
            return false;
        }
        if (x == 0 || y == 0) {                    //如果 x 或 y 其中一个桶的容量为 0
            return z == 0 || x + y == z;
        }
        return z % __gcd(x, y) == 0;
    }
};
```

```cpp
int main() {
    int x = 3, y = 5, z = 4;
    Solution solution;
    bool result = solution.canMeasureWater(x, y, z);
    cout << "输入:x = " << x << ",y = " << y << ",z = " << z << endl;
    cout << "输出:" << (result ? "True" : "False") << endl;
    return 0;
}
```

4. 运行结果

输入：x＝3,y＝5,z＝4

输出：True

【实例 244】 计算不同数字整数的个数

1. 问题描述

给定非负整数 n,计算小于或等于 n 位数且具有不同数字字符的所有整数共有多少个。

2. 问题示例

输入 2,输出 91,0≤x＜100 的总数,除去[11,22,33,44,55,66,77,88,99]共有 91 个。

3. 代码实现

相关代码如下：

```cpp
#include <iostream>
using namespace std;
class Solution {
public:
    int countNumbersWithUniqueDigits(int n) {
        if (n == 0) {
            return 1;
        }
        if (n == 1) {
            return 10;
        }
        int ans = 10, cur = 9;
        for (int i = 0; i < n - 1; ++i) {
            cur *= 9 - i;
            ans += cur;
        }
        return ans;
    }
};
int main() {
    int n = 2;
    Solution solution;
    int result = solution.countNumbersWithUniqueDigits(n);
    cout << "输入:2\n";
    cout << "输出:" << result << endl;
    return 0;
}
```

4. 运行结果

输入：2

输出：91

【实例 245】 找出数组的串联值

1. 问题描述

给定一个下标从 0 开始的整数数组 nums。两个数字的串联是由这两个数值串联形成的新数字。例如，15 和 49 的串联是 1549。

nums 的串联值最初等于 0。执行下述操作直到 nums 变空：如果 nums 中存在不止一个数字，分别选中 nums 中的第一个元素和最后一个元素，将二者串联得到的值加到 nums 的串联值上，然后从 nums 中删除第一个和最后一个元素。如果仅存在一个元素，则将该元素的值加到 nums 的串联值上，最后删除这个元素。返回执行完所有操作后 nums 的串联值。

2. 问题示例

输入 nums=[7,52,2,4]，输出 596。注：在执行操作前，nums 为 [7,52,2,4]，串联值为 0。

(1) 选中第一个元素 7 和最后一个元素 4。二者的串联是 74，将其加到串联值上，所以串联值等于 74。然后从 nums 中移除这两个元素，所以 nums 变为[52,2]。

(2) 选中第一个元素 52 和最后一个元素 2。二者的串联是 522，将其加到串联值上，所以串联值等于 596。然后再从 nums 中移除这两个元素，所以 nums 变为空。

3. 代码实现

相关代码如下：

```cpp
#include <iostream>
#include <vector>
using namespace std;
class Solution {
public:
    long long findTheArrayConcVal(vector<int> &nums) {
        long long ans = 0;
        for (int i = 0, j = nums.size() - 1; i <= j; i++, j--) {
            if (i != j) {
                ans += stoi(to_string(nums[i]) + to_string(nums[j]));
            } else {
                ans += nums[i];
            }
        }
        return ans;
    }
};
int main() {
    Solution solution;
```

```cpp
    vector<int> nums = {7, 52, 2, 4};
    long long result = solution.findTheArrayConcVal(nums);
    cout << "输入:[7, 52, 2, 4]\n";
    cout << "输出:" << result << endl;
    return 0;
}
```

4. 运行结果

输入:[7,52,2,4]

输出:596

【实例 246】 矩阵中的幸运数

1. 问题描述

给定一个 m×n 的矩阵,矩阵中的数字各不相同。请按任意顺序返回矩阵中的所有幸运数。幸运数是指矩阵中同时满足下列两个条件的元素:在同一行的所有元素中最小,在同一列的所有元素中最大。

2. 问题示例

输入 matrix=[[3,7,8],[9,11,13],[15,16,17]],输出[15]。15 是唯一的幸运数,因为它是其所在行中的最小值,也是所在列中的最大值。

3. 代码实现

相关代码如下:

```cpp
#include <iostream>
#include <vector>
using namespace std;
class Solution {
public:
    vector<int> luckyNumbers (vector<vector<int>> &matrix) {
        int m = matrix.size(),
            n = matrix[0].size();
        vector<int> ret;
        for (int i = 0; i < m; i++) {
            for (int j = 0; j < n; j++) {
                bool isMin = true,
                    isMax = true;
                for (int k = 0; k < n; k++) {
                    if (matrix[i][k] < matrix[i][j]) {
                        isMin = false;
                        break;
                    }
                }
                if (!isMin) {
                    continue;
                }
                for (int k = 0; k < m; k++) {
                    if (matrix[k][j] > matrix[i][j]) {
                        isMax = false;
```

```cpp
                    break;
                }
            }
            if (isMax) {
                ret.push_back(matrix[i][j]);
            }
        }
    }
    return ret;
 }
};
int main() {
 Solution solution;
 vector<vector<int>> matrix = {{3, 7, 8}, {9, 11, 13}, {15, 16, 17}};
 vector<int> result = solution.luckyNumbers(matrix);
 cout << "输入:[[3, 7, 8], [9, 11, 13], [15, 16, 17]]\n输出:[";
 for (int i = 0; i < result.size(); i++) {
     cout << result[i];
     if (i != result.size() - 1) {
         cout << ",";
     }
 }
 cout << "]" << endl;
 return 0;
}
```

4. 运行结果

输入：[[3,7,8],[9,11,13],[15,16,17]]

输出：[15]

【实例 247】 不同路径

1. 问题描述

一个机器人位于 m×n 网格的左上角,它每次只能向下或向右移动一步,试图达到网格的右下角,问共有多少条不同的路径？

2. 问题示例

输入 m=3,n=2,输出 3。从左上角开始,共有 3 条路径可以到达右下角。

(1) 向右→向下→向下。

(2) 向下→向下→向右。

(3) 向下→向右→向下。

3. 代码实现

相关代码如下：

```cpp
#include <iostream>
#include <vector>
using namespace std;
class Solution {
```

```cpp
public:
    int uniquePaths(int m, int n) {
        vector<vector<int>> f(m, vector<int>(n));
        //初始化第一列的所有元素为1,因为到达第一列的每个格子都只有一条路径
        for (int i = 0; i < m; ++i) {
            f[i][0] = 1;
        }
        for (int j = 0; j < n; ++j) {
            f[0][j] = 1;
        }
        for (int i = 1; i < m; ++i) {
            for (int j = 1; j < n; ++j) {
                f[i][j] = f[i - 1][j] + f[i][j - 1];
            }
        }
        return f[m - 1][n - 1];
    }
};
int main() {
    Solution solution;
    int m = 3, n = 2;
    int result = solution.uniquePaths(m, n);
    cout << "输入:m = 3, n = 2\n";
    cout << "输出:" << result << endl;
    return 0;
}
```

4. 运行结果

输入:m=3,n=2

输出:3

【实例248】 移除元素

1. 问题描述

给定一个数组 nums 和一个 val 的值,需要原地移除所有数值等于 val 的元素,并返回移除后数组的新长度。

2. 问题示例

输入 nums=[3,1,2,3],val=3,输出 2,nums=[1,2]。

3. 代码实现

相关代码如下:

```cpp
#include <iostream>
#include <vector>
using namespace std;
class Solution {
public:
    int removeElement(vector<int> &nums, int val) {
        int n = nums.size();                //获取 nums 向量的大小,存储在变量 n 中
        int left = 0;                       //定义 left 指针,初始指向 nums 向量的开始位置
```

```cpp
            for (int right = 0; right < n; right++) {
                if (nums[right] != val) {           //如果当前位置的元素不等于 val
                    nums[left] = nums[right];       //将当前位置的元素赋值给 left 指针指向的位置
                    left++;                         //left 指针向右移动一位
                }
            }
            return left;                            //返回 left 指针的位置,即新的向量长度
        }
};
int main() {
    vector<int> nums = {3, 1, 2, 3};
    int val = 3;
    Solution solution;
    cout << "输入:[3, 1, 2, 3], val = 3\n";
    int new_length = solution.removeElement(nums, val);
    cout << "输出:" << new_length << ", [";
    for (int i = 0; i < new_length; i++) {          //遍历新的向量
        cout << nums[i];                            //输出当前位置的元素
        if (i < new_length - 1) {
            cout << ",";
        }
    }
    cout << "]" << endl;
    return 0;
}
```

4. 运行结果

输入:[3,1,2,3],val=3

输出:2,[1,2]

【实例 249】 找出数组中最大数和最小数的最大公约数

1. 问题描述

给定一个整数数组 nums ,返回数组中最大数和最小数的最大公约数。

2. 问题示例

输入 nums=[2,5,6,9,10],输出 2。注:nums 中最小的数是 2,最大的数是 10,2 和 10 的最大公约数是 2。

3. 代码实现

相关代码如下:

```cpp
#include <iostream>
#include <vector>
#include <algorithm>
using namespace std;
class Solution {
public:
    int findGCD(vector<int> &nums) {
        int mx = *max_element(nums.begin(), nums.end());
        int mn = *min_element(nums.begin(), nums.end());
```

```
        return __gcd(mx, mn);
    }
};
int main() {
    vector<int> nums = {2, 5, 6, 9, 10};
    Solution solution;
    int result = solution.findGCD(nums);
    cout << "输入:[2, 5, 6, 9, 10]\n";
    cout << "输出:" << result << endl;
    return 0;
}
```

4．运行结果

输入：[2,5,6,9,10]

输出：2

【实例 250】 查找子数组

1．问题描述

给定一个数组 arr 和一个正整数 k,需要从这个数组中找到一个连续子数组,使得这个子数组的和为 k,最后返回这个子数组的长度。如果有多个子数组,返回结束位置最小的;如果结束位置最小的也有多个,返回结束位置最小的且起始位置也是最小的。如果找不到相关的子数组,返回−1。

2．问题示例

给出 arr=[1,2,3,4,5],k=5,返回 2,因为该数组中,最早出现的连续子数组和为 5 的是[2,3]。

3．代码实现

相关代码如下：

```
#include <iostream>
#include <vector>
#include <map>
using namespace std;
class Solution {
public:
    int searchSubarray(vector<int> &arr, int k) {
        map<int, int> mp;
        int l = arr.size();
        int sum = 0;
        int i;
        mp.clear();
        mp[0] = 0;
        for (i = 0; i < l; i++) {
            sum = sum + arr[i];              //计算当前位置的前缀和
            if (mp.find(sum - k) != mp.end()) {
                return (i + 1 - mp[sum - k]);
            }
```

```
            if (mp.find(sum) == mp.end()) {
                mp[sum] = i + 1;                //存储前缀和 sum 对应的索引位置
            }
        }
        return -1;
    }
};
int main() {
    vector<int> arr = {1, 2, 3, 4, 5};
    int k = 5;
    Solution solution;
    int result = solution.searchSubarray(arr, k);
    cout << "输入:[1, 2, 3, 4, 5], k = 5\n";
    cout << "输出:" << result << endl;
    return 0;
}
```

4. 运行结果

输入:[1,2,3,4,5],k=5
输出:2

【实例251】 非递增顺序的最小子序列

1. 问题描述

给定一个数组 nums,请从中抽取一个子序列,使该子序列的元素之和大于未包含在该子序列中的各元素之和。

如果存在多个解决方案,只需返回长度最小的子序列。如果仍然有多个解决方案,则返回元素之和最大的子序列。

与子数组不同的是数组的子序列不强调元素在原数组中的连续性,也就是说,它可以通过从数组中分离一些(也可能不分离)元素得到。

注意,题目数据保证满足所有约束条件的解决方案是唯一的。同时,返回的答案应当按非递增顺序排列。

2. 问题示例

输入 nums=[4,3,10,9,8],输出[10,9]。注:子序列 [10,9] 和 [10,8]是最小的,满足元素之和大于其他各元素之和的子序列,但是 [10,9] 的元素之和最大。

3. 代码实现

相关代码如下:

```
#include <iostream>
#include <vector>
#include <algorithm>
#include <numeric>
using namespace std;
class Solution {
public:
```

```cpp
    vector < int > minSubsequence(vector < int > &nums) {
        int total = accumulate(nums.begin(), nums.end(), 0);
        sort(nums.begin(), nums.end());         //对向量进行升序排序
        vector < int > ans;                     //定义一个向量 ans,用于存储结果
        int curr = 0;                           //定义一个变量 curr,用于存储当前累加的和
        for (int i = nums.size() - 1; i >= 0; --i) {
            curr += nums[i];                    //将当前元素加到 curr 中
            ans.emplace_back(nums[i]);          //将当前元素添加到结果向量 ans 中
            if (total - curr < curr) {
                break;
            }
        }
        return ans;
    }
};
int main() {
    Solution solution;
    vector < int > nums = {4, 3, 10, 9, 8};
    vector < int > result = solution.minSubsequence(nums);
    cout << "输入:[4, 3, 10, 9, 8]\n";
    cout << "输出:[";
    for (int i = 0; i < result.size(); ++i) {
        cout << result[i];
        if (i != result.size() - 1) {
            cout << ",";
        }
    }
    cout << "]" << endl;
    return 0;
}
```

4．运行结果

输入：[4,3,10,9,8]

输出：[10,9]

【实例 252】 判断矩阵是不是 X 矩阵

1．问题描述

如果一个正方形矩阵满足下述条件,则称为 X 矩阵:矩阵对角线上的所有元素都不是 0;矩阵中所有其他元素都是 0。

给定一个大小为 n×n 的二维整数数组 grid,表示一个正方形矩阵。如果 grid 是一个 X 矩阵,返回 True,否则返回 False。

2．问题示例

输入：grid=[[2,0,0,1],

[0,3,1,0],

[0,5,2,0],

[4,0,0,2]]

输出：True

3. 代码实现

相关代码如下：

```cpp
#include <iostream>
#include <vector>
using namespace std;
class Solution {
public:
    bool checkXMatrix(vector<vector<int>> &grid) {
        int n = grid.size();                    //获取矩阵的行数
        for (int i = 0; i < n; ++i) {           //i为行索引
            for (int j = 0; j < n; ++j) {       //j为列索引
                if (i == j || (i + j) == (n - 1)) {
                    if (grid[i][j] == 0) {
                        return false;
                    }
                } else if (grid[i][j]){
                    return false;
                }
            }
        }
        return true;
    }
};
int main() {
    Solution solution;
    vector<vector<int>> grid = {{2, 0, 0, 1}, {0, 3, 1, 0}, {0, 5, 2, 0}, {4, 0, 0, 2}};
    bool result = solution.checkXMatrix(grid);
    cout << "输入:[[2,0,0,1],[0,3,1,0],[0,5,2,0],[4,0,0,2]]" << endl;
    cout << "输出:" << (result ? "True" : "False") << endl;
    return 0;
}
```

4. 运行结果

输入：[[2,0,0,1],[0,3,1,0],[0,5,2,0],[4,0,0,2]]
输出：True

【实例 253】 矩阵中的局部最大值

1. 问题描述

给出一个大小为 n×n 的整数矩阵 grid。生成一个大小为 (n-2)×(n-2) 的整数矩阵 maxLocal，满足如下条件：maxLocal[i][j] 等于 grid 中以 i+1 行和 j+1 列为中心的 3×3 矩阵中的最大值。返回生成的矩阵。

2. 问题示例

输入 grid=[[9,9,8,1],[5,6,2,6],[8,2,6,4],[6,2,2,2]]，输出[[9,9],[8,6]]。

3. 代码实现

相关代码如下：

```cpp
#include <iostream>
#include <vector>
using namespace std;
class Solution {
public:
    vector<vector<int>> largestLocal(vector<vector<int>> &grid) {
        int n = grid.size();
        vector<vector<int>> res(n - 2, vector<int>(n - 2, 0));
        for (int i = 0; i < n - 2; i++) {
            for (int j = 0; j < n - 2; j++) {
                for (int x = i; x < i + 3; x++) {
                    for (int y = j; y < j + 3; y++) {
                        res[i][j] = max(res[i][j], grid[x][y]);
                    }
                }
            }
        }
        return res;
    }
};
int main() {
    Solution solution;
    vector<vector<int>> grid = {{9, 9, 8, 1}, {5, 6, 2, 6}, {8, 2, 6, 4}, {6, 2, 2, 2}};
    vector<vector<int>> result = solution.largestLocal(grid);
    cout << "输入:[[9, 9, 8, 1], [5, 6, 2, 6], [8, 2, 6, 4], [6, 2, 2, 2]]";
    cout << "\n输出:[";
    for (int i = 0; i < result.size(); i++) {
        cout << "[";
        for (int j = 0; j < result[i].size(); j++) {
            cout << result[i][j];
            if (j != result[i].size() - 1) {
                cout << ",";
            }
        }
        cout << "]";
        if (i != result.size() - 1) {
            cout << ",";
        }
    }
    cout << "]";
    return 0;
}
```

4. 运行结果

输入：[[9,9,8,1],[5,6,2,6],[8,2,6,4],[6,2,2,2]]

输出：[[9,9],[8,6]]

【实例254】 转置矩阵

1. 问题描述

给定一个二维整数数组 matrix,返回 matrix 的转置矩阵。矩阵的转置是指将矩阵的主对角线翻转,交换矩阵的行索引与列索引。

2. 问题示例

输入[[1,2,3],[4,5,6],[7,8,9]],输出[[1,4,7],[2,5,8],[3,6,9]]。

3. 代码实现

相关代码如下:

```cpp
#include <iostream>
#include <vector>
using namespace std;
class Solution {
public:
    vector<vector<int>> transpose(vector<vector<int>> &matrix) {
        int rows = matrix.size();
        int cols = matrix[0].size();
        vector<vector<int>> transposed(cols, vector<int>(rows));
        for (int i = 0; i < rows; ++i) {              //遍历原矩阵的每一行
            for (int j = 0; j < cols; ++j) {          //遍历原矩阵的每一列
                transposed[j][i] = matrix[i][j];
            }
        }
        return transposed;
    }
};
int main() {
    Solution solution;
    vector<vector<int>> matrix = {{1, 2, 3}, {4, 5, 6}, {7, 8, 9}};
    vector<vector<int>> result = solution.transpose(matrix);
    cout << "输入:[[1,2,3],[4,5,6],[7,8,9]]";
    cout << "\n输出:[";
    for (int i = 0; i < result.size(); i++) {
        cout << "[";
        for (int j = 0; j < result[i].size(); j++) {
            cout << result[i][j];
            if (j != result[i].size() - 1) {
                cout << ",";
            }
        }
        cout << "]";
        if (i != result.size() - 1) {
            cout << ",";
        }
    }
    cout << "]";
    return 0;
}
```

4. 运行结果

输入：[[1,2,3],[4,5,6],[7,8,9]]

输出：[[1,4,7],[2,5,8],[3,6,9]]

【实例 255】 破冰游戏

1. 问题描述

社团共有 num 位成员参与破冰游戏，编号为 0～num－1。成员按照编号顺序围绕圆桌而坐。社长抽取一个数字 target，从 0 号成员起开始计数为 1，排在第 target 位的成员离开圆桌，且成员离开后从下一个成员开始计数。请返回游戏结束时最后一位成员的编号。

2. 问题示例

输入 num＝7，target＝4，输出 1。

3. 代码实现

相关代码如下：

```cpp
#include <iostream>
class Solution {
public:
    int f(int num, int target) {
        if (num == 1) {
            return 0;
        }
        int x = f(num - 1, target);
        return (target + x) % num;
    }
    int iceBreakingGame(int num, int target) {
        return f(num, target);
    }
};
int main() {
    Solution solution;
    int num = 7;
    int target = 4;
    int result = solution.iceBreakingGame(num, target);
    std::cout << "输入:num = " << num << ", target = " << target << std::endl;
    std::cout << "输出:" << result << std::endl;
    return 0;
}
```

4. 运行结果

输入：num＝7，target＝4

输出：1

【实例 256】 和相等的子数组

1. 问题描述

给定一个下标从 0 开始的整数数组 nums,判断是否存在两个长度为 2 的子数组且它们的和相等。注:这两个子数组起始位置的下标不同。如果这样的子数组存在,请返回 True,否则返回 False。子数组是一个数组中一段连续非空的元素组成的序列。

2. 问题示例

输入 nums=[4,2,4],输出 True。元素[4,2]和[2,4]的子数组相同的和是 6。

3. 代码实现

相关代码如下:

```cpp
#include <iostream>
#include <vector>
#include <unordered_set>
using namespace std;
class Solution {
public:
    bool findSubarrays(vector<int> &nums) {
        int n = nums.size();
        unordered_set<int> seen;
        for (int i = 0; i < n - 1; ++i) {
            int sum = nums[i] + nums[i + 1];          //计算当前元素与其下一个元素的和
            if (seen.count(sum)) {
                return true;
            }
            seen.insert(sum);
        }
        return false;
    }
};
int main() {
    Solution solution;
    vector<int> nums = {4, 2, 4};
    bool result = solution.findSubarrays(nums);
    cout << "输入:nums = [4, 2, 4]" << endl;
    cout << "输出:" << (result ? "True" : "False") << endl;
    return 0;
}
```

4. 运行结果

输入:nums=[4,2,4]
输出:True

【实例 257】 最长优雅子数组

1. 问题描述

给定一个由正整数组成的数组 nums。如果 nums 的子数组中位于不同位置的每对元素按位与(AND)运算的结果等于 0,则称该子数组为优雅子数组。请返回最长的优雅子数组的长度,长度为 1 的子数组始终视作优雅子数组。

2. 问题示例

输入 nums=[1,3,8,48,10],输出 3。最长的优雅子数组是[3,8,48]。子数组满足条件如下:3 AND 8=0;3 AND 48=0;8 AND 48=0,可以证明不存在更长的优雅子数组,所以返回 3。

3. 代码实现

相关代码如下:

```cpp
#include <iostream>
#include <vector>
using namespace std;
class Solution {
public:
    int longestNiceSubarray(vector<int> &nums) {
        int n = nums.size();                          //获取 nums 向量的长度
        int i = 0;                                    //初始化滑动窗口左指针 i
        if (n == 1)
            return 1;
        int j = i + 1;                                //初始化滑动窗口右指针 j
        int ans = 1;
        long long now = nums[i];
        while (i < n && j < n) {
            while ((i < j) && ((now & nums[j]) != 0)) {
                now ^= nums[i];
                ++i;
            }
            now |= nums[j];
            ans = max(ans, j - i + 1);
            ++j;
        }
        return ans;
    }
};
int main() {
    Solution solution;
    vector<int> nums = {1, 3, 8, 48, 10};             //初始化一个整数向量 nums
    int result = solution.longestNiceSubarray(nums);
    cout << "输入:nums = [1, 3, 8, 48, 10]" << endl;
    cout << "输出:" << result << endl;
    return 0;
}
```

4. 运行结果

输入：nums=[1,3,8,48,10]

输出：3

【实例 258】 替换数组中的元素

1. 问题描述

给定一个下标从 0 开始的数组 nums，它包含 n 个互不相同的正整数。请对这个数组执行 m 个操作，在第 i 个操作中，需要将数字 operations[i][0] 替换成 operations[i][1]。保证在第 i 个操作中 operations[i][0] 在 nums 中存在。operations[i][1] 在 nums 中不存在。请返回执行完所有操作后的数组。

2. 问题示例

输入 nums=[1,2,4,6]，operations=[[1,3],[4,7],[6,1]]，输出[3,2,7,1]。对 nums 执行以下操作，返回最终数组[3,2,7,1]。

(1) 将数字 1 替换为 3。nums 变为[3,2,4,6]。

(2) 将数字 4 替换为 7。nums 变为[3,2,7,6]。

(3) 将数字 6 替换为 1。nums 变为[3,2,7,1]。

3. 代码实现

相关代码如下：

```cpp
#include <iostream>
#include <vector>
#include <unordered_map>
using namespace std;
class Solution {
public:
    vector<int> arrayChange(vector<int>& nums, vector<vector<int>>& operations) {
        unordered_map<int, int> umap;
        for (int i = 0; i < nums.size(); i++) {
            umap[nums[i]] = i;
        }
        for (const auto& op : operations) {
            auto index = umap[op[0]];
            nums[index] = op[1];
            umap.erase(op[0]);
            umap[op[1]] = index;                    //将新的元素值及其索引存入 umap 中
        }
        return nums;                                //返回修改后的 nums 数组
    }
};
int main() {
    Solution solution;
    vector<int> nums = {1, 2, 4, 6};
    vector<vector<int>> operations = {{1, 3}, {4, 7}, {6, 1}};
    vector<int> result = solution.arrayChange(nums, operations);
```

```
        cout << "输入:nums = [1, 2, 4, 6], operations = [[1, 3], [4, 7], [6, 1]]" << endl;
        cout << "输出:[";
        for (int i = 0; i < result.size(); i++) {
            cout << result[i];
            if (i != result.size() - 1) {
                cout << ", ";
            }
        }
        cout << "]" << endl;
        return 0;
    }
```

4．运行结果

输入：nums＝[1,2,4,6],operations＝[[1,3],[4,7],[6,1]]

输出：[3,2,7,1]

【实例259】 最大三角形面积

1．问题描述

给定一个由 X、Y 平面上的点组成的数组 points,其中 points[i]＝[xi,yi]。从中取任意三个不同的点组成三角形,请返回能组成的最大三角形的面积。

2．问题示例

输入 points=[[0,0],[0,1],[1,0],[0,2],[2,0]],输出 2。[[0,0],[0,2],[2,0]]是三点组成的三角形面积最大。

3．代码实现

相关代码如下：

```cpp
#include <iostream>
#include <vector>
#include <algorithm>
using namespace std;
class Solution {
private:
    int cross(const vector<int> &p, const vector<int> &q, const vector<int> &r) {
        return (q[0] - p[0]) * (r[1] - q[1]) - (q[1] - p[1]) * (r[0] - q[0]);
    }
    vector<vector<int>> getConvexHull(vector<vector<int>> &points) {
        int n = points.size();
        if (n < 4) {
            return points;
        }
        sort(points.begin(), points.end(), [](const vector<int> &a, const vector<int> &b) {
            if (a[0] == b[0]) {
                return a[1] < b[1];
            }
            return a[0] < b[0];
        });
        vector<vector<int>> hull;
```

【实例259】 最大三角形面积

```cpp
        for (int i = 0; i < n; i++) {
            while (hull.size() > 1 && cross(hull[hull.size() - 2], hull.back(), points[i]) <= 0) {
                hull.pop_back();
            }
            hull.emplace_back(points[i]);
        }
        int m = hull.size();
        for (int i = n - 2; i >= 0; i--) {
            while (hull.size() > m && cross(hull[hull.size() - 2], hull.back(), points[i]) <= 0) {
                hull.pop_back();
            }
            hull.emplace_back(points[i]);
        }
        hull.pop_back();
        return hull;
    }
    double triangleArea(int x1, int y1, int x2, int y2, int x3, int y3) {
        return 0.5 * abs(x1 * y2 + x2 * y3 + x3 * y1 - x1 * y3 - x2 * y1 - x3 * y2);
    }
public:
    double largestTriangleArea(vector<vector<int>> &points) {
        auto convexHull = getConvexHull(points);
        int n = convexHull.size();
        double ret = 0.0;
        for (int i = 0; i < n; i++) {
            for (int j = i + 1, k = i + 2; j + 1 < n; j++) {
                while (k + 1 < n) {
                    double curArea = triangleArea(convexHull[i][0], convexHull[i][1],
convexHull[j][0], convexHull[j][1], convexHull[k][0],
                        convexHull[k][1]);
                    double nextArea = triangleArea(convexHull[i][0], convexHull[i][1],
convexHull[j][0], convexHull[j][1],
                        convexHull[k + 1][0], convexHull[k + 1][1]);
                    if (curArea >= nextArea) {
                        break;
                    }
                    k++;
                }
                double area = triangleArea(convexHull[i][0], convexHull[i][1], convexHull
[j][0], convexHull[j][1], convexHull[k][0],
                    convexHull[k][1]);
                ret = max(ret, area);
            }
        }
        return ret;
    }
};
int main() {
    Solution solution;
    vector<vector<int>> points = {{0, 0}, {0, 1}, {1, 0}, {0, 2}, {2, 0}};
    double result = solution.largestTriangleArea(points);
    cout << "输入:points = [[0,0],[0,1],[1,0],[0,2],[2,0]]\n";
    cout << "输出:" << result << endl;
    return 0;
}
```

4. 运行结果

输入：points=[[0,0],[0,1],[1,0],[0,2],[2,0]]

输出：2

【实例260】 有效三角形的个数

1. 问题描述

给定一个包含非负整数的数组 nums，返回其中可以组成三角形的三元组个数。

2. 问题示例

输入 nums=[2,2,3,4]，输出 3。有效的组合如下：

(1) 2,3,4（使用第一个 2）。

(2) 2,3,4（使用第二个 2）。

(3) 2,2,3。

3. 代码实现

相关代码如下：

```
#include <iostream>
#include <vector>
#include <algorithm>
using namespace std;
class Solution {
public:

    int triangleNumber(vector<int> &nums) {
        int n = nums.size();                          //获取 nums 数组的大小
        sort(nums.begin(), nums.end());               //对 nums 数组进行升序排序
        int ans = 0;                                  //初始化可以形成的三角形数量为 0
        for (int i = 0; i < n; ++i) {
            for (int j = i + 1; j < n; ++j) {
                int left = j + 1, right = n - 1, k = j;
                while (left <= right) {
                    int mid = (left + right) / 2;
                    if (nums[mid] < nums[i] + nums[j]) {
                        k = mid;
                        left = mid + 1;
                    } else {
                        right = mid - 1;
                    }
                }
                ans += k - j;
            }
        }
        return ans;
    }
};
int main() {
 vector<int> nums = {2, 2, 3, 4};
```

```cpp
    Solution solution;
    int result = solution.triangleNumber(nums);
    cout << "输入: nums = [2,2,3,4]\n";
    cout << "输出:" << result << endl;
    return 0;
}
```

4. 运行结果

输入: nums=[2,2,3,4]

输出: 3

【实例261】 三角形的最大周长

1. 问题描述

给定一些正数(代表长度)组成的数组 nums,返回由其中三个长度组成的、面积不为 0 的三角形的最大周长。如果不能形成任何面积不为 0 的三角形,返回 0。

2. 问题示例

输入 nums=[2,1,2],输出 5。可以用三个边长组成一个三角形: 1 2 2。

3. 代码实现

相关代码如下:

```cpp
#include <iostream>
#include <vector>
#include <algorithm>
using namespace std;
class Solution {
public:
    int largestPerimeter(vector<int> &A) {
        sort(A.begin(), A.end());                    // 对输入的整数向量 A 进行升序排序
        for (int i = (int)A.size() - 1; i >= 2; --i) {
            if (A[i - 2] + A[i - 1] > A[i]) {
                return A[i - 2] + A[i - 1] + A[i];
            }
        }
        return 0;
    }
};
int main() {
    vector<int> nums = {2, 1, 2};
    Solution solution;
    int result = solution.largestPerimeter(nums);
    cout << "输入:nums = [2,1,2]\n";
    cout << "输出:" << result << endl;
    return 0;
}
```

4. 运行结果

输入: nums=[2,1,2]

输出: 5

【实例 262】 完成面试题目

1. 问题描述

有 N 位程序员参加面试。企业提供 2×N 道题目,整型数组 questions 中每个数字对应每道题目所涉及的知识点类型。若每位程序员选择不同题目,那么被选的 N 道题目中至少包含多少种知识点类型。

2. 问题示例

输入 questions=[1,5,1,3,4,5,2,5,3,3,8,6],输出 2。有 6 位程序员在 12 道题目中选择 6 个题。选择完成知识点类型为 3 和 5 的题目,因此至少包含 2 种知识点类型。

3. 代码实现

相关代码如下:

```cpp
#include <iostream>
#include <vector>
#include <algorithm>
using namespace std;
class Solution {
public:
    int halfQuestions(vector<int> &questions) {
        int n = questions.size() / 2;
        sort(questions.begin(), questions.end());          //对 questions 向量进行升序排序
        vector<int> v = {0};
        int k = 0;
        int i = 0, j = 0, q = 0;
        while (i < questions.size() && j < questions.size()) {
            if (questions[i] == questions[j]) {            //如果 i 和 j 指向的元素相同
                k++;
                j++;
            } else {
                i = j;
                v.push_back(k);
                k = 0;
            }
        }
        v.push_back(k);                                    //将最后一个连续相同元素的数量添加到向量 v 中
        sort(v.begin(), v.end());                          //对向量 v 进行升序排序
        reverse(v.begin(), v.end());                       //将向量 v 的元素反转,使其按降序排列
        int t = 0, w = 0;
        while (t < n) {
            t += v[w++];
        }
        return w;
    }
};
int main() {
    vector<int> questions = {1, 5, 1, 3, 4, 5, 2, 5, 3, 3, 8, 6};
    Solution solution;
    cout << "输入:questions = [1,5,1,3,4,5,2,5,3,3,8,6]\n 输出:";
```

```
        cout << solution.halfQuestions(questions) << endl;
        return 0;
}
```

4. 运行结果

输入：questions=[1,5,1,3,4,5,2,5,3,3,8,6]

输出：2

【实例263】 爬楼梯

1. 问题描述

一个人准备爬 n 个台阶,当位于第 i 级台阶时,可以向上走 1 或 2 个台阶。问有多少种爬完楼梯的方法？

2. 问题示例

输入 n=3,输出 3。有以下三种方法可以爬到楼顶。

(1) 1 阶+1 阶+1 阶。

(2) 1 阶+2 阶。

(3) 2 阶+1 阶。

3. 代码实现

相关代码如下：

```cpp
#include <iostream>
using namespace std;
class Solution {
public:
    int climbStairs(int n){
        int p = 0, q = 0, r = 1;
        for (int i = 1; i <= n; ++i) {
            p = q;              //将前一步的方案数赋值给p
            q = r;              //将当前的方案数赋值给q,在下次循环时,q将成为前一步的方案数
            r = p + q;
        }
        return r;               //返回第n步的爬梯方案数
    }
};
int main() {
    Solution solution;
    int n = 3;
    int result = solution.climbStairs(n);
    cout << "输入:n = 3\n";
    cout << "输出:" << result << endl;
    return 0;
}
```

4. 运行结果

输入：n=3

输出：3

【实例 264】 最小展台数量

1. 问题描述

已知一份清单,记录了近期展览所需要的展台类型,demand[i][j]表示第 i 天展览时第 j 个展台的类型。在满足每天展台需求的基础上,请返回后勤部需要准备的最小展台数量(同一展台在不同天中可以重复使用)。

2. 问题示例

输入 demand=["acd","bed","accd"],输出 6。第 0 天需要展台 a、c、d;第 1 天需要展台 b、e、d;第 2 天需要展台 a、c、c、d。因此,准备 abccde 的展台,可以满足每天的展览需求。

3. 代码实现

相关代码如下:

```cpp
#include <iostream>
#include <vector>
using namespace std;
class Solution {
public:
    int minNumBooths(vector<string> &demand) {
        int size1 = 0, size2 = 0;      //定义两个整型变量,分别用于存储向量和字符串的大小
        int nums = 0;                   //定义整型变量 nums,用于存储最终结果
        int max = 0;                    //定义整型变量 max,用于存储某一字符的最大需求次数
        int time[100][26];
        for (int i = 0; i < 100; i ++) {
            for (int j = 0; j < 26; j ++) {
                time[i][j] = 0;
            }
        }
        size1 = demand.size();
        for (int i = 0; i < size1; i ++) {
            size2 = demand[i].size();
            for (int j = 0; j < size2; j ++) {
                time[i][demand[i][j] - 'a'] ++;
            }
        }
        for (int j = 0; j < 26; j ++) {
            max = time[0][j];
            for (int i = 0; i < 100; i ++) {
                if (max < time[i][j]) {
                    max = time[i][j];
                }
            }
            nums += max;                //将 max 累加到 nums 中
        }
        return nums;
    }
};
int main() {
    vector<string> demand = {"acd", "bed", "accd"};
```

```
    Solution solution;
    cout << "输入:demand = [\"acd\",\"bed\",\"accd\"]\n";
    cout << "输出:" << solution.minNumBooths(demand) << endl;
    return 0;
}
```

4. 运行结果

输入:demand=["acd","bed","accd"]

输出:6

【实例265】 使用最小花费爬楼梯

1. 问题描述

数组的每个下标作为一个阶梯,第 i 个阶梯对应着一个非负数的体力花费值 $cost[i]$(下标从 0 开始)。每当爬上一个阶梯都要花费对应的体力值,一旦支付了相应的体力值,就可以选择向上爬一个阶梯或两个阶梯。请找出达到楼层顶部的最小花费。

2. 问题示例

输入 cost=[1,100,1,1,1,100,1,1,100,1],输出 6。注:最小花费方式是从 $cost[0]$ 开始,逐个经过 1,跳过 $cost[3]$,共花费 6 体力值。

3. 代码实现

相关代码如下:

```cpp
#include <iostream>
#include <vector>
using namespace std;
class Solution {
public:
    int minCostClimbingStairs(vector<int> &cost) {
        int n = cost.size();          //获取 cost 向量的大小
        vector<int> dp(n + 1);
        dp[0] = dp[1] = 0;
        for (int i = 2; i <= n; i++) {
            dp[i] = min(dp[i - 1] + cost[i - 1], dp[i - 2] + cost[i - 2]);
        }
        return dp[n];
    }
};
int main() {
    vector<int> cost = {1, 100, 1, 1, 1, 100, 1, 1, 100, 1};
    Solution solution;
    int result = solution.minCostClimbingStairs(cost);
    cout << "输入:cost = [1, 100, 1, 1, 1, 100, 1, 1, 100, 1]\n";
    cout << "输出:" << result << endl;
    return 0;
}
```

4. 运行结果

输入:cost=[1,100,1,1,1,100,1,1,100,1]

输出:6

【实例266】 最小时间差

1. 问题描述

给定一个24小时制的时间列表,找出列表中任意两个时间的最小时间差并以分钟表示。

2. 问题示例

输入 timePoints=["23:59","00:00"],输出1。

3. 代码实现

相关代码如下:

```cpp
#include <iostream>
#include <vector>
#include <algorithm>
#include <climits>
using namespace std;
class Solution {
  int getMinutes(string &t) {
    return (int(t[0] - '0') * 10 + int(t[1] - '0')) * 60 +
        int(t[3] - '0') * 10 + int(t[4] - '0');
  }
public:
  int findMinDifference(vector<string> &timePoints) {
    sort(timePoints.begin(), timePoints.end());            //对时间点向量进行排序
    int ans = INT_MAX;
    int t0Minutes = getMinutes(timePoints[0]);
    int preMinutes = t0Minutes;
    for (int i = 1; i < timePoints.size(); ++i) {
      int minutes = getMinutes(timePoints[i]);
      ans = min(ans, minutes - preMinutes);                //相邻时间的时间差
      preMinutes = minutes;
    }
    ans = min(ans, t0Minutes + 1440 - preMinutes);         //首尾时间的时间差
    return ans;
  }
};
int main() {
  vector<string> timePoints = {"23:59", "00:00"};
  Solution solution;
  int result = solution.findMinDifference(timePoints);
  cout << "输入:timePoints = [\"23:59\",\"00:00\"]\n";
  cout << "输出:" << result << endl;
  return 0;
}
```

4. 运行结果

输入:timePoints=["23:59","00:00"]

输出:1

【实例 267】 无重复字符的最长子串

1. 问题描述
给定一个字符串 s，请找出其中不含有重复字符的最长连续子字符串的长度。

2. 问题示例
输入 s="abcabcbb"，输出 3。因为无重复字符的最长子字符串是 abc，所以其长度为 3。

3. 代码实现
相关代码如下：

```cpp
#include <iostream>
#include <string>
#include <unordered_set>
using namespace std;
class Solution {
public:
    int lengthOfLongestSubstring(string s) {        //定义函数,计算最长无重复字符子串长度
        unordered_set<char> occ;       //定义一个无序集合,用于存储当前子串中出现过的字符
        int n = s.size();                           //获取字符串 s 的长度
        int rk = -1, ans = 0;
        for (int i = 0; i < n; ++i) {               //遍历字符串 s 的每个字符
            if (i != 0) {
                occ.erase(s[i - 1]);
            }
            while (rk + 1 < n && !occ.count(s[rk + 1])) {
                occ.insert(s[rk + 1]);              //将当前字符添加到无序集合中
                ++rk;
            }
            ans = max(ans, rk - i + 1);
        }
        return ans;                                 //返回最长无重复字符子串的长度
    }
};
int main() {
    string s = "abcabcbb";
    Solution solution;
    int result = solution.lengthOfLongestSubstring(s);
    cout << "输入: s = \"abcabcbb\"\n";
    cout << "输出:" << result << endl;
    return 0;
}
```

4. 运行结果
输入：s="abcabcbb"

输出：3

【实例 268】 最小数字游戏

1. 问题描述

给定一个下标从 0 开始、长度为偶数的整数数组 nums，同时还有一个空数组 arr。在游戏中 Alice 和 Bob 每轮都会各自执行一次操作。游戏规则如下：

(1) 每轮 Alice 先从 nums 中移除一个最小元素，然后 Bob 执行同样的操作。
(2) Bob 会将移除的元素添加到数组 arr 中，然后 Alice 也执行同样的操作。
(3) 游戏持续进行，直到 nums 变空，然后返回结果数组 arr。

2. 问题示例

输入 nums＝[5,4,2,3]，输出 arr＝[3,2,5,4]。

(1) 第一轮，Alice 移除 2，Bob 移除 3。
(2) Bob 先将 3 添加到 arr 中，Alice 再将 2 添加到 arr 中。于是 arr＝[3,2]。
(3) 第二轮开始时，nums＝[5,4]。Alice 先移除 4，然后 Bob 移除 5。接着它们都将元素添加到 arr 中，arr 变为 [3,2,5,4]。

3. 代码实现

相关代码如下：

```cpp
#include <iostream>
#include <vector>
#include <algorithm>
using namespace std;
class Solution {
public:
    vector<int> numberGame(vector<int> &nums) {
        sort(nums.begin(), nums.end());          //对向量进行升序排序
        for (int i = 1; i < nums.size(); i += 2) {
            swap(nums[i - 1], nums[i]);
        }
        return nums;                              //返回处理后的向量
    }
};
int main() {
    vector<int> nums = {5, 4, 2, 3};              //初始化一个整数向量
    Solution solution;
    vector<int> result = solution.numberGame(nums);
    cout << "输入:nums = [5, 4, 2, 3]" << endl;
    cout << "输出:arr = [";
    for (int i = 0; i < result.size(); i++) {
        cout << result[i];
        if (i != result.size() - 1) {
            cout << ", ";
        }
    }
    cout << "]" << endl;
    return 0;
}
```

4. 运行结果

输入：nums=[5,4,2,3]

输出：arr=[3,2,5,4]

【实例 269】 最长和谐子序列

1. 问题描述

和谐数组是指一个数组里元素的最大值和最小值之间的差别正好是 1。给定一个整数数组 nums，请在所有可能的子序列中找到最长的和谐子序列的长度。数组的子序列是一个由数组派生出来的序列，它可以通过删除一些元素且不改变其余元素的顺序而得到。

2. 问题示例

输入 nums=[1,3,2,2,5,2,3,7]，输出 5。最长的和谐子序列是[3,2,2,2,3]。

3. 代码实现

相关代码如下：

```cpp
#include <iostream>
#include <vector>
#include <algorithm>
using namespace std;
class Solution {
public:
    int findLHS(vector<int> &nums) {
        sort(nums.begin(), nums.end());              //对向量进行升序排序
        int begin = 0;
        int res = 0;
        for (int end = 0; end < nums.size(); end++) {
            while (nums[end] - nums[begin] > 1) {
                begin++;
            }
            if (nums[end] - nums[begin] == 1) {
                res = max(res, end - begin + 1);
            }
        }
        return res;                                  //返回最长连续序列的长度
    }
};
int main() {
    vector<int> nums = {1, 3, 2, 2, 5, 2, 3, 7};
    Solution solution;
    int result = solution.findLHS(nums);
    cout << "输入:nums = [1,3,2,2,5,2,3,7]\n";
    cout << "输出:" << result << endl;
    return 0;
}
```

4. 运行结果

输入：nums=[1,3,2,2,5,2,3,7]

输出：5

【实例 270】 最长公共子序列

1. 问题描述

给定两个字符串 text1 和 text2，返回这两个字符串的最长公共子序列的长度。如果不存在公共子序列，返回 0。

一个字符串的子序列是指由原字符串在不改变字符的相对顺序的情况下删除某些字符（也可以不删除任何字符）后组成的新字符串。例如，ace 是 abcde 的子序列，但 aec 不是 abcde 的子序列。两个字符串的公共子序列是这两个字符串所共同拥有的子序列。

2. 问题示例

输入 text1="abcde"，text2="ace"，输出 3。最长公共子序列是 ace，它的长度为 3。

3. 代码实现

相关代码如下：

```cpp
#include <iostream>
#include <string>
#include <vector>
using namespace std;
class Solution {
public:
    int longestCommonSubsequence(string text1, string text2) {
        int m = text1.length(), n = text2.length();  //获取字符串的长度
        vector<vector<int>> dp(m + 1, vector<int>(n + 1));
        for (int i = 1; i <= m; i++) {
            char c1 = text1.at(i - 1);
            for (int j = 1; j <= n; j++) {
                char c2 = text2.at(j - 1);
                if (c1 == c2) {
                    dp[i][j] = dp[i - 1][j - 1] + 1;
                } else {
                    dp[i][j] = max(dp[i - 1][j], dp[i][j - 1]);
                }
            }
        }
        return dp[m][n];
    }
};
int main() {
    string text1 = "abcde";
    string text2 = "ace";
    Solution solution;
    int result = solution.longestCommonSubsequence(text1, text2);
    cout << "输入:text1 = \"abcde\", text2 = \"ace\" \n";
    cout << "输出:" << result << endl;
    return 0;
}
```

4. 运行结果

输入：text1="abcde"，text2="ace"

输出：3

【实例271】 最长重复子数组

1. 问题描述

给定两个整数数组 nums1 和 nums2，返回两个数组中公共的、长度最长的子数组的长度。

2. 问题示例

输入 nums1=[1,2,3,2,1], nums2=[3,2,1,4,7]，输出 3。最长的公共子数组是[3,2,1]。

3. 代码实现

相关代码如下：

```cpp
#include <iostream>
#include <vector>
using namespace std;
class Solution {
public:
    int findLength(vector<int> &A, vector<int> &B) {
        int n = A.size(), m = B.size();                //获取向量A和B的长度
        vector<vector<int>> dp(n + 1, vector<int>(m + 1, 0));
        int ans = 0;                                   //初始化最长公共子序列的长度为0
        for (int i = n - 1; i >= 0; i--) {
            for (int j = m - 1; j >= 0; j--) {
                dp[i][j] = A[i] == B[j] ? dp[i + 1][j + 1] + 1 : 0;
                ans = max(ans, dp[i][j]);
            }
        }
        return ans;                                    //返回最长公共子序列的长度
    }
};
int main() {
    vector<int> nums1 = {1, 2, 3, 2, 1};
    vector<int> nums2 = {3, 2, 1, 4, 7};
    Solution solution;
    int result = solution.findLength(nums1, nums2);
    cout << "输入:nums1 = [1,2,3,2,1], nums2 = [3,2,1,4,7]\n";
    cout << "输出:" << result << endl;
    return 0;
}
```

4. 运行结果

输入：nums1=[1,2,3,2,1], nums2=[3,2,1,4,7]

输出：3

【实例 272】 最长递增子序列

1. 问题描述

给定一个整数数组 nums,找到其中最长递增子序列的长度。子序列是由数组派生而来的序列,删除(或不删除)数组中的元素而不改变其余元素的顺序。例如,[3,6,2,7] 是数组 [0,3,1,6,2,2,7] 的子序列。

2. 问题示例

输入 nums=[10,9,2,5,3,7,101,18],输出 4。最长递增子序列是 [2,3,7,101],因此长度为 4。

3. 代码实现

相关代码如下:

```cpp
#include <iostream>
#include <vector>
#include <algorithm>
using namespace std;
class Solution {
public:

    int lengthOfLIS(vector<int> &nums) {
        int n = (int)nums.size();                    //获取 nums 向量的长度
        if (n == 0) {
            return 0;                                //如果向量为空,最长递增子序列的长度为 0
        }
        vector<int> dp(n, 0);
        for (int i = 0; i < n; ++i) {                //遍历 nums 向量的每个元素
            dp[i] = 1;
            for (int j = 0; j < i; ++j) {
                if (nums[j] < nums[i]) {
                    dp[i] = max(dp[i], dp[j] + 1);
                }
            }
        }
        return *max_element(dp.begin(), dp.end());
    }
};
int main() {
    vector<int> nums = {10, 9, 2, 5, 3, 7, 101, 18};
    Solution solution;
    int result = solution.lengthOfLIS(nums);
    cout << "输入:nums = [10,9,2,5,3,7,101,18]\n";
    cout << "输出:" << result << endl;
    return 0;
}
```

4. 运行结果

输入:nums=[10,9,2,5,3,7,101,18]

输出:4

【实例273】 最长奇偶子数组

1. 问题描述

给定一个下标从 0 开始的整数数组 nums 和一个整数 threshold。请从 nums 的子数组中找出以下标 l 开头、r 结尾（$0 \leq l \leq r <$ nums.length）且满足以下条件的最长子数组。

(1) nums[l] % 2 = 0。

(2) 对于 [l, r−1] 范围内的所有下标 i，nums[i] % 2 != nums[i+1]%2。

(3) 对于 [l, r] 范围内的所有下标 i，nums[i] $\leq$ threshold。

以整数形式返回满足题目要求的最长子数组的长度（子数组是数组中的一个连续非空元素序列）。

2. 问题示例

输入 nums=[3,2,5,4]，threshold=5，输出 3。选择从 l=1 开始到 r=3 结束的子数组 [2,5,4]，子数组的最大长度是 3。

3. 代码实现

相关代码如下：

```cpp
#include <iostream>
#include <vector>
using namespace std;
class Solution {
public:
    bool isSatisfied(vector<int> &nums, int l, int r, int threshold) {
        if (nums[l] % 2 != 0) {
            return false;
        }
        for (int i = l; i <= r; i++) {
            if(nums[i]> threshold||(i<r && nums[i]%2 == nums[i + 1]%2)){
                return false;
            }
        }
        return true;                              //如果上述条件都不满足,返回 true
    }
    int longestAlternatingSubarray(vector<int> &nums, int threshold) {
        int res = 0, n = nums.size();
        for (int l = 0; l < n; l++) {
            for (int r = l; r < n; r++) {
                if (isSatisfied(nums, l, r, threshold)) {
                    res = max(res, r - l + 1);
                }
            }
        }
        return res;
    }
};
int main() {
    vector<int> nums = {3, 2, 5, 4};
```

```
    int threshold = 5;
    Solution solution;
    int result = solution.longestAlternatingSubarray(nums, threshold);
    cout << "输入:nums = [3,2,5,4], threshold = 5\n";
    cout << "输出:" << result << endl;
    return 0;
}
```

4. 运行结果

输入：nums=[3,2,5,4],threshold=5

输出：3

【实例274】 最长的美好子字符串

1. 问题描述

当一个字符串 s 包含的每种字母的大写和小写形式同时出现时,称其是美好字符串。例如,abABB 是美好字符串,因为 A 和 a 且 B 和 b 同时出现。然而,abA 不是美好字符串,因为 b 出现而 B 没出现。

给定一个字符串 s,请返回最长的美好子字符串。如果有多个答案,请返回最早出现的一个。如果不存在美好子字符串,请返回一个空字符串。

2. 问题示例

输入 s="YazaAay",输出"aAa"。

3. 代码实现

相关代码如下：

```
#include <iostream>
#include <string>
using namespace std;
class Solution {
public:
    string longestNiceSubstring(string s) {
        int n = s.size();                           //获取字符串 s 的长度
        int maxPos = 0;
        int maxLen = 0;
        for (int i = 0; i < n; ++i) {
            int lower = 0;                          //记录小写字母出现的位置
            int upper = 0;                          //记录大写字母出现的位置
            for (int j = i; j < n; ++j) {           //从起始点 i 开始,遍历后续字符
                if (islower(s[j])) {
                    lower |= 1 << (s[j] - 'a');
                } else {                            //如果当前字符是大写字母
                    upper |= 1 << (s[j] - 'A');     //将大写字母对应的位置设为1
                }
                if (lower == upper && j - i + 1 > maxLen) {
                    maxPos = i;
                    maxLen = j - i + 1;
                }
```

```cpp
            }
        }
        return s.substr(maxPos, maxLen);          //返回最长美好子字符串
    }
};
int main() {
    string s = "YazaAay";
    Solution solution;
    string result = solution.longestNiceSubstring(s);
    cout << "输入:s = \"YazaAay\"" << endl;
    cout << "输出:\"" << result << "\"" << endl;
    return 0;
}
```

4. 运行结果

输入:s="YazaAay"

输出:"aAa"

【实例275】 统计二进制子串的数量

1. 问题描述

给定一个字符串 s,统计并返回具有相同数量 0 和 1 的非空(连续)子字符串的数量,并且这些子字符串中的所有 0 和 1 都是成组连续的。

2. 问题示例

输入 s="00110011",输出 6。6 个子串满足具有相同数量的连续 1 和 0:0011、01、1100、10、0011 和 01,统计重复出现的子串出现的次数。另外,00110011 不是有效的子串,因为所有的 0 和所有的 1 都没有组合在一起。

3. 代码实现

相关代码如下:

```cpp
#include <iostream>
#include <string>
#include <vector>
using namespace std;
class Solution {
public:
    int countBinarySubstrings(string s) {
        vector<int> counts;                    //定义一个向量,用于存储连续相同字符的个数
        int ptr = 0, n = s.size();             //ptr 为当前字符的指针,n 为字符串 s 的长度
        while (ptr < n) {
            char c = s[ptr];                   //获取当前字符
            int count = 0;                     //统计当前字符连续出现的次数
            while (ptr < n && s[ptr] == c) {
                ++ptr;
                ++count;
            }
            counts.push_back(count);
        }
```

```cpp
            int ans = 0;
            for (int i = 1; i < counts.size(); ++i) {
                ans += min(counts[i], counts[i - 1]);
            }
            return ans;
    }
};
int main() {
    string s = "00110011";
    Solution solution;
    int result = solution.countBinarySubstrings(s);
    cout << "输入:s = \"00110011\"" << endl;
    cout << "输出:" << result << endl;
    return 0;
}
```

4．运行结果

输入：s＝"00110011"

输出：6

【实例 276】 最长回文子序列

1．问题描述

给定一个字符串 s，找出其中最长的回文子序列，并返回该序列的长度。子序列定义如下：不改变剩余字符顺序的情况下，删除某些字符或者不删除任何字符形成的一个序列。

2．问题示例

输入 s＝"cbbd"，输出 2。最长回文子序列为 bb。

3．代码实现

相关代码如下：

```cpp
#include <iostream>
#include <string>
#include <vector>
using namespace std;
class Solution {
public:
    int longestPalindromeSubseq(string s) {
        int n = s.length();
        vector<vector<int>> dp(n, vector<int>(n));
        for (int i = n - 1; i >= 0; i--) {
            dp[i][i] = 1;
            char c1 = s[i];
            for (int j = i + 1; j < n; j++) {
                char c2 = s[j];
                if (c1 == c2) {
                    dp[i][j] = dp[i + 1][j - 1] + 2;
                } else {
                    dp[i][j] = max(dp[i + 1][j], dp[i][j - 1]);
                }
```

```cpp
            }
        }
        return dp[0][n - 1];
    }
};
int main() {
    string s = "cbbd";
    Solution solution;
    int result = solution.longestPalindromeSubseq(s);
    cout << "输入:s = \"cbbd\"" << endl;
    cout << "输出:" << result << endl;
    return 0;
}
```

4. 运行结果

输入：s＝"cbbd"

输出：2

【实例 277】 回文子串数目

1. 问题描述

给定一个字符串 s,请统计并返回这个字符串中回文子串的数目。回文字符串是指从左向右或从右向左读字符串一样。子字符串是字符串中由连续字符组成的一个序列。具有不同开始位置或结束位置的子串,即使是由相同的字符组成,也会被视作不同的子串。

2. 问题示例

输入 s＝"aaa",输出 6。6 个回文子串如下：a、a、a、aa、aa、aaa。

3. 代码实现

相关代码如下：

```cpp
#include <iostream>
#include <string>
using namespace std;
class Solution {
public:
    int countSubstrings(string s) {
        int n = s.size(), ans = 0;          //n 为字符串 s 的长度,ans 用于存储回文子串的计数
        for (int i = 0; i < 2 * n - 1; ++i) {
            int l = i / 2, r = i / 2 + i % 2;
            while (l >= 0 && r < n && s[l] == s[r]) {
                --l;                        //左边界向左扩展
                ++r;                        //右边界向右扩展
                ++ans;                      //找到一个回文子串,计数器加 1
            }
        }
        return ans;                         //返回所有回文子串的数量
    }
};
int main() {
```

```cpp
    string s = "aaa";
    Solution solution;
    int result = solution.countSubstrings(s);
    cout << "输入:s = \"aaa\"" << endl;
    cout << "输出:" << result << endl;
    return 0;
}
```

4. 运行结果

输入：s="aaa"

输出：6

【实例 278】 子串的最大出现次数

1. 问题描述

给定一个字符串 s，请返回满足以下条件且出现次数最大的任意子串出现的次数：子串中不同字母的数目必须小于或等于 maxLetters，长度必须大于或等于 minSize 且小于或等于 maxSize。

2. 问题示例

输入 s="aababcaab"，maxLetters=2，minSize=3，maxSize=4，输出 2。子串 aab 在原字符串中出现 2 次。

3. 代码实现

相关代码如下：

```cpp
#include <iostream>
#include <string>
#include <unordered_map>
#include <unordered_set>
using namespace std;
class Solution {
public:
    int maxFreq(string s, int maxLetters, int minSize, int maxSize) {
        int n = s.size();                                //获取字符串 s 的长度
        unordered_map<string, int> occ;                  //存储子串及其出现次数的映射
        int ans = 0;
        for (int i = 0; i < n; ++i) {
            unordered_set<char> exist;                   //存储当前子串中出现的字符
            string cur;                                  //存储当前遍历到的子串
            for (int j = i; j < min(n, i + maxSize); ++j) {
                exist.insert(s[j]);                      //将当前字符加入集合
                if (exist.size() > maxLetters) {
                    break;
                }
                cur += s[j];                             //将当前字符加入子串
                if (j - i + 1 >= minSize) {
                    ++occ[cur];                          //子串出现次数加 1
                    ans = max(ans, occ[cur]);            //更新最大出现频率
                }
```

```
            }
        }
        return ans;                              //返回最大出现频率
    }
};
int main() {
    string s = "aababcaab";
    int maxLetters = 2;
    int minSize = 3;
    int maxSize = 4;
    Solution solution;
    int result = solution.maxFreq(s, maxLetters, minSize, maxSize);
    cout << "输入:s = \"aababcaab\", maxLetters = 2, minSize = 3, maxSize = 4" << endl;
    cout << "输出:" << result << endl;
    return 0;
}
```

4. 运行结果

输入:s="aababcaab",maxLetters=2,minSize=3,maxSize=4

输出:2

【实例279】 最长合法子字符串的长度

1. 问题描述

给定一个字符串 word 和数组 forbidden。如果一个字符串不包含 forbidden 中的任何字符串,称这个字符串是合法的。请返回字符串 word 的一个最长合法子字符串的长度。子字符串指的是一个字符串中一段连续的字符,它可以为空。

2. 问题示例

输入 word="cbaaaabc",forbidden=["aaa","cb"],输出 4。共有 11 个合法子字符串:c、b、a、ba、aa、bc、baa、aab、ab、abc 和 aabc。最长合法子字符串的长度为 4。其他子字符串要么包含 aaa,要么包含 cb。

3. 代码实现

相关代码如下:

```
#include <iostream>
#include <string>
#include <vector>
#include <unordered_set>
#include <algorithm>
using namespace std;
class Solution {
public:
    int longestValidSubstring(string word, vector<string> &forbidden) {
        int n = word.size();                     //获取字符串 word 的长度
        int mx = 0;
        unordered_set<string> st;                //用于存储翻转后的禁止子串集合
        //遍历禁止子串列表
```

```cpp
        for (auto s : forbidden) {
            reverse(s.begin(), s.end());           //翻转禁止子串
            st.insert(s);                           //将翻转后的禁止子串插入集合
            mx = max(mx, (int) s.size());          //更新最长禁止子串的长度
        }
        int ans = 0;                                //初始化最长有效子串的长度为 0
        for (int i = 0, j = 0; i < n; i++) {
            string s;                               //用于存储当前子串
            for (int len = 1; i - len + 1 >= j && len <= mx; len++) {
                s.push_back(word[i - len + 1]);    //从后向前构造子串
                if (st.count(s)) {
                    j = i - len + 2;
                    break;
                }
            }
            ans = max(ans, i - j + 1);
        }
        return ans;                                 //返回最长有效子串的长度
    }
};
int main() {
    string word = "cbaaaabc";
    vector<string> forbidden = {"aaa", "cb"};
    Solution solution;
    int result = solution.longestValidSubstring(word, forbidden);
    cout << "输入:word = \"cbaaaabc\", forbidden = [\"aaa\",\"cb\"]" << endl;
    cout << "输出:" << result << endl;
    return 0;
}
```

4. 运行结果

输入:word="cbaaaabc",forbidden=["aaa","cb"]

输出:4

【实例 280】 最长递增子序列的个数

1. 问题描述

给定一个未排序的整数数组 nums,返回最长递增子序列的个数。

2. 问题示例

输入[1,3,5,4,7],输出 2。有两个最长递增子序列,分别是[1,3,4,7]和[1,3,5,7]。

3. 代码实现

相关代码如下:

```cpp
#include <iostream>
#include <vector>
using namespace std;
class Solution {
public:
    int findNumberOfLIS(vector<int> &nums) {
```

```cpp
        int n = nums.size(), maxLen = 0, ans = 0;
        vector<int> dp(n), cnt(n);
        for (int i = 0; i < n; ++i) {
            dp[i] = 1;
            cnt[i] = 1;
            for (int j = 0; j < i; ++j) {
                if (nums[i] > nums[j]) {
                    if (dp[j] + 1 > dp[i]) {
                        dp[i] = dp[j] + 1;        //更新以 i 结尾的最长递增子序列的长度
                        cnt[i] = cnt[j];          //重置以 i 结尾的最长递增子序列的个数
                    } else if (dp[j] + 1 == dp[i]) {
                        cnt[i] += cnt[j];         //累加以 i 结尾的最长递增子序列的个数
                    }
                }
            }
            if (dp[i] > maxLen) {
                maxLen = dp[i];                   //更新最长递增子序列的长度
                ans = cnt[i];                     //更新最长递增子序列的个数
            } else if (dp[i] == maxLen) {
                ans += cnt[i];
            }
        }
        return ans;
    }
};
int main() {
    vector<int> nums = {1, 3, 5, 4, 7};           //定义一个测试数组
    Solution solution;
    int result = solution.findNumberOfLIS(nums);
    cout << "输入: [1,3,5,4,7]" << endl;
    cout << "输出: " << result << endl;
    return 0;
}
```

4. 运行结果

输入:[1,3,5,4,7]
输出:2

【实例281】 寻找文件副本

1. 问题描述

设备中存有 n 个文件,文件 ID 记在数组 documents 中。若文件 ID 相同,则定义为该文件存在副本。返回任一存在副本文件的 ID。

2. 问题示例

输入 documents=[2,5,3,0,5,0],输出 0 或 5。

3. 代码实现

相关代码如下:

```cpp
#include <iostream>
#include <vector>
```

```cpp
#include <unordered_map>
using namespace std;
class Solution {
public:
    int findRepeatDocument(vector<int> &documents) {
        unordered_map<int, bool> map;           //创建无序映射,存储文档编号及其是否出现过
        for (int doc : documents) {
            if (map[doc])
                return doc;
            map[doc] = true;
        }
        return -1;
    }
};
int main() {
    vector<int> documents = {2, 5, 3, 0, 5, 0};   //定义一个包含文档编号的向量
    Solution solution;
    int result = solution.findRepeatDocument(documents);
    cout << "输入:[2, 5, 3, 0, 5, 0]\n";
    cout << "输出:" << result << endl;
    return 0;
}
```

4. 运行结果

输入:documents=[2,5,3,0,5,0]

输出:5

【实例 282】 最小覆盖子串

1. 问题描述

给定字符串 s 和 t,返回 s 中涵盖 t 所有字符的最小子串。如果 s 中不存在涵盖 t 所有字符的子串,则返回空字符串。对于 t 中重复字符,寻找的子字符串中该字符数量必须不少于 t 中该字符数量。如果 s 中存在这样的子串,保证它是唯一的答案。

2. 问题示例

输入 s="ADOBECODEBANC",t="ABC",输出"BANC"。最小覆盖子串 BANC 包含来自字符串 t 的 A、B 和 C。

3. 代码实现

相关代码如下:

```cpp
#include <iostream>
#include <string>
#include <unordered_map>
#include <climits>
using namespace std;
class Solution {
public:
    unordered_map<char, int> ori, cnt;
    bool check() {          //定义一个 check 函数,用于检查当前窗口是否包含 t 中的所有字符
```

```cpp
        for (const auto &p : ori) {
            if (cnt[p.first] < p.second) {        //当前窗口字符出现次数小于 ori 中记录次数
                return false;
            }
        }
        return true;                               //如果所有字符都满足条件,则返回 true
    }
    string minWindow(string s, string t) {        //寻找 s 中包含 t 所有字符的最短子串
        for (const auto &c : t) {                  //遍历 t 中的每个字符
            ++ori[c];
        }
        int l = 0, r = -1;
        int len = INT_MAX, ansL = -1, ansR = -1;
        while (r < int(s.size())) {
            if (ori.find(s[++r]) != ori.end()){
                ++cnt[s[r]];
            }
            while (check() && l <= r) {
                if (r - l + 1 < len) {             //如果当前窗口的长度小于已知的最短子串长度
                    len = r - l + 1;               //更新最短子串长度
                    ansL = l;                      //更新最短子串的起始位置
                }
                if (ori.find(s[l]) != ori.end()) { //左指针指向的字符在 ori 中存在
                    --cnt[s[l]];
                }
                ++l;
            }
        }
        return ansL == -1 ? string() : s.substr(ansL, len);
    }
};
int main() {
    string s = "ADOBECODEBANC";
    string t = "ABC";
    Solution solution;
    string result = solution.minWindow(s, t);
    cout << "输入:s = \"ADOBECODEBANC\",t = \"ABC\"\n";
    cout << "输出:\"" << result << "\"" << endl;
    return 0;
}
```

4. 运行结果

输入:s="ADOBECODEBANC",t="ABC"

输出:"BANC"

【实例283】 数组的最大值

1. 问题描述

给定一个浮点数数组,求数组中的最大值。

2. 问题示例

输入[1.0,2.1,-3.3],输出 2.1,返回最大的数字。

3. 代码实现

相关代码如下：

```cpp
#include <iostream>
#include <vector>
#include <algorithm>
using namespace std;
class Solution {
public:
    float maxOfArray(vector<float> &a) {           //定义函数，vector引用作为参数
        return *max_element(a.begin(), a.end());
    }
};
int main() {
    vector<float> nums = {1.0, 2.1, -3.3};         //定义一个float类型的vector
    Solution solution;
    float result = solution.maxOfArray(nums);
    cout << "输入为:[1.0, 2.1, -3.3]" << endl;
    cout << "输出为:" << result << endl;
    return 0;
}
```

4. 运行结果

输入：[1.0,2.1,-3.3]

输出：2.1

【实例284】 寻找峰值

1. 问题描述

峰值元素是指其值大于左右相邻值的元素。给定一个整数数组 nums，找到峰值元素并返回其索引。数组可能包含多个峰值，在这种情况下，返回任何一个峰值所在位置即可。可以假设 nums[-1]=nums[n]=-∞。

2. 问题示例

输入 nums=[1,2,3,1]，输出 2。注：3 是峰值元素，函数返回其索引 2。

3. 代码实现

相关代码如下：

```cpp
#include <iostream>
#include <vector>
#include <algorithm>
using namespace std;
class Solution {
public:
    int findPeakElement(vector<int> &nums) {       //定义函数，vector引用作为参数
        return max_element(nums.begin(), nums.end()) - nums.begin();
    }
};
int main() {
```

```cpp
    vector<int> nums = {1, 2, 3, 1};
    Solution solution;
    int result = solution.findPeakElement(nums);
    cout << "输入:nums = [1, 2, 3, 1]" << endl;
    cout << "输出:" << result << endl;
    return 0;
}
```

4. 运行结果

输入：nums=[1,2,3,1]

输出：2

【实例285】 寻找数组的中心下标

1. 问题描述

给定一个整数数组 nums,计算数组的中心下标。数组中心下标是数组的一个下标,其左侧所有元素相加的和等于右侧所有元素相加的和。如果中心下标位于数组最左端,那么左侧数之和视为 0,因为在下标的左侧不存在元素。如果数组有多个中心下标,返回靠近左边的那个。如果数组不存在中心下标,返回 −1。

2. 问题示例

输入 nums=[1,7,3,6,5,6],输出 3。

左侧数之和 sum=nums[0]+nums[1]+nums[2]=1+7+3=11,右侧数之和 sum=nums[4]+nums[5]=5+6=11,二者相等。

3. 代码实现

相关代码如下：

```cpp
#include <iostream>
#include <vector>
#include <numeric>
using namespace std;
class Solution {
public:
    int pivotIndex(vector<int> &nums) {              //定义函数,vector 引用作为参数
        int total = accumulate(nums.begin(), nums.end(), 0);
        int sum = 0;       //定义一个变量 sum,用于存储当前遍历过的元素之和
        for (int i = 0; i < nums.size(); ++i) {      //遍历数组中的每个元素
            if (2 * sum + nums[i] == total) {
                return i;                            //如果满足条件,则返回当前元素的索引
            }
            sum += nums[i];                          //将当前元素值累加到 sum 中
        }
        return -1;
    }
};
int main() {
    vector<int> nums = {1, 7, 3, 6, 5, 6};
    Solution solution;
```

```cpp
    int result = solution.pivotIndex(nums);
    cout << "输入:nums = [1, 7, 3, 6, 5, 6]" << endl;
    cout << "输出:" << result << endl;
    return 0;
}
```

4. 运行结果

输入：nums=[1,7,3,6,5,6]

输出：3

【实例 286】 连接两字母单词得到的最长回文串

1. 问题描述

给定一个字符串数组 words,每个元素都包含两个小写英文字母的单词。从 words 中选择一些元素并按任意顺序连接,并得到一个尽可能长的回文串。每个元素最多只能使用一次。请返回最长回文串的长度。如果没办法得到任何一个回文串,返回 0。

2. 问题示例

输入 words=["lc","cl","gg"],输出 6。最长的回文串为 lc+cl+gg=lcclgg,长度为 6。

3. 代码实现

相关代码如下：

```cpp
#include <iostream>
#include <vector>
#include <string>
#include <unordered_map>
using namespace std;
class Solution {
public:
    int longestPalindrome(vector<string> &words) {
        unordered_map<string, int> freq;              //使用无序映射来存储每个单词的出现次数
        for (const string &word : words) {            //遍历输入的单词向量
            ++freq[word];                              //统计每个单词出现的次数
        }
        int res = 0;                                   //初始化最长回文串的长度为 0
        bool mid = false;
        for (const auto& [word, cnt] : freq) {
            string rev = string(1, word[1]) + word[0];
            if (word == rev) {
                if (cnt % 2 == 1) {
                    mid = true;                        //设置中心单词标记为 true
                }
                res += 2 * (cnt / 2 * 2);
            } else if (word > rev) {
                res += 4 * min(freq[word], freq[rev]);
            }
        }
        if (mid) {
```

```cpp
            res += 2;
        }
        return res;
    }
};
int main() {
    vector<string> words = {"lc", "cl", "gg"};
    Solution solution;
    int result = solution.longestPalindrome(words);
    cout << "输入:words = [\"lc\", \"cl\", \"gg\"]" << endl;
    cout << "输出:" << result << endl;
    return 0;
}
```

4. 运行结果

输入：words=["lc","cl","gg"]

输出：6

【实例287】 最长等差数列

1. 问题描述

给定一个整数数组 nums，返回 nums 中最长等差子序列的长度。nums 的子序列是一个列表 nums[i1],nums[i2],…,nums[ik],且 $0 \leqslant i1 < i2 < \cdots < ik \leqslant $ nums.length-1。如果 seq[i+1]−seq[i]($0 \leqslant i <$ seq.length-1 的值相同,那么序列 seq 是等差的。

2. 问题示例

输入 nums=[9,4,7,2,10],输出 3。最长的等差子序列是[4,7,10]。

3. 代码实现

相关代码如下：

```cpp
#include <iostream>
#include <vector>
#include <algorithm>
using namespace std;
class Solution {
public:
    int longestArithSeqLength(vector<int> &nums) {
        auto [minit, maxit] = minmax_element(nums.begin(), nums.end());
        int diff = *maxit - *minit;
        int ans = 1;
        for (int d = -diff; d <= diff; ++d) {
            vector<int> f(*maxit + 1, -1);
            for (int num : nums) {
                if (int prev = num - d; prev >= *minit && prev <= *maxit && f[prev] != -1) {
                    f[num] = max(f[num], f[prev] + 1);
                    ans = max(ans, f[num]);
                }
                f[num] = max(f[num], 1);
            }
```

```cpp
            }
            return ans;
        }
};
int main() {
    vector<int> nums = {9, 4, 7, 2, 10};
    Solution solution;
    int result = solution.longestArithSeqLength(nums);
    cout << "输入:nums = [9, 4, 7, 2, 10]" << endl;
    cout << "输出:" << result << endl;
    return 0;
}
```

4. 运行结果

输入:nums=[9,4,7,2,10]

输出:3

【实例 288】 替换子串得到平衡字符串

1. 问题描述

一个只含有 Q、W、E、R 字符,且长度为 n 的字符串,假如在该字符串中,这 4 个字符恰好都出现 n/4 次,那么它就是一个平衡字符串。给定一个这样的字符串 s,通过替换一个子串的方式,使原字符串 s 变成一个平衡字符串。可以用与待替换子串长度相同的任何其他字符串完成替换。返回待替换子串的最小长度。如果原字符串本身就是一个平衡字符串,则返回 0。

2. 问题示例

输入 s="QQQQ",输出 3。可以替换后 3 个 Q,使 s=QWER。

3. 代码实现

相关代码如下:

```cpp
#include <iostream>
#include <vector>
#include <algorithm>
using namespace std;
class Solution {
public:
    int idx(const char &c) {
        return c - 'A';
    }
    int balancedString(string s) {
        vector<int> cnt(26);        //定义一个大小为 26 的整数向量,存储每个字母的出现次数
        for (auto c : s) {          //遍历字符串 s 中的每个字符
            cnt[idx(c)]++;          //将字符 c 的出现次数加 1
        }
        int partial = s.size() / 4;
        int res = s.size();
        auto check = [&]() {
```

```cpp
            if (cnt[idx('Q')] > partial || cnt[idx('W')] > partial || cnt[idx('E')] > partial
|| cnt[idx('R')] > partial) {
                return false;
            }
            return true;
        };
        if (check()) {
            return 0;
        }
        for (int l = 0, r = 0; l < s.size(); l++) {
            while (r < s.size() && !check()) {
                cnt[idx(s[r])]--;
                r++;
            }
            if (!check()) {
                break;
            }
            res = min(res, r - l);
            cnt[idx(s[l])]++;
        }
        return res;
    }
};
int main() {
    string s = "QQQQ";
    Solution solution;
    int result = solution.balancedString(s);
    cout << "输入:s = \"QQQQ\"" << endl;
    cout << "输出:" << result << endl;
    return 0;
}
```

4．运行结果

输入：s="QQQQ"

输出：3

【实例289】 最短超级串

1．问题描述

给定一个字符串数组 words，找到作为子字符串的最短字符串。如果有多个有效最短字符串满足条件，返回其中任意一个即可。

2．问题示例

输入 words=["we","love","bupt"]，输出"welovebupt"。

3．代码实现

相关代码如下：

```cpp
#include<iostream>
#include<vector>
#include<string>
```

```cpp
#include <algorithm>
using namespace std;
class Solution {
public:
    string shortestSuperstring(vector<string> &A) {         //定义函数,计算最短超级串
        int n = A.size();                                    //获取字符串数组 A 的大小
        order = vector<int>(n);
        overlap = vector<vector<int>>(n, vector<int>(n));
        calculateOverlapInfo(A, n);                          //调用函数计算字符串之间的重叠信息
        dfsHelper(A, 0, 0, 0);                               //调用函数进行深度优先搜索,寻找最短超字符串
        string shortestSuperStr = constructShortestSuperStr(A, n);
        return shortestSuperStr;
    }
private:
    int mn = INT_MAX;
    vector<vector<int>> overlap;                             //存储字符串之间重叠长度的二维向量
    vector<int> order;
    vector<int> best_order;                                  //存储最佳连接顺序的向量
    void calculateOverlapInfo(vector<string> &A, int n) {
        for (int i = 0; i < n; i++) {                        //遍历所有字符串
            for (int j = 0; j < n; j++) {
                if (i == j) {
                    continue;                                //如果两个字符串相同,则无须考虑重叠
                }
                for (int k = min(A[i].size(), A[j].size()); k > 0; k--) {
                    if (A[i].substr(A[i].size() - k) == A[j].substr(0, k)) {
                        overlap[i][j] = k;
                        break;
                    }
                }
            }
        }
    }
    void dfsHelper(vector<string> &A, int cur, int used, int curLen) {
        if (curLen >= mn) {
            return;
        }
        if (cur == A.size()) {
            mn = curLen;
            best_order = order;                              //更新最佳顺序
            return;
        }
        for (int i = 0; i < A.size(); i++) {
            if (used & (1 << i)) {
                continue;
            }
            order[cur] = i;
            int nextLen = (cur == 0) ? A[i].size() : curLen + A[i].size() - overlap[order[cur - 1]][i];
            dfsHelper(A, cur + 1, used | (1 << i), nextLen);
        }
    }
    string constructShortestSuperStr(vector<string> &A, int n) {
        string res = A[best_order[0]];                       //初始化为最佳顺序的第一个字符串
        for (int k = 1; k < n; k++) {                        //遍历最佳顺序中剩余的字符串
```

```cpp
            int i = best_order[k - 1];      //获取前一个字符串的索引
            int j = best_order[k];
        }
        return res;
    }
};
int main() {
    Solution solution;
    vector<string> words = {"we", "love", "bupt"};
    string result = solution.shortestSuperstring(words);
    cout << "输入:words = [\"we\", \"love\", \"bupt\"]" << endl;
    cout << "输出:" << result << endl;
    return 0;
}
```

4. 运行结果

输入：words=["we","love","bupt"]

输出："welovebupt"

【实例290】 绝对差不超过限制的最长连续子数组

1. 问题描述

给定一个整数数组 nums 和一个表示限制的整数 limit，请返回最长连续子数组的长度，该子数组中的任意两个元素之间的绝对差必须小于或等于 limit。如果不存在满足条件的子数组，则返回 0。

2. 问题示例

输入 nums=[8,2,4,7]，limit=4，输出 2。所有子数组如下：[8]最大绝对差$|8-8|=0\leqslant 4$；[8,2]最大绝对差$|8-2|=6>4$；[8,2,4]最大绝对差$|8-2|=6>4$；[8,2,4,7] 最大绝对差$|8-2|=6>4$；[2]最大绝对差$|2-2|=0\leqslant 4$；[2,4]最大绝对差$|2-4|=2\leqslant 4$；[2,4,7]最大绝对差$|2-7|=5>4$；[4]最大绝对差$|4-4|=0\leqslant 4$；[4,7]最大绝对差$|4-7|=3\leqslant 4$；[7]最大绝对差$|7-7|=0\leqslant 4$。因此，最长子数组的长度为 2。

3. 代码实现

相关代码如下：

```cpp
#include <iostream>
#include <vector>
#include <set>
using namespace std;
class Solution {
public:
    int longestSubarray(vector<int> &nums, int limit) {
        multiset<int> s;
        int n = nums.size();
        int left = 0, right = 0;
        int ret = 0;
        while (right < n) {
```

```cpp
            s.insert(nums[right]);              //将当前right指向的元素插入multiset中
            while (*s.rbegin() - *s.begin() > limit) {
                s.erase(s.find(nums[left++]));  //从multiset中删除left指向的元素
            }
            ret = max(ret, right - left + 1);
            right++;
        }
        return ret;
    }
};
int main() {
    vector<int> nums = {8, 2, 4, 7};
    int limit = 4;
    Solution solution;
    int result = solution.longestSubarray(nums, limit);
    cout << "输入:nums = [8, 2, 4, 7], limit = 4" << endl;
    cout << "输出:" << result << endl;
    return 0;
}
```

4．运行结果

输入：nums=[8,2,4,7],limit=4

输出：2

【实例291】 仅含1的子串数

1．问题描述

给定一个二进制字符串s(仅由0和1组成的字符串)。返回所有字符都为1的子字符串的数目(10^9+7取模后返回)。

2．问题示例

输入s="0110111",输出9。共有9个子字符串仅由1组成。1→5次,11→3次,111→1次。

3．代码实现

相关代码如下：

```cpp
#include <iostream>
#include <string>
using namespace std;
class Solution {
public:
    static constexpr int P = int(1E9) + 7;
    int numSub(string s) {
        int p = 0;
        long long ans = 0;
        while (p < s.size()) {
            if (s[p] == '0') {
                ++p;
```

```
                continue;
            }
            int cnt = 0;
            while (p < s.size() && s[p] == '1') {
                ++cnt;
                ++p;
            }
            ans = ans + (1LL + (long long)cnt) * cnt / 2;
            ans = ans % P;
        }
        return ans;
    }
};
int main() {
    string s = "0110111";
    Solution solution;
    int result = solution.numSub(s);
    cout << "输入:s = \"0110111\"" << endl;
    cout << "输出:" << result << endl;
    return 0;
}
```

4. 运行结果

输入：s="0110111"

输出：9

【实例292】 反转字符串

1. 问题描述

给定一个字符串 s(仅含有小写英文字母和括号)。按照先括号内后括号外的顺序,逐层反转每对匹配括号中的字符串,并返回最终的结果。结果中不包含任何括号。

2. 问题示例

输入 s="(u(love)i)",输出 iloveu。先反转子字符串 love,然后反转整个字符串。

3. 代码实现

相关代码如下:

```
#include <iostream>
#include <string>
#include <stack>
#include <algorithm>
using namespace std;
class Solution {
public:
    string reverseParentheses(string s) {
        stack<string> stk;
        string str;
        for (auto &ch : s) {
            if (ch == '(') {
                stk.push(str);
```

```cpp
            str = "";
        }
        else if (ch == ')') {
            reverse(str.begin(), str.end());
            str = stk.top() + str;
            stk.pop();
        }
        else {
            str.push_back(ch);
        }
    }
    return str;
    }
};
int main() {
    string s = "(u(love)i)";
    Solution solution;
    string result = solution.reverseParentheses(s);
    cout << "输入:s = \"(u(love)i)\"" << endl;
    cout << "输出:" << result << endl;
    return 0;
}
```

4. 运行结果

输入:s="(u(love)i)"

输出:iloveu

【实例 293】 最长数对链

1. 问题描述

给定一个由 n 个数对组成的数组 pairs,其中 pairs[i]=[lefti,righti]且 lefti < righti。现在定义一种跟随关系,当且仅当 b<c 时,数对 p2=[c,d]才可以跟在 p1=[a,b]后面。用这种形式构造数对链。找出并返回能够形成的最长数对链的长度。

2. 问题示例

输入 pairs=[[1,2],[2,3],[3,4]],输出 2。最长的数对链是[1,2] → [3,4]。

3. 代码实现

相关代码如下:

```cpp
#include <iostream>
#include <vector>
#include <algorithm>
using namespace std;
class Solution {
public:
    int findLongestChain(vector<vector<int>> &pairs) {
        int n = pairs.size();
        sort(pairs.begin(), pairs.end());
        vector<int> dp(n, 1);
```

```cpp
        for (int i = 0; i < n; i++) {
            for (int j = 0; j < i; j++) {
                if (pairs[i][0] > pairs[j][1]) {
                    dp[i] = max(dp[i], dp[j] + 1);
                }
            }
        }
        return dp[n - 1];
    }
};
int main() {
    vector<vector<int>> pairs = {{1, 2}, {2, 3}, {3, 4}};
    Solution solution;
    int result = solution.findLongestChain(pairs);
    cout << "输入:pairs = [[1,2], [2,3], [3,4]]\n";
    cout << "输出:" << result << endl;
    return 0;
}
```

4. 运行结果

输入：pairs=[[1,2],[2,3],[3,4]]

输出：2

【实例294】 数组中的最长山脉

1. 问题描述

在满足 arr[0]< arr[1]<…< arr[i-1]< arr[i],arr[i] > arr[i+1]>…> arr[arr.length-1]的山脉数组中,给出一个整数数组 arr,返回最长山脉子数组的长度。如果不存在山脉子数组,返回 0。arr.length≥3,存在下标 i(0< i< arr.length-1)属性的数组称为山脉数组。

2. 问题示例

输入 arr=[2,1,4,7,3,2,5],输出 5。最长的山脉子数组是[1,4,7,3,2],长度是 5。

3. 代码实现

相关代码如下：

```cpp
#include <iostream>
#include <vector>
using namespace std;
class Solution {
public:
    int longestMountain(vector<int> &arr) {
        int n = arr.size();                          //获取数组长度
        if (!n) {
            return 0;
        }
        vector<int> left(n);
        for (int i = 1; i < n; ++i) {
            left[i] = (arr[i - 1] < arr[i] ? left[i - 1] + 1 : 0);
        }
```

```cpp
        vector<int> right(n);
        for (int i = n - 2; i >= 0; --i) {
            right[i] = (arr[i + 1] < arr[i] ? right[i + 1] + 1 : 0);
        }
        int ans = 0;
        for (int i = 0; i < n; ++i) {
            if (left[i] > 0 && right[i] > 0) {
                ans = max(ans, left[i] + right[i] + 1);
            }
        }
        return ans;                                  //返回最长山脉的长度
    }
};
int main() {
    vector<int> arr = {2, 1, 4, 7, 3, 2, 5};
    Solution solution;
    int result = solution.longestMountain(arr);
    cout << "输入:arr = [2,1,4,7,3,2,5]\n";
    cout << "输出:" << result << endl;
    return 0;
}
```

4. 运行结果

输入:arr=[2,1,4,7,3,2,5]

输出:5

【实例295】 寻找比目标字母大的最小字母

1. 问题描述

给定一个字符数组 letters,该数组按非递减排序,给定一个字符 target。letters 中至少有两个不同的字符。返回 letters 中大于 target 的最小字符。如果不存在这样的字符,则返回 letters 的第一个字符。

2. 问题示例

输入 letters=['c','f','j'],target='a',输出 c。letters 中字典上比 a 大的最小字符是 c。

3. 代码实现

相关代码如下:

```cpp
#include <iostream>
#include <vector>
using namespace std;
class Solution {
public:
    char nextGreatestLetter(vector<char> &letters, char target) {
        for (char letter : letters) {
            if (letter > target) {
                return letter;
            }
        }
```

```cpp
        return letters[0];
    }
};
int main() {
    vector<char> letters = {'c', 'f', 'j'};
    char target = 'a';
    Solution solution;
    char result = solution.nextGreatestLetter(letters, target);
    cout << "输入: letters = ['c', 'f', 'j'],target = 'a'\n";
    cout << "输出:" << result << endl;
    return 0;
}
```

4．运行结果

输入：letters=['c','f','j'],target='a'

输出：c

【实例296】 有效的括号

1．问题描述

给定一个只包括('，')，{'，'}，['，']的字符串s,判断字符串是否有效。有效字符串需满足如下条件：

（1）左括号必须用相同类型的右括号闭合。

（2）左括号必须以正确的顺序闭合。

（3）每个右括号都有一个对应的相同类型的左括号。

2．问题示例

输入 s="()[]{}",输出 True。

3．代码实现

相关代码如下：

```cpp
#include<iostream>
#include<string>
#include<unordered_map>
#include<stack>
using namespace std;
class Solution {
public:
    bool isValid(string s) {        //定义一个成员函数 isValid,用于判断括号是否有效
        int n = s.size();           //获取字符串 s 的长度
        if (n % 2 == 1) {           //字符串长度为奇数,返回 false,有效括号序列长度必须为偶数
            return false;
        }
        unordered_map<char, char> pairs = {    //定义映射 pairs,用于存储括号匹配关系
            {')', '('},             //右括号对应左括号
            {']', '['},             //右方括号对应左方括号
            {'}', '{'}              //右大括号对应左大括号
        };
```

```
        stack < char > stk;                      //定义一个字符栈 stk,用于存储遍历过程中的左括号
        for (char ch : s) {                      //遍历字符串 s 中的每个字符
            if (pairs.count(ch)) {               //如果当前字符 ch 是右括号
                if (stk.empty() || stk.top() != pairs[ch]) {
                    return false;                //返回 false,表示括号序列无效
                }
                stk.pop();                       //如果匹配成功,则弹出栈顶元素
            } else {
                stk.push(ch);                    //如果当前字符 ch 是左括号,则压入栈中
            }
        }
        return stk.empty();
    }
};
int main() {
    string s = "()[]{}";
    Solution solution;
    bool result = solution.isValid(s);
    cout << "输入:s = \"" << s << "\"" << endl;
    cout << "输出:" << (result ? "True" : "False") << endl;
    return 0;
}
```

4. 运行结果

输入:s="()[]{}"

输出:True

【实例 297】 不同的平均值数目

1. 问题描述

给定一个下标从 0 开始长度为偶数的整数数组 nums。只要 nums 不是空数组,就重复执行以下步骤:找到 nums 中的最小值,并删除它;找到 nums 中的最大值,并删除它;计算删除两数的平均值。返回上述过程能得到的不同平均值的数目。如果最小值或者最大值有重复元素,可以删除任意一个。

2. 问题示例

输入 nums=[4,1,4,0,3,5],输出 2。删除 0 和 5,平均值是(0+5)/2=2.5,剩余 nums=[4,1,4,3];删除 1 和 4,平均值是(1+4)/2=2.5,剩余 nums=[4,3];删除 3 和 4,平均值是(3+4)/2=3.5。2.5、2.5 和 3.5 之中共有 2 个不同的数,返回 2。

3. 代码实现

相关代码如下:

```
#include <iostream>
#include <vector>
#include <algorithm>
#include <unordered_set>
using namespace std;
class Solution {
```

```cpp
public:
    int distinctAverages(vector<int>& nums) {
        sort(nums.begin(), nums.end());
        unordered_set<int> seen;
        for (int i = 0, j = nums.size() - 1; i < j; ++i, --j) {
            seen.insert(nums[i] + nums[j]);
        }
        return seen.size();
    }
};
int main() {
    vector<int> nums = {4, 1, 4, 0, 3, 5};
    Solution solution;
    int result = solution.distinctAverages(nums);
    cout << "输入:nums = [4,1,4,0,3,5]" << endl;
    cout << "输出:" << result << endl;
    return 0;
}
```

4. 运行结果

输入：nums=[4,1,4,0,3,5]

输出：2

【实例 298】 字符串轮转

1. 问题描述

给定两个字符串 s1 和 s2,检查 s2 是否为 s1 旋转而成（如 waterbottle 是 erbottlewat 旋转后的字符串）。

2. 问题示例

输入 s1="waterbottle",s2="erbottlewat",输出 True。

3. 代码实现

相关代码如下：

```cpp
#include <iostream>
#include <string>
using namespace std;
class Solution {
public:
    bool isFlipedString(string s1, string s2) {
        int m = s1.size(), n = s2.size();
        if (m != n) {
            return false;
        }
        if (n == 0) {
            return true;
        }
        for (int i = 0; i < n; i++) {
            bool flag = true;
            for (int j = 0; j < n; j++) {
```

```cpp
            if (s1[(i + j) % n] != s2[j]) {
                flag = false;
                break;
            }
        }
        if (flag) {
            return true;
        }
    }
    return false;
  }
};
int main() {
  string s1 = "waterbottle";
  string s2 = "erbottlewat";
  Solution solution;
  bool result = solution.isFlipedString(s1, s2);
  cout << "输入:s1 = \"waterbottle\", s2 = \"erbottlewat\"\n输出:";
  cout << (result ? "True" : "False") << endl;
  return 0;
}
```

4. 运行结果

输入：s1＝"waterbottle"，s2＝"erbottlewat"

输出：True

【实例299】 缺失的第一个素数

1. 问题描述

给出一个素数数组，找到最小的未出现的素数。

2. 问题示例

输入[3,5,7]，输出 2。

3. 代码实现

相关代码如下：

```cpp
#include <iostream>
#include <vector>
#include <cmath>
using namespace std;
class Solution {
public:
    int firstMissingPrime(vector<int> &nums) {
        if (nums.empty())
            return 2;
        int n = 2 * nums.back(), limit = sqrt(n);
        vector<bool> isPrime(n + 1, true);
        isPrime[0] = isPrime[1] = false;
        for (int i = 2; i <= limit; ++i) {           //从 2 遍历到 limit
            if (isPrime[i]) {                         //如果 i 是质数
```

```cpp
            for (int j = i * i; j <= n; j += i) {
                isPrime[j] = false;
            }
        }
    }
    int i = 0, j = 2;          //两个索引 i 和 j,i 用于遍历 nums 向量,j 用于遍历质数序列
    while (i < nums.size() && j <= n) {
        if (isPrime[j] == false)        //如果 j 不是质数
            ++j;                        //j 自增,继续查找下一个数
        else {                          //如果 j 是质数
            if (nums[i] != j)           //如果 nums[i]不等于 j
                return j;               //返回 j,因为 j 是第一个缺失的质数
            ++i;
            ++j;
        }
    }
    while (j++ <= n) {
        if (isPrime[j])
            return j;
    }
    return 0;
    }
};
int main() {
    Solution solution;
    vector < int > nums = {3, 5, 7};
    int result = solution.firstMissingPrime(nums);
    cout << "输入:[3, 5, 7]\n";
    cout << "输出:" << result << endl;
    return 0;
}
```

4. 运行结果

输入:[3,5,7]

输出:2

【实例 300】 搜索插入位置

1. 问题描述

给定一个排序数组和一个目标值,在数组中找到目标值,并返回其索引。如果目标值不存在于数组中,返回它将会被按顺序插入的位置。

2. 问题示例

输入 nums=[1,3,5,6],target=5,输出 2。

3. 代码实现

相关代码如下:

```cpp
# include < iostream >
# include < vector >
using namespace std;
```

```cpp
class Solution {
public:
    int searchInsert(vector<int> &nums, int target) {
        int n = nums.size();                        //获取向量 nums 的元素个数
        int left = 0, right = n - 1, ans = n;
        while (left <= right) {
            int mid = ((right - left) >> 1) + left;
            if (target <= nums[mid]) {
                ans = mid;      //更新答案,如果目标值就是中间位置的元素,则直接返回该位置
                right = mid - 1;                    //缩小右边界,继续在左半部分查找
            } else {
                left = mid + 1;                     //扩大左边界,在右半部分继续查找
            }
        }
        return ans;
    }
};
int main() {
    vector<int> nums = {1, 3, 5, 6};                //初始化一个有序整数向量 nums
    int target = 5;
    Solution solution;
    int result = solution.searchInsert(nums, target);
    cout << "输入: nums = [1,3,5,6], target = 5\n";
    cout << "输出:" << result << endl;
    return 0;
}
```

4. 运行结果

输入:nums=[1,3,5,6],target=5

输出:2